日本数学者人名事典

小野﨑 紀男

現代数学社

はじめに

　日本における算数・数学の歴史を辿ると、大きく分けて3回の移入によってきた。第1回目は奈良時代初期に中国より伝わり、それは漢数字と九九などで、今でも使われている。第2回目は織豊時代に移入した「そろばん」、そして江戸時代となり普及して和算（算法、算学）に発展した。第3回目は（江戸後期に長崎などから入ってはいたが）明治初期に欧米諸国より学校教育に西洋の算数・数学（洋算）が取り入れられ、今日に至っている。

　古代から現代までに算数・数学に携わった日本人は、師から弟子へ、教師から生徒へと、何万人、いや何十万人と居たであろうが、すべての人達を網羅することは不可能である。せめて著名な数学者（指導者、著作者など）の記録・業績の一端なりとも、後世に残したいと考えて纏めてみた。

　歴史を創ったのも人、これからの歴史を創るのも人である。先人に感謝の念を持ち、その記録をたどることによって、これからの算数・数学及び教育においての指針・方法などを見出し、更なる研究がなされ、技術革新、文化の発展へと寄与することを願って止まない。

　　　　　　　　　　　　　　　　　　　　　　　　　　　　　編　者

すいせんのことば

　今般、現代数学社より『日本数学者人名事典』（小野﨑紀男著）が出版されることは有難いことである。嘗て萩野公剛氏が出版を試みたが、最初の1巻で頓挫してしまったほどの難物である。
　明治以後の数学者についても網羅しており、本来の人物事典としても調べられるし、机上に置かれることを薦める次第である。
　江戸時代で数学に関わった人には藩の数学指南として仕えた人、塾を開いて多くの弟子に教えていた人のように数学で生計を立てていた人もいるが、大部分の人は別に仕事を持っていて数学を研究していたのである。また農民は仕事の合間、また農閑期などに研究をしていた。江戸時代だけでも数千もの数学書が刊行され、その何倍もの稿本が書かれているし、神社仏閣には同じ量の算額が奉納されていて、そのような資料に関係した人を「数学者」と考えれば業績の調査にも根気のいる仕事である。
　小野﨑紀男氏は永年和算の研究者としての仲間である。ようやく刊行することになり、和算の研究・普及をしている者として感謝にたえない。

　　　　　　　　　　　　　　　　　　　　　　　　日本数学史学会会長　佐藤　健一

目　次

はじめに ……………………………………………… i

すいせんのことば ………………………………… iii

本　文 ………………………………………………… 1

附　録 ……………………………………………… 239
　和博士系統図
　和算系統図

引用文献 …………………………………………… 252

あとがき …………………………………………… 254

あ 行

【あ】

相澤定常（あいざわ　さだつね）
　仙台藩士。慶安元（1648）年生まれ、五平次、のち五左衛門と称し、勘定奉行、のち金奉行。中西正則に中西流の算学を学ぶ。正徳 4（1714）年 7 月 3 日没す、67歳。仙台の感覚寺に埋葬。門人には石川信安などがいる。

会澤矩道（あいざわ　のりみち）
　水戸藩士。文政 3（1820）年生まれ、辰蔵、のち信平と称す。天保12年 8 月御床机廻を命ぜられ、弘化 2 年 7 月合力三人扶持、嘉永 4 年10月定江戸御次番雇八郎麻呂君附、安政元年 6 月御次番、3 年 3 月馬廻組となり水戸に移る。文久 2（1862）年 8 月父隠居して家督を継ぎ百五十石大番組、閏 8 月10日没す、43歳。著書には『掌中町見速知』（安政元年）などがある。

会田算左衛門理正
　　→ **大原利明**（おおはら　としあき）

会田光栄（あいだ　みつひろ）
　山形の小白河の人。安政 5（1858）年 5 月21日生まれ、栄治、のち彦太郎と称す。鈴木重栄、本間光忠に最上流の和算を学び免許。昭和 7（1932）年12月没す、74歳。門人には鈴木重栄、太田市吉などがいる。

会田安明（あいだ　やすあき）
　延享 4（1747）年 2 月10日山形七日町に生まれ、名を安旦といい、重松、彦助、のち算左衛門と称し、字を子貫といい、自在亭と号す。宝暦12年岡崎安之に師事し中西流の算学を学び、明和 4 年 7 月山形の薬師堂に算額を奉納、6 年 9 月江戸に出て鈴木彦助と称し、御普請役をつとめたが、天明 7 年職を免ぜられ会田姓に復し、本多利明に学んで数学の研究に専念、関流に対抗して最上流を創始、大争論を展開。文化14（1817）年10月26日没す、71歳。数学院無量自在居士。本所の即現寺に埋葬、碑は山形滑川の福昌寺にある。著書には『無極演段集』（明和 2 年）、『括玄算法答術』（天明 2 年）、『改精算法』（天明 3 年）、『当世塵劫記』（天明 4 年）、『解惑算法』（天明 8 年刊）、『一題六品術』（寛政 7 年）、『三訂算法』（寛政10年）、『最上流点竄』（寛政12年）、『算法非撥乱』（寛政13年刊）、『算書総目録』（文化 4 年）、『算法天元術』（文化 6 年）、『算法天生法指南』（文化 7 年刊）、『所懸神仏算題集』（文化 9 年）など多数あり、門人には市瀬惟長、市野茂喬、岩下愛親、斎藤尚仲、佐久間質、町田正記、丸田正通、宮本正武、渡辺一など多くいる。
　〈参照〉『会田算左衛門安明』（平山諦・松岡元久）

会田安豊（あいた　やすとよ）
　嘉蔵、のち善左衛門と称し、江戸浅草に住む。会田安明の養子、また高弟でもある。

愛知敬一（あいち　けいいち）
　明治13（1880）年7月25日東京に生まれ、物理学者、理学博士、東北帝国大学教授。大正12（1923）年6月23日没す、44歳。著書には『自然の美と恵』『実用高等数学』『力学』などがある。

青木包高（あおき　かねたか）
　信州久保寺村の人。寛保3（1743）年生まれ、吉左衛門と称し、字を勝之といい、山田荊石に宮城流の算学を学ぶ。享和3年久保寺観音に算額を奉納し、文政10（1827）年6月28日没す、85歳。大楽院満月教山包高居士。門人に宮本茂房、大久保広房、塚田忠明、寺島陣玄、小林致格などがいる。

青木貞良（あおき　さだよし）
　信州久保寺の人。山本正矩に和算を学び、文政13（1830）年3月長野の久保寺観音堂へ算額を奉納。

青木宇于（あおき　たかゆき）
　著書に『算法早割秘伝抄』（弘化4年刊）などがある。

青木忠吉（あおき　ただよし）
　埼玉大利根村（大利根町）の人。荒井右膳に関流の算学を学び、明治7（1874）年11月加須の棘脱地蔵へ算額を奉納。

青木経清（あおき　つねきよ）
　常州筑波の人。喜兵衛と称し、山口和に関流の算学を学び、文政3（1820）年5月筑波山へ算額を奉納。

青木利夫（あおき　としお）
　明治43（1910）年8月14日兵庫県に生まれ、解析学を専攻し、九州大学、横浜国立大学教授、のち名誉教授、理学博士。平成元（1989）年1月18日没す、78歳。著書には『高等数学教科書』『数学の機構』『複素関数要論』『演習・ベクトル解析』（共著）などがある。

青木利求（あおき　としもと）
　荒木村英に関流の算学を学び、著書には『戯言算法』（正徳4年）などがある。

青木長由（あおき　ながゆき）
　仙台藩士。寛文9（1669）年生まれ、理右衛門と称し、理格、冬邑軒と号し、中西流の算学を江志知辰に学び、元禄14年皆伝免許を得、元文5（1740）年11月2日没す、72歳。皈源了性居士、北山の永昌寺に埋葬。門人に戸板保佑、岩崎秋房などがいる。

青木勇三（あおき　ゆうぞう）
　明治30（1897）年7月19日広島県に生まれ、香川大学教授、のち名誉教授、四国高松学園理事長、高松短期大学名誉教授、日本数学教育会理事をつとめ、昭和55（1980）年9月1日没す、83歳。著書には『量の測定と計算』『数学教育と教材研究』『教具の工夫』などがある。

青島直弼（あおしま　なおすけ）
　沼田藩士。岩之助と称し、堀田光長に和算を学び、文化元（1804）年7月芝増上寺境内の弁財天堂へ算額を奉納。

青田依定（あおた　よりさだ）
　仙台藩士。元文元（1736）年生まれ、章ともいい、源蔵と称し、字を東秋という。戸田保佑、和久長三郎に暦算を学び、寛政2（1790）年8月12日没す、55歳。芝愛宕の孝寿院に埋葬。

青地兼治（あおち　けんじ）
　明治15（1882）年『農商日用普通二一天作』を著す。

青山利永（あおやま　としなが）
　江戸の人。藤十郎と称し、市ヶ谷に住む。関孝和、のち荒木村英に算学を学び、著書には『中学算法』（享保4年刊）、『算法方陣之法解』などがある。

青山都通（あおやま　ひろみち）
　左内と称し、宝永6年家督を継ぎ、籾御蔵仮役、二之丸御殿守などを勤め、寛保元（1741）年隠居。山岸安代に中西流の和算を学び免許。著書には『起壱加倍数法』などがある。

青山安義（あおやま　やすよし）
　山形の七浦（山形市）の人。弘化3（1846）年生まれ、弥之助と称し、丸子周吉、後藤藤吉に和算を学び免許、大正9（1920）年7月20日没す、75歳。大庵良雄禅居士、山形の泉福寺に埋葬。

赤木定信（あかぎ　さだのぶ）
　岡山の周佐村（柵原町）の人。九三郎と称し、林俊信に和算を学び、慶應2（1866）年9月柵原町の塚角神社へ算額を奉納。

赤座　暢（あかざ　とおる）
　昭和2（1927）年生まれ、金沢大学教授、クライン群の極限集合の測度の研究をし、昭和58（1983）年2月13日没す、55歳。著書には『現代数学レクチャーズ』などがある。

赤澤吉彦（あかざわ　よしひこ）
　盛岡藩士。文政8（1825）年4月26日生まれ、時次郎、のち量蔵と称し、天斎と号す。阿部知翁に算学を学び免許、明治24（1891）年4月11日没す、67歳。量学院豁達禅透居士、埋葬寺は北山の恩流寺。

赤田百久（あかだ　ももひさ）
　信州川中島今里（長野市）の人。常右衛門と称し、北澤治正に宮城流の算学を学び免許。安永2（1773）年没す。門人には村澤布高などがおり、著書には『補数授時暦』などがある。

暁　鐘成（あかつき　かねなり）
　寛政5（1793）年生まれ、木村氏、名を明啓といい、弥四郎と称し、鶏鳴舎、漫戯堂、暁晴翁、囲炉亭薫斎などと号し、土産物屋や茶店を営む。幼時より読書を好み、狂歌を経て戯作の道に入って、自画自作の

作品を多数残し、考証随筆や地誌をも著した読本作者、絵師として活躍。万延元（1860）年12月19日没す、68歳。大阪西淀川の勝楽寺に埋葬。著書には『初学重宝算法智恵輪』（文政7年）、『算法稽古図会』（天保2年刊）などがある。

赤沼　専（あかぬま　せん）

文政11（1828）年に『算学一歩』を著す。

赤松則良（あかまつ　のりよし）

天保12（1841）年11月1日江戸に生まれ、大三郎と称す。安政4年蕃書調所句読教授出仕、万延元年教授方手伝、遣米使節（咸臨丸）、慶応4年軍艦役並、明治2年沼津兵学校一等教授、3年兵部省出仕、20年海軍中将、男爵、30年貴族員議員、静岡育英会副会長となり、大正9（1920）年9月23日没す、80歳。

秋岡良孝（あきおか　よしたか）

『阿弧丹度用術書』『窮源推演術』『蘭算題草稿』（安政2年）などを著す。

秋田伊任（あきた　ただとう）

安倍氏、雄二郎と称し、雄山と号す。浪華常安橋北詰に住み、武田真元に和算を学ぶ。著書には『算法便覧』（文政7年）、『安算生育論初編』（天保11年）、『秋田流算学教訓抄』『円中諸角通術』などがある。

秋田義一（あきた　よしかず）

津田氏、宜義、太義、義蕃ともいい、十七郎、七之助、信助と称し、字を仲和とい

い、鳳堂、景山と号す。江戸牛島脇に住み、銀座の役人で、長谷川寛に算学を学び正統となる。著書に『算法極形指南』（天保6年）、『算法地方大成』（天保8年刊）などがあり、門人には大村一秀などがいる。

秋月康夫（あきづき　やすお）

明治35（1902）年8月23日和歌山県に生まれ、第三高等学校、京都大学、奈良女子大学、東京教育大学、東海大学教授、のち群馬大学長、理学博士。シカゴ大学客員教授、京都大学理数解析研究所開設に尽力。専門は代数学で代数幾何学の分野で多くの後継者を育成し、昭和59（1984）年7月11日没す、81歳。著書には『輓近代数学の展望』『現代数学概観』『数学的な考え』『代数学と幾何学』『調和積分論』『高等代数学』などがある。

秋葉孝宗（あきば　たかむね）

利助と称し、加藤孝行に最上流の算学を学ぶ。文久3（1863）年8月梁川八幡神社へ算額を奉納。

秋山市三郎（あきやま　いちさぶろう）

明治26（1893）年『圓法真書』を著す。

秋山武太郎（あきやま　たけたろう）

明治17（1884）年京都に生まれ、武蔵高等学校教授、昭和24（1949）年7月17日没す、66歳。著書には『解析幾何学講要』『幾何学つれづれ草』『微分積分早わかり』『わかる幾何学』『わかる微分学』『わかる積分学』などがある。

秋山彝徳（あきやま　つねのり）
　常陸小栗庄八田村（筑西市）の人。中西流の算学者、源左衛門と称す。文政13（1830）年『算法点竄初学抄』を校著し、天保2年真岡大前神社に算額を奉納。

阿久津尊陸（あくつ　たかのり）
　福島県郡山の人。牛松と称し、渡辺一、佐久間纉に最上流の算学を学ぶ。著書には『最上流算法曲尺行法』などがある。

明野栄章（あけの　えいしょう）
　埼玉の小島村（熊谷市）の人。天保6（1835）年生まれ、延右衛門、また信右衛門と称し、明教堂、極老翁と号す。代島久兵衛に和算を学び、師没後に剣持章行に和算を学び、関流八伝を称す。晩年熊谷に算数塾を開き、明治37（1904）年12月12日没す、69歳。

浅井道博（あさい　みちひろ）
　天保14（1843）年生まれ、六之助、雁六と称す。元治元年11月開成所取締役、慶應3年3月砲兵差図役頭取、明治2年沼津兵学校二等教授、7年陸軍大佐、12年陸軍郷官房長、16年参謀本部海防局長となり、18（1885）年10月12日没す、43歳。

浅井善弘（あさい　よしひろ）
　天保4（1833）年生まれ、寅太郎、速馬と称し、応天堂と号す。歴算家福田理軒に学ぶ。維新後境県に出仕、権少属、私塾を開き、小学校教員となり、明治34（1901）年7月没す、69歳。著書に『応天堂算法』

などがある。

浅岡世温（あさおか　としはる）
　文化5（1808）年に『東都愛宕山社算題』を著す。

浅香重昌（あさか　しげまさ）
　徳之丞と称し、山本時憲に関流の算学を学び、天保6（1835）年4月音羽の田中八幡宮へ算額を奉納。嘉永元年に『新法町見術』、『弧角算法』『新成算法』などを著す。

朝倉正昭（あさくら　まさあき）
　著書に『開平増益算梯診解』『増益算梯』などがある。

朝倉義方（あさくら　よしかた）
　江戸後期、遠江金谷（島田市）の算学者、仙吉と称し、宮城流和田恭寛に学ぶ。文化8年江戸愛宕山に算額を奉納、文政6年帰郷し、天保11（1840）年9月没す、洞善寺に埋葬。著書に『百花天工区別』などがある。

浅越金次郎（あさこし　きんじろう）
　攻玉社、のち商船学校教授、大正7（1918）年没す。著書には『代数学教科書』『航海科微積分学教科書』などがある。

麻田剛立（あさだ　ごうりゅう）
　旧杵築藩士。享保19（1734）年2月6日綾部安正の四男に生まれ、妥彰、のち正廣といい、正庵、璋庵と称し、字を剛立という。父に医学を学び、明和4年藩の侍医を

務めたが、天文学を志し、8年頃脱藩して大阪に移り、麻田剛立と改称。医業の傍ら暦学に専念し家暦を作製、寛政7年幕府より改暦を依頼されたが老齢の故辞退し、寛政11（1799）年5月22日没す、66歳。大坂天王寺の浄春寺に埋葬。門人に高橋至時、間重富、坂正永、岡之只、谷以燕などがおり、著書には『麻田暦』（天明6年）、『消長法』（天明8年）、『西洋暦法考草』『弧矢弦之解』（寛政元年）などがある。
〈参照〉『麻田剛立資料集』（大分県教育委員会）

浅野啓三（あさの　けいぞう）
明治43（1910）年11月20日愛知県に生まれ、大阪市立大学教授、著書には『線型代数学』『環論及びイデアル論』などがある。

浅野孝光（あさの　たかみつ）
大垣外野郷の人。天保10（1839）年生まれ、五藤治と称し、天極斎と号す。関流和算家で塾を開き、元治2年岐阜の赤坂明星寺に算額を奉納、明治43（1910）年没す、71歳。門人に河瀬貞長、大隅義盛、志智孝成、臼井義信などがいる。

浅野治意（あさの　はるおき）
栃木塩屋郡土屋村（矢板市）の人。勝右衛門と称し、江戸の坂本玄斎に和算を学び、安政5年9月木幡神社、同6（1859）年正月大田原の薬師堂に算額を奉納。

朝比奈泰政（あさひな　やすまさ）
著書に『日用算』などがある。

阿座見俊次（あざみ　としつぐ）
大坂の人。清兵衛と称し、宅間能清に算学を学び、宅間流二代目を継ぐ。門人に鎌田俊清などがいる。

芦ヶ原伸之（あしがはら　のぶゆき）
昭和11（1936）年生まれ、世界的なパズル作家、収集家。パズルの普及・発展に貢献、平成16（2004）年6月19日没す、68歳。著書に『三分間パズル』『大人のパズル』『科学パズル』『脳力パズル』『パズル学新論』などがある。

安島直圓（あじま　なおのぶ）
新庄藩士。元文4（1739）年生まれ、万蔵と称し、字を伯規といい、南山と号す。宝暦4年12月亡父の跡を継ぎ吟味役、御勘定預りから天明5年11月郡奉行格となり、7年12月20石加増あって百石。中西流の入江応忠に、のち関流の山路主住に算学を学び皆伝を得、関流四伝を称す。寛政10（1798）年10月7日（4月5日とも）没す、60歳。祖真院智算量空居士、江戸三田の常林寺に埋葬。著書に『安島南山先生遺稿』（明和8年－安永5年）、『安子変商稿』（安永6年）、『精要算法』（天明元年刊）、『綴術括法』（天明4年）、『十字環真術』（寛政6年）、『弧背術解』など多くあり、門人には日下誠、坂部廣胖、馬場正督などがいる。
〈参照〉『安島直圓の業績』（加藤平左衛門）、『安島直圓全集』（平山諦・松岡元久）

東　秀幸（あずま　ひでゆき）
　寛政4年家督を継ぎ、御代官所懸三人扶持五石、のち難村御用懸。願念寺典隆に中西流の和算を学び免許、文化12（1815）年没す。門人には佐藤信篤、丹茂致、三須吉徳などがいる。

足立　敬（あだち　けい）
　著書に『三斜容円術』などがある。

足立権斎（あだち　ごんさい）
　越後三島郡上岩井村（長岡市）の人。文政4（1821）年12月17日生まれ、数右衛門、のち数衛と称す。19歳の時江戸に出て内田五観に算学を学び、帰郷して和算を教授。明治36（1903）年9月7日没す、83歳。著書に『鉤題集草稿』『天保十五年暦見行草』『量地題弁』（文久2年）などがある。

安達忠次（あだち　ちゅうじ）
　明治43（1910）年9月24日新潟県に生まれ、専門は幾何学、東京理科大学教授、のち名誉教授。平成3（1991）年5月26日没す、80歳。著書に『数学幾何』『微分幾何学概説』『線形代数と解析幾何』『ベクトルと解析』『ベクトルとテンソル』などがある。

足立直宣（あだち　なおのぶ）
　江戸中期の算学者。葛谷実順に学び、寛保元（1741）年に『開宗算法』を刊行。

足立信顕（あだち　のぶあき）
　幕臣。明和6（1769）年大坂に生まれ、信頭ともいい、左内と称し、字を子秀といい、溪隣と号す。麻田剛立に天文暦算を学び、天保6年天文方となり暦を作成。ロシア語にも通じ、ロシアの算術書を翻訳、弘化2（1845）年7月1日没す、77歳。下谷の宗延寺に埋葬。門人には足立信順（長男）などがいる。

足立信順（あだち　のぶより）
　寛政8（1796）年生まれ、重太郎と称し、東堂と号す。父信顕に天文暦算を学び天文方につとめ、天保12（1841）年10月21日没す、46歳。著書に『弧三角品彙』（文政2年）、『丁酉元表』などがある。

足立　蕣（あだち　ひとし）
　著書に『極西算法』『籌算』などがある。

足立正久（あだち　まさひさ）
　昭和7（1932）年2月7日愛知県に生まれ、京都大学助教授、専門は微分位相幾何学。平成5（1993）年3月24日没す、61歳。著書には『埋め込みとはめ込み』『微分位相幾何学』などがある。

安達充章（あだち　みつあき）
　出羽新庄藩士。村山郡の人で東次郎と称し、松永直英に和算を学び、文政4年2月浅草観音堂へ算額を奉納。

熱海光隆（あつみ　みつたか）
　文化12（1815）年宮城の小野村に生まれ、又治と称し、牛算と号す。千葉胤道に算学を学び免可を得、子弟教育にあたり、維新

後は小学校教員となり、明治11（1878）年3月3日没す、64歳。著書には『初学容題解義』『関流算法自問自答』『関流算法約術』『天元術正負解』『点竄指南』などがある。

渥美康方（あつみ　やすかた）
　初め宮城桃生郡寺崎（桃生町）の人。天保2（1831）年生まれ、初め保久といい、長六郎と称し、北江、幾秋堂と号す。関流の和算を学び、早井次賀の後を継ぎ関流十伝を称す。仙台の松源寺に埋葬。門人には須田昌房などがいる。

穴沢長秀（あなざわ　ながひで）
　安永3（1774）年生まれ、久蔵と称し、原如亭、一魯、春山と号す。寛政11年家督を継ぎ、文化4年6月小姓。藤田貞資に関流の算学を学び、山形の代官所で私塾を開き藩士や農民を教授。天保5（1834）年没す、60歳。著書に『鉤股演義』『術算法』『方円大意』などがあり、門人には南雲安行、梨本秀盛などがいる。

穴沢信厚（あなざわ　のぶあつ）
　米沢藩士。元禄14（1701）年生まれ、篤信ともいい、総内、のち九右衛門と称し、子居と字し、杏斉、春岳と号す。仙台の佐竹義根に天文暦数を学び、正徳4年五石五十騎に入る。享保4年6月藩の右筆、15年5月記録方となり、20年4月日帳方、元文元年6月小姓六人扶持、寛保2年9月致仕し、天明4（1784）年正月11日没す、84歳。著書には『円闕弧背録』などがある。

阿部有清（あべ　ありきよ）
　徳島の名西郡石井（石井町）の人。文政4（1821）年5月30日生まれ、虎吉、虎之助、雄助と称し、惟一といい、伯周と字す。小出兼政に算学・天文学を学び、高畠耕斉などに蘭学を学び、帰郷後徳島で子弟を教育し、文久2年徳島藩の徒士となり、維新後は徳島中学教師、明治30（1897）年12月20日没す、77歳。寺町の長善寺に埋葬。著書には『古今算鑑解選著術諸象容円』（天保14年）、『算法三台精解』（嘉永3年）、『新編円理趣趁』（弘化3年）、『算法円理弧術』『自問自答』『対数起源之用法』『新編弧度用法』などがある。

阿部浩一（あべ　こういち）
　大正11（1922）年1月15日大阪府に生まれ、大阪教育大学教授、のち名誉教授、専門は数学教育。平成5（1993）年8月9日没す、71歳。著書には『数の成り立ち』『新・中学校数学指導講座』『とぎれない数』などがある。

安倍維則（あべ　これのり）
　雄之進と称し、千葉胤秀に関流の算学を学ぶ。門人には小野寺則一などがいる。

阿部重道（あべ　しげみち）
　出羽庄内藩士。文政8（1825）年10月4日生まれ、松次、のち雄次と称し、字を務本といい、流西と号す。石塚克孝に最上流、千葉胤道、長谷川寛に関流の算学を学び、蝦夷地を測量し、弘化3年3月鶴岡の春日神社に算額を奉納、万延元年12月二石加増、

明治8（1875）年12月3日没す、51歳。著書に『阿部重道草稿』『阿部重道棒額下書』（慶應3〜4年）、『算法円理解』『算法容術集』『流西算翠解』などがあり、門人には渡部丈吉などがいる。

阿部昭方（あべ　しょうほう）

天保5（1834）年宮城の一栗村（岩出山町）に生まれ、佐原文治郎といい、阿部勘司の養子。関流の長谷川氏に学び、諸国を遊歴。帰郷して塾を開き、文久3（1863）年正月10日没す、30歳。

安部進午（あべ　しんご）

大正7（1918）年1月2日生まれ、広島大学教授、のち名誉教授、専門は微分幾何学。平成11（1999）年3月15日没す、81歳。

阿部胤信（あべ　たねのぶ）

関流算術家、門人に阿部胤春、千葉胤美などがいる。

阿部為清（あべ　ためきよ）

著書に『探算法精解』などがある。

阿部知栄（あべ　ちえい）

天明元（1781）年知義の嫡子として生まれ、儀八郎と称し、下田直貞、のち志賀吉倫に算学を学ぶ。文化11（1814）年3月没す、34歳。廓道良儀居士。

阿部知翁（あべ　ちおう）

盛岡藩士。文化4（1807）年生まれ、知栄の嫡子。牛太郎、のち九兵衛と称し、知翁、数翁と称す。叔父則敏に算学を学び、藩の算官（勘定所御元〆）となり、更に江戸勤番中に藤田貞升に師事し研鑽、明治5（1872）年正月7日没す、66歳。北山の竜谷寺に埋葬。著書には『五円適等秘伝解』（天保12年）、『環円隔二円廉術』（弘化3年）、などがある。

阿部知義（あべ　ともよし）

盛岡藩士。寛延元（1748）年生まれ、九兵衛と称す。菊池方秀に、のち江戸勤番中に山路主住に関流の算学を学び、文化8（1811）年閏2月28日没す、64歳。忠翁道孝居士、北山の竜谷寺に埋葬。著書には『郷村古実見聞記』（文化元年）、『得幸録術解五條』などがある。

阿部則敏（あべ　のりとし）

盛岡藩士。寛政元（1789）年生まれ、喜左衛門と称し、知義の二子で、知翁は甥。志賀吉倫、のち江戸の藤田嘉言に算学を学び、天保13年主命により江戸にて内田五観について研鑽し、嘉永6年春塩釜の大明神へ算額を奉納、万延2（1861）年正月18日没す、73歳。算誠舎清白純哉居士、北山の竜谷寺に埋葬。著書には『算法雑書』（文化12年）、『算題集』（天保8年）、『算叢』（嘉永2年—安政2年）などがある。

阿部　誠（あべ　まこと）

著書に『関流算術稽古問書』などがある。

阿部政樹（あべ　まさき）

文政11（1828）年岩手の下閉伊郡山田村

（山田村）に生まれ、各地を遍歴し算学を学び、最後に川北朝隣に師事。明治16（1883）年6月7日没す、56歳。著書には『捷算開方新式』などがある。

安倍保定（あべ　やすさだ）

寛政11（1799）年五串村（一関市）の阿部四郎右衛門の次男に生まれ、陸前赤荻村（一関市）の阿部勘太夫の養子。貞二（貞治）と称し、頼明ともいい、磐川と号す。千葉胤秀に算学を学び、関流八傳を称す。弘化2年10月水沢の八幡神社へ算額を奉納、安政4（1857）年12月16日没す、58歳。著書に『羽州久保田算学改訂』（文政7年）、『盛岡神壁解義』があり、門人には安倍保訓、伊藤祐久、小野寺定則、佐藤直方、千葉胤定、吉田光好などがいる。

安倍保圓（あべ　やすのぶ）

勘司と称し、東磐と号す。千葉胤英に関流の算学を学ぶ。著書には『算法解義孝撰』などがある。

阿部保訓（あべ　やすのり）

陸奥一関の人。保命ともいい、阿部保定の三男で勘司と称し、溪川と号す。父保定、伊藤祐房に学び、江戸に出て大島姓を名乗り長谷川弘に師事し研鑽、関流九伝を称する。天保14（1843）年9月一関の春日神社に、弘化2年4月五串稲荷堂に算額を奉納。著書に『溪川甲斐稿』（嘉永6年）、『数学段書利之巻』『算法撰解』などがある。

阿部八代太郎（あべ　やよたろう）

明治16（1883）年12月3日岡山県に生まれ、東京物理学校、東京高等師範学校教授、日本数学教育会会長、数学教育の発展に大きく貢献し、昭和26（1951）年7月8日没し、67歳。著書には『一般代数学』『現代新増課数学教授参考書』『現代女子算術教科書』などがある。

安倍　亮（あべ　りょう）

大正3（1914）年生まれ、昭和20（1945）年若くして没す、31歳。著書には『位相数学研究』などがある。

阿部和作（あべ　わさく）

天保5（1834）年岩手の山田村（山田町）に生まれ、松雪、房堂と号す。鬼柳未司に和算を学び、晩年江戸に出て教授、明治16（1883）年没す、50歳。

阿保経覽（あぼう　つねただ）

阿保（小槻）今雄の子で主計助、算博士、主税頭、左大史、従五位下、延喜17（917）年没す。

阿保當平（あぼう　まさひら）

阿保（小槻）今雄の子で、のち小槻姓に帰す。算博士、主計助、左大史、従五位下、延長7（929）年9月没す。

天野定矩（あまの　さだのり）

常矩ともいい、勘兵衛と称し、一庸斎と号す。量地術を得意とし、弘化2（1845）年没す。門人には渡邊以親などがいる。

天野聡隆（あまの　としたか）

　錦雲と号す。著書に『合類算法解義』『続神壁算法解義』（元治元年）などがある。

天野栄親（あまの　ひでちか）

　天保12（1841）年生まれ、文次郎と称し、闢莾と号す。浅草花戸川に住み、豊岡温斎、長谷川弘に師事し、更に川北朝隣、内田五観に学ぶ。明治14（1881）年8月11日没す、41歳。著書に『所掲于東都芝愛宕山之算額』『豊國温斎之奉額算題之解』（慶應3年）、『圓理豁畳表』『算盤手引草』などをがある。

天谷教盈（あまや　のりみつ）

　天明7（1787）年栃木の粟野町半田（鹿沼市）に生まれ、久蔵と称す。金杉清常に関流の算学を学び、文化9年4月地元の医王寺に算額を奉納、天保8（1837）年没す、51歳。門人に上野長恒、大橋喜房などがいる。

雨宮綾夫（あめみや　あやお）

　明治40（1907）年8月25日東京に生まれ、物理学者で音響分析、分子積分表など分子構造に関する研究や電子計算機の開発に尽力、東京大学、のち東京電気通信大学教授、理学博士。昭和52（1977）年6月9日没す、69歳。著書には『応用数学』『微分方程式の解法』『最小二乗法』『LISPとその応用』『放射線化学入門』などがある。

雨宮一郎（あめみや　いちろう）

　大正12（1923）年1月27日東京に生まれ、北海道大学、東京工業大学、山口大学教授、専門は関数解析学でベクトル束の構造を研究。東京工業大学名誉教授、平成7年（1995）5月28日没す、72歳。著書には『微積分への道』などがある。

荒井顕徳（あらい　あきのり）

　天保7（1836）年4月生まれ、郁之助と称す。安政4年海軍操連所頭取、元治元年講武所取締役、慶応4年軍艦奉行（開陽丸）五十石、明治4年海軍兵学校初代校長、12年内務省測量局初代中央気象台長となり、42（1909）年7月19日没す、74歳。著書には『英和対訳辞書』『測量新書』などがある。

新井玩三（あらい　がんぞう）

　文政6（1823）年千葉の印旛郡大森（印西町）に生まれ、成一といい、恩格と字し、大測、悟三堂と号す。盲目となるが和算を教授、明治38（1905）年7月6日没す、83歳。著書には『算学提要』（慶応3年）、『再刻随一塵劫記』などがある。

荒井為以（あらい　ためとも）

　江戸中期の和算家、今井兼庭に関流の算学を学び、幕府御代官の手代か。著書に『明玄算法』（明和元年）などがある。

新井　勉（あらい　つとむ）

　昭和24（1949）年12月25日群馬県に生まれ、東京電機大学教授、専門は解析学。平成14（2002）年9月27日没す、52歳。著書

には『ウェーブレット入門』『マルチスプライン』（訳本）などがある。

荒井彝徳（あらい　つねのり）
　栃木芳賀郡湊町村（栃木市）の人、英三郎と称す。中西流三伝を称し、嘉永6（1853）年秋厳島神社に算額を奉納。

荒井敏明（あらい　としあき）
　山形双月村（山形市）の人。安永9（1780）年生まれ、豊松、のち政六と称す。佐藤周休に、大阪の松岡能一に、更に江戸にて内田恭に関流の算学を学び高弟となる。文政12年9月鳥海月山両所宮へ算額を奉納し、安政2（1855）年6月1日没す、76歳。円理院殿敏明大居士、山形市の正願寺に埋葬。

荒井以道（あらい　ともみち）
　冬斎と号す。著書には『算法極数術』『算法諸約術私記』『試計算法記』（天保13年）などがある。

荒井幽谷（あらい　ゆうこく）
　寛政2（1790）年生まれ、左五平といい、中西流十伝を称す。門人達が山形の広幡村（米沢市）八幡堂に算額を奉納。万延元（1860）年没す、70歳。

荒川重平（あらかわ　じゅうへい）
　嘉永4（1851）年生まれ、敬次郎と称す。明治4年海軍兵学寮教員、のち海軍大学校教官、34年静岡育英会幹事、40年退官し奨学舎学監。海軍の数学教育に従事し、昭和8（1933）年12月25日没す、83歳。著書には『幾何問題解式』などがある。

荒川恒男（あらかわ　つねお）
　昭和24（1949）年4月14日生まれ、立教大学教授、専門は整数論、平成15（2003）年10月3日没す、54歳。著書に『種々の数論的関数の特殊値に関連した研究』『ヤコビー形式およびジーゲル保型形式と関連するゼータ関数の数論的研究』などがある。

荒木村英（あらき　むらひで）
　寛永17（1640）年生まれ、彦四郎と称す。高原吉種、のち関孝和に関流の算学を学び高弟となり、江戸の南鍋町に住み、算法を指南し、享保3（1718）年7月15日没す、79歳。著書には『算法許状』（宝永元年）、『括要算法』（宝永6年）、『荒木先生茶談』などがあり、門人には大高由昌、松永良弼などがいる。

荒木雄喜（あらき　ゆうき）
　明治41（1908）年9月20日熊本県玉名に生まれ、熊本師範学校、熊本大学教授、のち名誉教授、九州女学院短期大学教授。平成15（2003）年9月26日没す、96歳。著書には『算数科教育の研究』『問題解決』などがある。

荒　至重（あら　しじゅう）
　磐城中村（相馬）藩士。文政9（1826）年9月13日生まれ、専八と称し、子成と字す。天保11年より佐藤儀右衛門、のち江戸に出て内田五観に関流算学を学び免許皆伝、嘉永3年正月帰藩し、4年北郷代官、5年

7月真岡大前神社に算額を奉納し、維新後は新政府に仕え地租改正掛などをつとめ、平（いわき市）町長となり、明治42（1909）年5月7日没す、84歳。著書に『算法容術起源』（嘉永2年）、『算法町見術』（嘉永3年）、『量地三略』（慶應元年）などがある。
〈参照〉『荒至重先生小伝』（同書刊行会）

荒又秀夫（あらまた　ひでお）
　明治38（1905）年3月15日生まれ、第一高等学校教授、専門は整数論。昭和22（1947）年1月1日没す、42歳。著書には『行列及行列式』『高等教科代数学』『高等教科美微分積分学』（共著）などがある。

新谷義和（あらや　よしかず）
　群馬引間の人。庄右衛門と称し、石田玄圭に関流の算学を学び免許。門人には高橋本高などがいる。

有井範平（ありい　のりひら）
　徳島の人。進斎と号し、小出脩喜に算学を学び、明治7年長崎師範学校、18年東京府師範学校教官、22（1889）年5月没す、60歳。

有澤武貞（ありさわ　たけさだ）
　金沢藩士。森右衛門と称し、字を伯赴といい、桃水軒と号す。父永貞に兵学、測量術を学び、元文4（1739）年9月没す、58歳。桃水軒伯赴武貞居士。著書には『町見便蒙抄』（宝永8年）、『金沢町割図』などがある。

有澤永貞（ありさわ　ながさだ）
　金沢藩士。采右衛門と称し、字を天淵、高臥亭、梧井庵と号し、兵学者。道印（藤井半智）より測量術を伝え、「北道星図」などを製作、正徳5（1715）年11月没す、77歳。梧井庵実厳永貞居士。門人には有澤武貞、有澤致貞などがいる。

有澤致貞（ありさわ　むねさだ）
　金沢藩士。元禄2（1689）年生まれ、総蔵と称し、父永貞に学び、兵学・数学・陰陽学に通じ、宝暦2（1752）年12月没す、64歳。荊棘院格之致貞居士。著書には『算法指要』（享保10年）、『暦本抄』（享保15年）などがある。

有馬周祐（ありま　しゅうすけ）
　定次郎と称し、池田貞一に和算を学び、『奉額算法』（文政8年）を著す。

有松則雄（ありまつ　のりお）
　諦治と称し、則信ともいい、竜野で中西流の算学を教授。著書に『算術免状』（天保15年）などがあり、門人には長谷川正雄などがいる。

有松正信（ありまつ　まさのぶ）
　哲治と称し、松林堂と号す。中西流の算学を鈴木直好、八木房信に学び、著書に『算学枢要』（寛政8年〜11年）、『天元術和算写』（文化12年）などがあり、門人には磯部長常、大野安斎、近藤忠寛、松本忠英などがいる。

有馬頼徸（ありま　よりゆき）

久留米藩主。正徳4（1714）年11月25日生まれ、初め則昌といい、幼名を左近、字を其映、仮名を豊田光文景といい、林窓庵、臨翠軒、秋鳳閣、林花堂、潜淵子、輪台、一晴軒などと号す。享保14年久留米藩主となり、従四位下、中務大輔、侍従、左少将。山路主住に関流の算学を学び、入江修敬、村井中漸、藤田貞資らを藩邸に招き研鑽を重ねた。天明3（1783）年11月23日没す、70歳。大慈院殿圓山道通大居士、久留米の梅林寺に埋葬。著書には『角法演段術』（寛延2年）、『九帰増損法』（宝暦12年）、『求積詳解』（延享3年）、『招差三要』（明和元年）、『拾幾算法』（明和3年）などがある。

有宗益門（ありむね　ますかど）

貞観年間の人。宿禰と称し、算博士。

粟屋信賢（あわや　のぶかた）

初名を石澤新助といい、平左衛門と称し、格方と号す。戸板保佑に中西流の算学を学ぶ。

淡山尚絅 → **蜂屋定章**（はちや　さだあき）

安西広忠（あんざい　ひろただ）

大正8（1919）年生まれ、トポロジー（位相アーベル群）を研究し、大阪大学教授、昭和30（1955）年若くして没す、36歳。著書には『数理統計の基礎と応用』などがある。

安藤有益（あんどう　あります）

会津藩士、寛永元（1624）年出羽最上郡に生まれ、市兵衛と称し、今村知商、島田貞継に算学を学び、慶安3年茶坊主、延宝3年三百石、貞享4年郡奉行仮役。水利治水、田畑や磐梯山などの測量を行い、物価の安定に貢献し、普請奉行となり、宝永5（1708）年6月25日没す、85歳。雄岳全機居士、会津の大竜寺に埋葬。著書には『堅亥録仮名抄』（寛文2年刊）『長慶宣明暦算法』（承応3年）『東鑑暦算改』（延宝4年）『奇偶方数』（元禄8年刊）などがある。

安藤嗣興（あんどう　つぐおき）

著書には『商除之式』（文化10年）などがある。

安藤吉治（あんどう　よしはる）

京都の人、田中由真に算学を学び、著書には『一極算法』（元禄2年刊）などがある。

安間好昜（あんま　よしやす）

遠州天竜河畔の人、佐市と称し、藤川春竜に算学を学び、元治元年『追遠発蒙』を著し、明治2（1869）年没す。

【い】

飯河成信（いいかわ　しげのぶ）

幕臣。天保9（1838）年8月20日江戸に生まれ、権五郎と称し、芥舟と号す。弘化4年家督を継ぎ、小普請100石、文久3年3月講武所奉行。馬場正統、のち高久守静

に関流の算学を学ぶ。明治8年大蔵省に出仕、12年入間郡南峰村（入間市）に学校を設立、21（1888）年8月31日没す、51歳。

飯沢高亮（いいざわ　たかすけ）

吉右衛門と称し、格算、黄竜と号す。戸板保佑に算学を学ぶ。門人には間山長兵衛、宮崎多仲などがいる。

飯嶋武雄（いいじま　たけお）

安永3（1774）年総州金江津（茨城県河内町）に生まれ、初め梅田祐仙といい、武衛門と称し、利根軒一に中西流を学び、成田の飯田に移り住み和算を教授。弘化3（1846）年7月29日没す、73歳。著書には『算法理解教初編』（天保4年刊）などがある。

飯島保長（いいじま　やすなが）

信州飯田の人。文政5（1822）年生まれ、鐵弥、儀鐵、傳三、鐵進などと称し、斎藤保定、のち長谷川寛に関流の算学を学び、明治37年赤穂の光前寺に奉額、39（1906）年没す、85歳。

飯島保信（いいじま　やすのぶ）

信州前澤村（立科町）の人。享和元（1801）年生まれ、大吉と称す。斎藤保定に関流の算学を学び免許、天保15年元善光寺へ算額を奉納、明治16（1883）年没す、82歳。門人に飯島保長、佐々木氏章、寺澤国久、寺澤春忠、高橋任一などがいる。

飯田重太郎（いいだ　じゅうたろう）

明治7（1874）年10月4日埼玉県熊谷に生まれ、沖次郎の次男で権五郎と称し、芥舟と号す。27年より清水鎮義に関流の算学を学び、28年飯田善左衛門の養子、38年正月自宅に塾を開き教授。昭和27（1952）年4月15日没す、78歳。点算院重誉開塾教道居士。

飯塚八太郎（いいつか　はちたろう）

明治17（1884）年『明治新撰早割塵劫記』を著す。

飯塚正矩（いいつか　まさかね）

著書には『椙尾山掛額起源』などがある。

飯塚昌常（いいつか　まさつね）

著書には『算法定率集』（正徳4年、辻昌長著）を校正。

飯原宗敏（いいはら　むねとし）

著書には『算法較極術』『算題問答集』などがある。

家崎善之（いえざき　よしゆき）

彦太郎、のち源兵衛と称し、由之ともいい、子長と字し、思山と号す。江戸八丁堀に住み灰屋を営み、よって灰屋源兵衛という。不破直温に算学を学び、著書には『五明算法前集』（文化11年）、『側円究理』（文政6年）、『五明算法後集』（文政9年）、『方円究理』（文政11年）などがある。

家原氏主（いえはらの　うじぬし）

延暦20（801）年生まれ、勘解由次官従

五位下兼行算博士。貞観4年4月美作権介、のち安房、伯耆、但馬の国守をつとめ、16 (874) 年7月30日没す、74歳。

五百井清右衛門（いおろい　せいえもん）
　昭和9 (1934) 年生まれ、早稲田アジア太平洋研究センター教授、平成12 (2000) 年11月15日没す、66歳。著書には『システムの見方・考え方』『線型代数入門』『ネットワークプランニング』などがある。

筏井満好（いかだい　みつよし）
　越中西広上村（富山県大門町）の人。四郎右衛門と称し、石黒信由に和算を学び、娘婿となる。天保6 (1835) 年6月24日没す。門人には筏井満直、沖正之、竹内吉成、宮丸尹時などがいる。

五十嵐篤好（いがらし　あつよし）
　越中内島村（富山市）の人。寛政5 (1793) 年12月6日生まれ、厚義ともいい、小五郎、のち小豊次、父の名を継いで孫作と称し、臥牛斎、鳩夢、雉岡、鹿鳴花園などと号す。石黒信由に算学を学び、文化8年印可。測量や農事に関心をもち、万延2 (1861) 年正月24日没す、69歳。著書に『雑題一百条』（文化14年）、『新器測量法』（安政4年刊）、『数学摘要録』『関流算法指南伝』など多数あり、門人には石黒頼衡、宇野幸道、影山顕古、武部隣徳などがいる。

五十嵐員正（いがらし　かずまさ）
　上州神戸村の人。七左衛門と称し、中曽根宗郡に算学を学び、安政5 (1858) 年3月上州一之宮へ算額を奉納。

五十嵐忠廣（いがらし　ただひろ）
　羽州林崎村（秋田県羽後町）の人。五右衛門と称す。安永8年孟夏尾花沢の稲荷社へ算額を奉納し、寛政3 (1791) 年5月没す。

五十嵐孫平（いがらし　まごへい）
　著書には『算法聞書』などがある。

生江宇左衛門（いくえ　うざえもん）
　関流の算学を学び、『関流算法首巻』『関流算法無極』を伝授。

生田利治（いくた　としはる）
　大正8 (1919) 年3月19日山口県に生まれ、静岡大学教授、のち名誉教授、常葉学園大学教授。専門は代数幾何学、平成7 (1995) 年5月15日没す、76歳。

井口貞正（いぐち　さだまさ）
　著書には『小割早算用』（安政4年刊）などがある。

池上宜弘（いけがみ　のぶひろ）
　昭和13 (1938) 年7月15日鳥取県に生まれ、日本大学教授、専門は幾何学。平成3 (1991) 年8月28日没す、53歳。著書には『線形代数要論』などがある。

池田一貞（いけだ　かずさだ）
　大正12 (1923) 年7月30日兵庫県に生まれ、関西女学院短期大学、神戸商船大学教

授、のち名誉教授、専門は応用統計学。平成10（1998）年9月25日没す、75歳。著書には『現代数学の応用』『マスコミ統計学』『マーケテイングシステム』などがある。

池田貞雄（いけだ　さだお）

昭和2（1927）年12月8日熊本県に生まれ、創価大学教授、のち名誉教授、数理統計学を研究、平成10（1998）年11月9日没す、71歳。著書には『統計学入門』『統計学』などがある。

池田貞一（いけだ　さだかず）

清水家の臣。十左衛門と称し、純夫と字し、旭岡、有竹居と号す。白石長忠に関流の算学を学び高弟となる。著書に『勾股弦再乗和点鼠解義』（文化14年）、『算術雑問一百好解義』（文政元年）、『当世塵劫記解義』（文政2年）、『数理無尽蔵』（文政13年）などがあり、門人には磯野秀一、橋本昌方などがいる。

池田定見（いけだ　さだみ）

松代藩士。寛政7（1795）年生まれ、三七と称し、町田正記に最上流の算学を学び免許。明治3（1870）年没す、75歳。門人には東福寺昌保などがいる。

池田昌意（いけだ　まさおき）

初め古郡之政といい、彦左衛門と称す。隅田江雲に和算を学び、江戸芝西応寺門前に住み塾を開く。著書に『数学乗除往来』（寛文12年刊）などがあり、門人には中西正好、中西政則、渋川春海などがいる。

池田正慶（いけだ　まさよし）

弥三郎と称し、旬山、貫徹斎と号す。大阪の上本町に住み、福田金塘に和算を学ぶ。著書に『円理求積解初門』（嘉永元年）、『奉掲清水寺福田派算法図解』（文久元年）などがある。

池田益夫（いけだ　ますお）

昭和2（1927）年10月9日生まれ、東京電機大学教授、専門は応用数学。昭和63（1988）年1月26日没す、60歳。著書に『応用解析要論』などがある。

池田芳郎（いけだ　よしろう）

明治28（1895）年9月2日札幌に生まれ、北海道大学、防衛大学校、東北大学教授、専門は応用物理学、理学博士。北海道大学名誉教授、平成3（1991）年12月30日没す、96歳。著書には『微分方程式論』『積分方程式論』『応用数学』『高等数学通論』などがある。

池野信一（いけの　のぶいち）

大正13（1924）年9月18日浜松市に生まれ、東京電気通信大学教授、昭和63（1988）年10月24日没す、64歳。著書に『数理パズル』『現代暗号理論』などがある。

池原止戈夫（いけはら　しかお）

明治37（1904）年4月11日大阪に生まれ、東京工業大学教授、専門は情報理論、理学博士。昭和59（1984）年10月10日没す、80歳。著書には『応用数学講義』『初等解析的整数論』『たのしい考え方』『微積分の融

合』『常微分方程式』などがある。

池部清真（いけべ　せいしん）
　京都の人。良と称し、建部賢弘に関流の算学を学び、少壮堂という家塾を開き、門弟を教育した。門人に石川義質、神谷保貞、西村遠里などがおり、著書には『開承算法』（延享２年刊）などがある。

生駒万治（いこま　まんじ）
　慶應３（1867）年生まれ、東京高等師範学校教授、のち佐賀高等学校校長、昭和12（1937）年５月19日没す、70歳。著書には『新編算術』『幾何学講義』『算術講義』などがある。

伊佐政富（いさ　まさとみ）
　慎吾と称し、村井漸に関流の和算を学び、明和２（1765）年12月石田神社（八幡市）へ算額を奉納。

猪澤照光（いざわ　てるみつ）
　龍野北山の人。芳太郎と称し、鈴村吉照に中西流の和算を学び、明治20（1887）年７月三宝神社（たつの市）へ算額を奉納。

石井吾郎（いしい　ごろう）
　大正９（1920）年生まれ、大阪市立大学教授、専門は数理統計学。昭和56（1981）年１月31日没す、61歳。著書には『実験計画法の基礎』『数理計画法入門』『数理統計入門』などがある。

石井知義（いしい　ともよし）
　武州原市場村（飯能市）の人。弥四郎と称し、市川行英に和算を学び、文政13（1830）年３月武州子権現社へ算額を奉納。

石井資美（いしい　もとよし）
　宝暦11（1761）年に生まれ、源蔵と称し、倉敷の油屋。宅間流五世妻野重供に和算を学び、寛政７年２月大阪天満宮に、８年３月倉敷の阿智神社へ算額を奉納、享和２（1802）年11月７日没す、41歳。雪峯了全信士。門人に山田信固などがおり、著書には『石井氏算問』（寛政８年）などがある。

石井寛道（いしい　ひろみち）
　著書には『周髀算経正解図』（文化10年）などがある。

石井雅穎（いしい　まさかい）
　京都の人。清原氏、郡之進と称し、字を融達といい、思庵と号す。中根彦循、のち山路主住に算学を学び、門人に菅野元健などがおり、著書には『開方飜変詳解』（安永２年）、『括要算法演段詳解』などがある。

石井持審（いしい　もちあきら）
　東都青山の人。八十吉と称し、志野知郷に関流の算学を学び、天保５（1834）年９月中禅寺大黒天堂に算額を奉納。

石垣光隆（いしがき　みつたか）
　長岡藩士。作右衛門と称し、千手六軒町に住み、二十五石。藤田貞資に関流算学を学び、寛政８（1796）年正月蒼紫大明神へ算額を奉納。門人には磯貝正文、内山易従、

太田義旭、星野親興などがいる。

石川貫道（いしかわ　かんどう）
常州那珂の人。天保10（1839）年本田家に生まれ、喜代松、のち清助と称し、慶應元年石川家に養子。中村孝景に関流算学を学び、明治36（1903）年4月16日没す、65歳。著書に『本邦数学官民自由電速法皆伝録』などがあり、門人には片岡亀吉、桐原好道、桐原舎道などがいる。

石川惟徳（いしかわ　これのり）
高遠藩士。安永5（1776）年生まれ、音三郎、のち重左衛門と称し、字を子温といい、松斎と号す。信州宮所村（辰野町）の人、医者堀内栄清の五男で高遠藩士竹入栄重の養子となり、寛政7年家督を継ぎ代官などを歴任。和算・音韻学を矢島敏彦に学んで教授し、安政3（1856）年8月30日没す、81歳。著書に『窮源算法』『算学階梯』『宗真算法』などがあり、門人には石川栄重、岩崎博秋、中原政安、細田恭文などがいる。

石川七之助（いしかわ　しちのすけ）
著書には『奉額算法』（文政8年）などがある。

石川長次郎（いしかわ　ちょうじろう）
旧福山藩士。彝といい、寧静学人と号す。安政4年鳩居堂に入門、慶應2年開成所で数学教授から英学三等教授に転じ、明治2年1月番所調所数学教授役。著書には『西洋算法』『代数術』『幾何学』『英学階梯』などがある。

石川従縄（いしかわ　つぐなわ）
源太夫と称す。越野義恭に宮城流の和算を学び、門人には神矢教宝などがおり、著書には『演段術』『測量町見術』などがある。

石川正芳（いしかわ　まさよし）
著書には『最上流大塚算法日用鑑』（安政3年刊）などがある。

石川保良（いしかわ　やすよし）
傳之介と称し、千葉胤定に和算を学び、関流九伝を称す。門人には小岩保之、佐々木保一、吉田知足などがいる。

石川洋之助
　→ 矢野健太郎（やの　けんたろう）

石黒信基（いしぐろ　のぶもと）
加賀藩士。天保7（1836）年4月1日生まれ、藤太郎、のち藤右衛門と称す。越中射水郡高木村の人で信之の長子。代々村役人、郡役人。内田五観、及び斎藤宜義に和算を学び、安政3年加賀倶利迦羅山不動堂に算額を奉納、4年父の遺跡を継ぎ六百六十余石、加賀の宮越港の測量などをし、明治2（1869）年9月18日没す、34歳。著書には『綴術諠解』（安政2年）、『鉤台』『算題集』『求積通解』などがある。

石黒信易（いしぐろ　のぶやす）
加賀藩士。寛政元（1789）年生まれ、藤

助と称し、父信由に和算を学び、文化5年中穐若宮八幡宮へ算額を奉納、弘化3 (1846) 年正月20日没す、58歳。門人には石黒信之、北本栗などがいる。

石黒信之（いしぐろ　のぶゆき）

文化8（1811）年生まれ、藤右衛門と称し、越中射水郡高木村（富山市）の人で信易の長子。代々村役人、郡役人。天保8年家督を継ぎ530石余、弘化3年江戸の内田五観の門弟となる。藩から絵図方・測量方の御用を命ぜられ、嘉永5（1852）年12月13日没す、42歳。著書には『海岸御巡視見御用日記』『御領国御扶持人十村等総列名帳』（嘉永3年）などがある。

石黒信由（いしぐろ　のぶよし）

加賀藩士。宝暦10（1760）年12月28日生まれ、与十郎、のち藤右衛門と称し、高樹、松香軒と号す。越中射水郡高木村（富山市）の人で、代々村役人、郡役人。天明2年11月富山の中田高寛に関流算学を、金沢の宮井安泰に測量術を、更に金沢の西村太沖に天文暦学を学び、加賀藩で検地・測量に従事、加越能三州の地図作成を命じられ天保6年完成し、7（1836）年12月3日没す、77歳。著書には『算法零約重約』（寛政6年）、『極数診解』（寛政8年）、『鉤股変弦整数』（享和元年）、『検地法算法』（文化9年）、『算学鉤致』（文政2年）、『弧三角法解』（文政11年）、『八線対数表製法』（文政12年）、『測量図籍』（天保6年）など多数あり、門人には五十嵐篤好、筏井満好、河野通義などがいる。

〈参照〉『石黒信由事蹟一斑』（石黒準一郎）

石毛昌相（いしげ　しょうすけ）

著書には『三浦氏算題集』（文政7年）などがある。

石坂実行（いしざか　さねゆき）

屋敷分村（府中市）の人。汎太と称し、鴨下春良に和算を学び、手習い塾「石坂塾」を経営、明治36（1903）年没す。

石坂　逸（いしざか　とし）

文化11（1814）年生まれ、空洞と号し、和算に通じ、明治32（1899）年没す、86歳。著書には『西洋算籌用法略解』（安政6年）などがある。

石坂常堅（いしざか　つねかた）

備後福山藩士。碌平、録郎と称し、初め山田氏、寛政5年石坂氏の養子。内田恭に和算を学び、天文を能くした。著書には『分度星宿図』（文政元年）、『時刻観象』『赤道南恒星図』（文政9年）などがある。

石田玄圭（いしだ　げんけい）

名を恒、玄圭と称し、一徳子、班亭と号す。上野国高井村（前橋市）の医者で、医業の傍ら和算と暦学を研究し、古澤恭周、藤田貞資に入門して、享和3年免許、上州における和算の開拓者、文化14（1817）年6月7日没す。班亭一悳居士。著書に『授時暦精正』（天明元年）、『暦学小成』（天明7年）、『算法一周零術約術』（文化9年）

などがあり、門人には坂本亮春、黒崎祀則、五十嵐金品、増田暉之などがいる。

石田高明（いしだ　たかあき）

著書には『鉤股適等詳解』などがある。

石谷忠量（いしたに　ただかず）

仁左衛門と称し、馬場正督に関流算学を学び、文化4（1807）年正月総州市川の手古奈社へ算額を奉納。

石田　信（いしだ　まこと）

昭和7（1932）年3月6日東京に生まれ、東京都立大学教授、専門は整数論。平成3（1991）年10月5日没す、59歳。著書に『代数学入門』『代数的整数論』『線形代数入門』などがある。

石田義信（いしだ　よしのぶ）

播州下太田村（姫路市）の人。時太郎と称し、長谷川正雄に算学を学び、明治11（1878）年10月竜野阿宗神社に算額を奉納。

石塚克孝（いしつか　かつたか）

庄内（鶴岡）藩士。文化5（1808）年生まれ、六郎兵衛と称す。最上流の庄司久成に算学を学び、庄内随一の達人と称せられた。天保7年江戸に出て会田安明、山路主住らを歴訪して研鑽、天保14（1843）年9月21日没す、36歳。算道切磋居士。門人に阿部重道、阿部誠久、村田敬勝などがおり、著書には『階梯天正法』（天保6年）、『石塚六郎兵衛算術』（天保7年）、『時習算題』（天保9年）、『算法切磋解義』などがある。

石塚行信（いしつか　ゆきのぶ）

著書には『算法時習詳解』などがある。

石津武彦（いしづ　たけひこ）

大正3（1914）年11月15日東京に生まれ、専門は量子力学、応用数学、東京大学教授、理学博士。昭和44（1969）年4月28日没す、54歳。著書には『特殊関数論』『常微分方程式の解法』『フォーサイス著微分方程式』『量子論』『相対性理論』などがある。

石橋規天（いしばし　きてん）

下総香取郡古山村（神崎町）の人。五郎左衛門と称し、中西流の算学に通じた。門人には石橋重政、石橋規満などがいる。

石橋規満（いしばし　のりみつ）

下総香取郡原宿村（神崎町）の人。寛政12（1800）年生まれ、四郎左衛門と称し、石橋規天に中西流、長谷川規一に関流の算学を学び、明治16（1883）年12月9日没す、84歳。

石丸　賢（いしまる　けん）

金沢の人。清水流町見術の井上方照の門弟で、門人には宮井安泰などがおり、著書には『規矩元法別集』（天明6年）などがある。

井尻清次（いじり　きよつぐ）

喜兵衛と称し、宮城流宮城清行の高弟で『和漢算法大成』（元禄8年）を校訂。

石山正盈（いしやま　まさみつ）

水戸藩士。慶安3（1654）年生まれ、初め梶山弥大夫といい、のち彦右衛門と称す。延宝5年正月父死して切符を賜い大工頭、元禄3年病によって暇を請い、15年3月帰参して百石与力、宝永2年2月吟味役を兼ね、5年5月勘定奉行、享保2（1717）年正月百五十石、8月29日没す、64歳。著書には『算法指掌』（享保8年刊）、『算法図解指掌大成』などがある。

石渡好成（いしわたり　よしなり）
　宝暦8（1758）年山武郡永田村（千葉県大網白里町）に生まれ、植松是勝に関流の算学を学び、塾を開き教授、天保9（1838）年4月没す、80歳。

泉　信一（いずみ　しんいち）
　明治37（1904）年7月宮城県に生まれ、東北大学、東京都立大学、のち北海道大学、日本大学、オーストラリア大学高級研究所教授。専門は解析学、理学博士。著書には『幾何の事典』『実函数論』『でいりくれ級数論』『フーリエ解析概論』などがある。

井関知辰（いせき　ともとき）
　元禄頃の大坂の人で、十兵衛と称す。島田尚政に算学を学ぶ。著書には『峽知算法』『算法発揮』（元禄3年刊）などがある。

礒川徳英（いそかわ　とくひで）
　武州南河原村（行田市）の人。半兵衛と称し、斎藤宜義に関流の算学を学び、安政3年8月聖天宮社へ、万延2（1861）年3月北河原の河原神社へ算額を奉納。

磯野秀一（いその　ひでかず）
　喜万太と称し、池田貞一に算学を学ぶ。著書には『奉額算法』（文政8年）などがある。

磯野　響（いその　ひびき）
　信州松本の人。長野師範学校教官。著書には『小学形体面積早見法』『新撰和算大全』（明治11年）などがある。

磯野　幸（いその　みゆき）
　昭和2（1927）年群馬県に生まれ、三重県立名張高等学校、のち都立の高等学校を経て、水城学園校長。平成15（2003）年5月没す、75歳。著書には『おどる数学』『一目でわかる数学公式と問題解法』などがある。

磯部　泰（いそべ　やすし）
　天保7（1836）年生まれ、松園と号す。嘉永3年掛川藩の算術稽古頭取、廃藩後は上総（千葉県）柴山に移り開拓測量、小学教育に従事し、大正元（1912）年10月24日没す、77歳。

礒村善方（いそむら　よしかた）
　著書には『浄心額題解義九篇』などがある。

磯村吉徳（いそむら　よしのり）
　肥前鹿島の人、のち二本松藩士。文蔵、のち喜兵衛と称し、泥竜、琢鳴と号す。吉田三好、高原吉種に和算を学び、磯村流を称す。万治元年二本松藩に仕え、作事奉行

などを歴任して、宝永5年致仕し、7（1710）年12月24日没す、70余歳。慶誉向善信士。二本松の善性寺に埋葬。著書に『算法闕疑抄』（万治2年刊）などがあり、門人には初坂重春、村瀬義益などがいる。

井田贇周（いだ　いんしゅう）
　著書には『三題不知段数』『井子算法』（宝暦9年）などがある。

板倉勝正（いたくら　かつまさ）
　天保9（1838）年山武郡正気村（東金市）に生まれ、金吾、のち源右衛門と称し、植松是勝に関流の算学を学び別傳免許、算学塾を開き教授、明治19（1886）年8月30日没す、49歳。門人には後藤政紀などがいる。

板野暢之（いたの　みつゆき）
　昭和6（1931）年1月6日岡山県総社に生まれ、広島大学教授、のち名誉教授、専門は解析学。平成15（2003）年10月16日没す、72歳。

板橋隆朝（いたばし　たかとも）
　常陸の深見村（下館）の人。丹治と称し、関流竹越豊延に算学を学び、文化10年3月常州十里村の子権現へ算額を奉納、天保14（1842）年閏9月12日没す、56歳。

市川明利（いちかわ　あきとし）
　著書には『水陽八景戌戌唱和集』『立方玉経割』（嘉永元年）などがある。

市川方静（いちかわ　かたきよ）
　白河藩士。天保5（1834）年10月24日白河に生まれ、運八郎と称し、律襲斎、不求庵、風流軒、一夢斎と号す。万延2年江戸に出て坂本詮明に学び、最上流の算法、天文学を修め、明治6年山形県庁に勤め、のち福島県師範学校勤務。測量器製作の先駆者で、明治36（1903）年11月28日没す、70歳。徳潤院釈意裕。著書には『算法量地捷解前編』（文久2年刊）などがあり、門人には鈴木重栄などがいる。

市川兼恭（いちかわ　かねやす）
　福井藩士。文政元（1818）年生まれ、斎宮と称し、藩の砲術師範。弘化元年医師となり開業、安政3年蕃所調所教授手伝、文久元年開成所教授、慶応3年大番格砲兵差図役頭取、4年陸軍軍用頭取、明治元年京都兵学校、大阪兵学校教授、6年会訳社設立、32（1899）年5月26日没す、82歳。

市川茂喬
　→ **市野茂喬**（いちの　しげたか）

市川信任（いちかわ　のぶとう）
　信州坂木村（坂城町）の人。文政11（1828）年生まれ、佐五左衛門と称し、法道寺善に算学を学び、関流八伝を称す。明治19（1886）没す、58歳。著書には『算法演段式』『算法鉤垂図解』『関流算法称平術』などをがある。

市川行英（いちかわ　ゆきひで）
　上州勧能村（南牧村）の人。文化2（1805）

年生まれ、玉五郎と称し、字を君虎といい、愛民、南谷と号す。武州の桜沢英秀に、のち斎藤宜長、白石長忠に算学を学び免許、文政9年3月佐久の禅昌寺へ算額を奉納、嘉永7（1854）年没す、49歳。著書に『初学算法天元術』『数学雑俎』『合類算法』（天保5年刊）などがあり、門人には石井和義、栗島精弥、黒澤重栄、勢登重明などがいる。

一木勝右衛門（いちき　かつえもん）
　著書には『真理鉤股弦通術』（享保13年刊）などがある。

市瀬惟長（いちせ　これなが）
　江戸の人。長兵衛と称し、字を白賁といい、慎斎、聚英堂と号し、江戸十軒店に住む。会田安明の門人で、最上流四天王の一人。著書に『最上流六士之術』（享和2年）、『大原反覆論』（文化7年）、『算法本源集』（文化11年）、『奉献数学院題術』（文政元年）などがあり、門人には安永惟正などがいる。

市田朝次郎（いちだ　あさじろう）
　明治35（1902）年8月28日福井県丸岡町に生まれ、代数幾何学を担当、早稲田大学教授、のち名誉教授、理学博士。昭和63（1988）年12月29日没す、86歳。著書には『解析Ⅰ・Ⅱ便覧』『入試数学難問の研究』『大学一般教養数学』などがある。

市野茂喬（いちの　しげたか）
　金助と称し、礫川軒、磊川と号す。本多利明、のち会田安明に和算を学び、寛政年間に高橋至時に暦学を修め、天文方属吏。著書には『町見童算』（寛政10年）、『午正太陽距緯表』（文化5年）、『正弧斜弧三角形詳解』（文政2年）、『楕円周通術編』（文政7年）などがある。

市原哲治（いちはら　てつじ）
　明治35（1902）年生まれ、第二高等学校教授、関数論を研究。著書には『高等教育数学』などがある。

市原秀夫（いちはら　ひでお）
　明治43（1910）年9月1日生まれ、新潟大学教授、のち名誉教授。専門は関数論、昭和57（1982）年1月9日没す、71歳。

伊月元一郎（いづき　げんいちろう）
　明治18（1885）年『各家必用和算心得』を著す。

逸見十兵衛（いつみ　じゅうべえ）
　山形宮町に住み、中西流の算学に通じる。門人には岡崎安之などがいる。

井出　修（いで　おさむ）
　昭和11（1936）年10月19日愛媛県に生まれ、明治学院大学教授、専門は応用数学。平成13（2001）年4月12日没す、64歳。

井手三郎（いで　さぶろう）
　明治43（1910）年5月11日長崎県に生まれ、北海道大学教授、のち名誉教授。専修大学教授、専門は微分積分学。昭和58（1983）

年2月21日没す、72歳。著書に『数学通論』『代数学と幾何学』『微分積分学』などがある。

井手孝典（いで　たかのり）
　武田済美に和算を学び、著書には『闇微算法』（寛延3年刊）などがある。

井出弥門（いで　やもん）
　明治25（1892）年2月15日長野県に生まれ、専門学校教授、専門は数学史、昭和58（1983）年12月14日没す、91歳。著書に『数学教育の諸問題』『数学読本』『物語数学史』などがある。

伊藤克孝（いとう　かつたか）
　大聖寺藩士。宝暦8（1758）年生まれ、神谷定令、中田高寛に関流の算学を学び、藩の算用吏。文化6（1809）年正月没す、52歳。門人には河嶋偕矩、西尾一起などがいる。

伊藤　清（いとう　きよし）
　大正4（1915）年9月7日三重県に生まれ、大蔵省を経て京都大学、コウーネル大学教授、京都大学名誉教授、理学博士、日本数学会理事長を務める。専門は確率論で確率解析の基本公式「確率微分方程式」（伊藤の公式）が有名。第一回ガウス賞、文化勲章を受章し、平成20（2008）年11月10日没す、93歳。著書には『確率論の基礎』『確率論』『統計数学の基礎』『偏微分方程式』などがある。

伊藤清澄（いとう　きよずみ）
　信州諏訪郡金子村（諏訪市）の人。天保13（1842）年生まれ、定太と称し、字を伯瀟といい、氷湖と号す。安政3年より後藤庄五郎、矢沢鶴五郎に点竄術を学び、文久元年8月江戸に出て長谷川弘に関流の算学を学び修得、慶応3年12月皆伝を得て帰郷して塾を開き、明治44（1911）年8月13日没す、70歳。著書に『諸算書起源』（慶應元年）、『関流算法草術』『算法自在』『算法利率新書』『算法方陣正解』などがあり、門人には小泉範長、宮澤九命、菅沼信親などがいる。

伊藤謙意（いとう　けんい）
　江戸末の算学者で、著書には『以等円換不等円解』などがある。

伊藤孝一（いとう　こういち）
　大正13（1924）年生まれ、日本大学教授、専門は数理統計学。昭和26（1951）年12月1日若くして没す、27歳。著書には『現代統計学入門』『多変量解析の理論』などがある。

伊藤定敬（いとう　さだたか）
　桑名藩士、のち忍藩士。文化6（1809）年8月生まれ、時方ともいい、六之助、慎平と称し、精斎と号す。文政6年藩主松平忠堯の転封に従って桑名より忍に移る。至誠賛化流の和算を平井尚久に学び、算術師範として勘定方組頭などを歴任し、明治4年権大属、埼玉県十二等出仕、翌年辞職し、明治28（1895）年2月24日没す、87歳。慎

証院釈家興平等居士。著書には『側円類集解義』（嘉永元年）などがある。

伊藤雋吉（いとう　しゅんきち）
　舞鶴藩士。天保11（1840）年3月28日生まれ、一介と称し、橘庵と号す。舞鶴藩士伊藤勝介の男、内田五観に関流算学を学び、藩命で村田蔵六の塾に入門、明治2年海軍操練所に出仕、14年海軍兵学校校長、22年海軍中将、海軍次官。退隠後は和算家萩原信芳の遺稿を整理編集し、大正10（1921）年4月10日没す、82歳。著書には『三哲累円術』『新訳弧三角術余考補』（慶応元年）などがある。

伊藤庄三郎（いとう　しょうざぶろう）
　総州南子安村（君津市）の人。鈴木正晟に関流算学を学び、文化8（1811）年正月君津の三直八雲神社へ算額を奉納。

伊藤至郎（いとう　しろう）
　明治32（1899）年11月3日千葉県一宮町に生まれ、教員。科学史及び評論を専門とし、昭和30（1955）年10月17日没す、55歳。著書には『数学概論』『数学と弁證法』『数学方法論』『対応の学としての数学』『日本科学史』などがある。

伊藤慎蔵（いとう　しんぞう）
　文政9（1825）年萩に生まれ、慎といい、君独と号す。嘉永2年大阪に出て緒方洪庵の門に入り、5年塾頭に抜擢され、安政2年大野藩に赴任、3年蘭学所（洋学館）を発足、明治2年大阪開成所数学教授、3年大阪開成所大助教、5年文部大助教、6年10月工部省七等出仕となり、13（1880）年6月13日没す、66歳。著書には『和算提要』『筆算提要』（慶應3年訳刊）などがある。

伊藤祐敬（いとう　すけたか）
　嘉永3（1850）年生まれ、父中島這棄に算学を学ぶ。伊藤家を継ぎ、郡奉行、維新後は大蔵省に入り、会計監査部長をつとめる。大正2（1913）年5月没す、64歳。

伊藤祐言（いとう　すけとき）
　著書には『中西流天元術手引書』（安永6年）などがある。

伊藤祐春（いとう　すけはる）
　岩手の川崎村の人。菊池長良に関流の算学を学ぶ。著書には『算法量地獨稽古』などがある。

伊藤祐房（いとう　すけふさ）
　佐一と称し、関流の算学を安倍保定に学び、関流九伝を称す。門人には伊藤頼之などがいる。

伊藤祐行（いとう　すけゆき）
　尾張の人。兵左衛門と称し、島田尚政、或いは宮城清行の門人。著書には『算法指南』『算法図説』（宝永元年）などがある。

伊藤祐吉（いとう　すけよし）
　小松の人、彦右衛門と称す。福田金塘の高弟。

伊藤　武（いとう　たけし）
　明治40（1907）年10月2日郡山市に生まれ、埼玉大学教授、のち名誉教授、専門は数学教育。平成13（2001）年4月12日没す、93歳。著書には『関数と文章題の指導』『図形と文章題の指導』『集合と文章題の指導』『算数発見学習の理論と実際』などがある。

伊藤胤晴（いとう　たねはる）
　下総銚子猿田の人。助司と称し、本多利明に算学を学び、関流五伝を称す。門人には実川定資、石毛盛傳などがいる。

伊藤中立（いとう　ちゅうりつ）
　三河吉田船町（豊橋市）の人。九郎左衛門と称す。著書には『鉤股玄三條』などがある。

伊藤徳之助（いとう　とくのすけ）
　明治27（1894）年12月11日東京に生まれ、専門は物理学、九州大学教授、のち名誉教授、理学博士。昭和36（1961）年2月9日没す、66歳。著書には『ベクトウ解析』『テンソル解析』『応用ベクトル解析』『蓋然性の哲学的考察』などがある。

伊藤直記（いとう　なおき）
　三春藩士。文政9（1826）年荒和田村に生まれ、本田半左衛門の次男で伊藤忠吉の養子。春左衛門と称し、陸山と号す。佐久間庸軒に和算を学び、文久2年私塾（伊藤春左衛門社）を開き指導、明治4年藩の算術教師。大正4（1915）年没す、79歳。著書には『算学階梯新法』『六斜矩合之解』『堆積逐式』（文政7年）などがある。

伊藤直次（いとう　なおつぐ）
　水戸の人。清兵衛と称し、神谷定令に関流の算学を学び、寛政8（1796）年正月善国寺毘沙門堂へ算額を奉納。

伊藤直義（いとう　なおよし）
　利三郎と称し、馬場正統に和算を学ぶ。著書には『拾機算法解』（天保10年）などがある。

伊藤憲章（いとう　のりあき）
　川越の人。甚太夫と称し、藤田貞資に関流の算学を学び、寛政7（1795）年11月八幡宮へ算額を奉納。

伊藤秀允（いとう　ひでみつ）
　成田安西の人。宝暦5（1755）年生まれ、五兵衛と称し、代々農業に従事。利根軒一に中西流の算学を学び、農業の傍ら塾を開き教授、天保9（1838）年4月15日没す、84歳。

伊藤裕春（いとう　ひろはる）
　仙台の人。寛政6（1794）年生まれ、粂蔵と称し、米海と号す。菊池長良に和算を学び、陸中磐井郡流郷に住み、算術を教授。明治4（1871）年没す、77歳。著書には『算学階梯新法』『六斜矩合之解』『堆積逐式』（文政7年）などがある。

伊藤　誠（いとう　まこと）

明治34（1901）年生まれ、九州大学教授、確率論の論理的基礎を発表し、昭和58（1983）年没す、82歳。著書には『応用数学問題集』『現代工業実用数学』などがある。

伊藤政治（いとう　まさじ）
明治28（1895）年8月28日新潟県に生まれ、旧制第四中学校、のち城北高等学校教員。昭和53（1978）年2月13日没す、82歳。著書に『代数学新話』『代数方程式』『微分方程式の初歩』『フェルマアの大定理の研究』『変分学』などがある。

伊藤万太郎（いとう　まんたろう）
明治2（1869）年愛知県に生まれ、第一生命監査役、昭和15（1940）年4月3日没す、71歳。著書に『商業算術』などがある。

伊藤守一（いとう　もりかず）
寛政9（1797）年小原村（高遠町）に生まれ、祐一郎、のち才兵衛と称す。石川惟徳に和算を学び、天保5年名主役、11年長百姓役、嘉永2（1849）年没す、53歳。著書には『算術塵集』『算法点竄指南』などがある。

伊藤保喬（いとう　やすたか）
熊本藩算学師範の牛島盛庸に学ぶ。著書には『算学小筌』（寛政6年刊）などがある。

伊藤隷尾（いとう　れいび）
仙台の人。初め栄助、貞一、のち英輔と称す。武田司馬に和算を学び、千葉流峰と共に江戸の長谷川寛の道場の助教をつとめる。天保6（1835）年6月竹駒神社に算額を奉納。著書に『斎約新術』『算法角術真理』『算法雑象浅問解』『点竄初学考』などがあり、門人には伊藤隷寿、斎藤格縄、岸浪道房などがいる。

稲垣　武（いながき　たけし）
明治44（1911）年4月5日京都府に生まれ、北海道大学、岡山大学教授、のち名誉教授、理学博士。平成元（1989）年3月19日没す、77歳。著書には『一般集合論』『点集合論』『平賀源内江戸の夢』『日本の国家戦略』などがある。

稲垣豊強（いながき　とよかつ）
著書には『算艢』（寛政3年刊）などがある。

稲垣　優（いながき　まさる）
明治41（1908）年12月2日熊本県に生まれ、弘前大学、東海大学教授のち学長。平成18（2006）年1月6日没す、97歳。著書には『集合論』などがある。

稲津長豊（いなつ　ながとよ）
享和元（1801）年5月5日美濃曽根村（大垣市）に生まれ、永豊ともいい、房二郎、のち弥五郎と称し、広江永貞、その弟子小倉與惣治に関流の算学を学ぶ。嘉永3（1850）年12月20日没す、49歳。

稲野三重郎（いなの　さんじゅうろう）
享和元（1801）年生まれ、和算に通じ、

明治5（1872）年没す、72歳。

稲葉栄次（いなば　えいじ）
　明治44（1911）年3月18日東京に生まれ、お茶の水女子大学、のち東京理科大学教授、専門は整数論、理学博士。平成6（1994）年4月7日没す、83歳。著書には『群論入門』『多項式と体』『代数体と整数論』『現代代数の基礎』などがある。

稲葉三男（いなば　みつお）
　明治41（1908）年4月1日茨城県に生まれ、第五高等学校、熊本大学教授、のち名誉教授。専門は整数論、理学博士。昭和59（1984）年12月9日没す、76歳。著書には『数学発達史』『行列と行列式』『ベクトルの応用』『初等線形数学』『初等微分積分学』などがある。

犬井鉄郎（いぬい　てつろう）
　明治38（1905）年6月東京に生まれ、東京帝国大学、京城大学、のち東京大学名誉教授、専門は応用数学。平成元（1989）年10月4日没す、84歳。著書には『応用群論』『応用偏微分方程式論』『特殊関数』『微分方程式概論』などがある。

乾　元亨（いぬい　げんきょう）
　元禄9（1696）年穂積与信の次男に生まれ、棄才といい、久作と称し、長安軒と号す。父に中西流の算学を学び姫路にて教授、宝暦6（1756）年11月11日没す、61歳。門人に吉田周長などがいる。

乾　敏三
　→　**松本敏三**（まつもと　としぞう）

井上嘉林（いのうえ　かりん）
　江戸芝口に住み、中西正則に和算を学ぶ。著書には『元解算法』『算法弧矢弦解』（享保5年刊）などがある。

井上直元（いのうえ　なおもと）
　上田藩士。延宝5（1677）年6月9日丹州亀山に生まれ、忠太夫、のち四郎左衛門と称し、字を中泰といい、宜休と号す。清水貞徳に学び上田藩中に測量術を伝え、寛保元（1741）年12月5日没す、65歳。門人に木村盛治、山本勝政などがいる。

井上矩慶（いのうえ　のりよし）
　熊本藩士。享保9（1724）年生まれ、喜兵衛、のち嘉平と称し、東渚と号す。甲斐福一、のち大阪で入江修敬に学び、藩の算学師範となり、文化4（1807）年8月25日没す、84歳。門人には牛島盛庸などがいる。

井上昌倫（いのうえ　まさのり）
　甲州増穂村（須玉町）の人。宝暦元（1751）年生まれ、青柳と号し、和算に長じ、文化12（1815）年4月26日没す、65歳。著書には『峡算須知』（寛政5年刊）などがある。

井上宗朝（いのうえ　むねとも）
　太左衛門と称し、代官料五石。井上宗益に和算を学び、文政2年秋滋賀の善勝寺（栗東市）に算額を奉納し、安政3（1856）年没す。

伊野銀蔵（いの　ぎんぞう）
　嘉永6（1848）年多摩村東寺方（多摩市）に生まれ、高野五右衛門に、のち江戸に出て福田理軒の順天堂求合舎で和算を学び、農業の傍ら青年達に和算を教授、明治44（1911）年没す、63歳。

猪野富秋（いの　とみあき）
　昭和10（1935）年10月15日生まれ、北海道教育大学教授、専門は数理統計学。平成4（1992）年2月10日没す、57歳。著書には『数理統計入門』（共著）などがある。

猪野政数（いの　まさかず）
　上州箱石村（玉村町）の人。庄次郎と称し、斎藤宜義に関流の算学を学び、弘化2（1845）年4月上州摩利支天社へ算額を奉納。

猪野道教（いの　みちきよ）
　天保8（1837）年上総九十九里の古川包教の四男に生まれ、良恵という。嘉永7年極楽寺の猪野孫左衛門の養子。植松是勝に和算を学び、明治11（1878）年4月17日没す、42歳。

伊原貞敏（いはら　さだとし）
　明治29（1896）年生まれ、早稲田大学教授、のち名誉教授、昭和61（1986）年1月1日没す、89歳。著書に『常微分方程式』などがある。

井深勝皐（いぶか　かつたか）
　会津若松藩士。元禄9（1696）年生まれ、九浪兵衛と称し、明和5（1768）年2月没す、73歳。著書には『方円傳』などがある。

伊部直瑚（いべ　ちょくこ）
　半平と称す。小泉則之に関流の算学を学び、小林忠良が江戸神明社に掲げた「算題三条」をめぐって、小林の師竹内武信との間で論争した。著書には『竹論伊評』（文政10年）などがある。

今井　功（いまい　いさお）
　大正3（1914）年10月7日大連に生まれ、物理学者。東京大学、大阪大学、工学院大学教授、のち東京大学及び工学院大学名誉教授。流動力学の権威、理学博士。文化勲章を受章し、平成16（2004）年10月24日没す、90歳。著書には『等角写像とその応用』『応用超関数論』『古典物理の数理』『複素解析と流体力学』などがある。

今井兼庭（いまい　かねにわ）
　前橋藩士。享保3（1718）年武州西久保に生まれ、官蔵と称し、赤城と号す。幸田親盈に算学を学び、前橋藩に仕え、のち代官千種清右衛門の手代となり、安永9（1780）年4月23日没す、63歳。信乗院本来一無居士。浅草新鳥越の理昌院。著書に『円理弧背術』『西洋暦諸表形記』『明玄算法』（明和元年）などがあり、門人には今井兼之、荒井為以、本多利明などがいる。

今井元一（いまい　げんいち）
　武田真元に和算を学ぶ。著書には『座摩大神宮掲算題術解』などがある。

今井直方（いまい　なおかた）
　米沢藩士。文政8（1825）年生まれ、初め利義といい、宮次と称し、字を九肆、靖山と号す。吉川近徳に天保11年入門し関流算学を学び、維新後は海軍省、横須賀造船所に勤務。著書に『続再訂算法』『算術書籍』『授時暦全』『算法反正鈔』（元治元年）などがあり門人には高橋直政、平吹盛徳、山下良直、吉川近義などがいる。

今井義行（いまい　よしゆき）
　天明5（1785）年5月日枝神社（高山市）に算額を奉納。

今木正矩（いまき　まさのり）
　羽後土崎港（秋田市）の人。寛蔵と称し、秦水と号す。斎藤尚中に最上流の算学を学び、著書には『角館神壁』（文政13年）などがある。

今田政安（いまだ　まさやす）
　代兵衛と称し、御粥安本に和算を学ぶ。著書には『市ヶ谷八幡祠算術四題之解義』などがある。

今堀直方（いまほり　なおかた）
　弥吉と称し、中島敬軸に関流の算学を学び、寛政5（1793）年12月京都の長岡天満宮へ算額を奉納。

今村知商（いまむら　ともあき）
　磐城平藩士。河内若江狛庄の人、仁兵衛と称す。京都に上り毛利重能に算学を学び、磐城平藩に仕え、郡奉行、寺社奉行、承応2年農政改革を行うなど藩政に寄与して、寛文8（1668）年没す。門人に隅田江雲、平賀保秀、安藤有益などがおり、著書には『竪亥録』（寛永16年）、『因帰算歌』（寛永17年刊）、『日月会合算法』（寛永19年）などがある。

今村礼成（いまむら　ひろなり）
　加賀の人。宮井光同に和算を学ぶ。著書には『三州問題集』『連弊算法』などがある。

弥永昌吉（いやなが　しょうきち）
　明治39（1906）年4月2日東京に生まれ、東京大学、のち東京大学名誉教授、学習院大学教授。理学博士、整数論、代数学、数学史など多方面の分野を研究、日本数学の重鎮として活躍。また平和主義者で日仏会館名誉顧問をつとめ、平成18（2006）年6月1日没す、100歳。著書には『現代数学概説』『幾何学序説』『純粋数学の世界』『数学者の20世紀』『詳解代数入門』『数学教本』などがある。

入江盛一（いりえ　せいいち）
　明治44（1911）年8月10日北海道に生まれ、室蘭高等工業学校、北海道大学、京都大学、のち立教大学教授。昭和63（1988）年4月24日没す、77歳。著書には『微分学』『積分学』『実用数学』『数理論理学入門』などがある。

入江修敬（いりえ　のぶたか）
　江戸の人で、のち久留米藩士。元禄

12（1699）年生まれ、平馬と称し、敬善、脩ともいい、字を惺叔、君美、保叔といい、東阿、龍渚、寧泉と号す。初め大島喜侍に、のち中根元圭に暦算を学び、江戸で家塾を開き、大阪に移住して子弟を教授。寛延2年久留米藩に招かれ二百石、宝暦3年御側物頭、安永2（1773）年6月14日没す、75歳。著書に『探玄算法』（元文4年刊）『天学名目抄弁誤』（宝暦3年）『一源括法』（宝暦10年）『天経惑問註解』（寛延3年刊）『天元術理起源秘訣』などがあり、門人には井上矩慶、篠本守典、武田済美、中村安清などがいる。

入江信順（いりえ　のぶのり）

兵庫香々登村の人。鷹取十郎兵衛の三男に生まれ、房五郎、のち平吉と称し、字を履卿といい、経斎と号す。文化8年3月入江平吉の陽子、9年3月養父の跡を継ぐ。大倉亀洞に学び、和算を教授。明治12（1879）年3月22日没す、84歳。著書に『微分学』『積分学』『実用数学』『数理論理学入門』などがあり、門人には入江信雅、太田正算、清水算範、戸田則良などがいる。

入江応忠（いりえ　まさただ）

新庄藩士。十太夫と称し、中西正好に算学を学ぶ。門人に安島直円などがおり、著書に『奇術輯要』『平円空問答演段』（宝暦4年）、『六斜括術演段』（明和8年）などがある。

入澤博篤（いりさわ　ひろあつ）

相州一之宮（寒川町）の人。大五郎、のち新太郎と称し、内田恭に関流の算学を学ぶ。文政5年5月寒川神社へ算額を奉納、天保6（1835）年没す、52歳。

入澤行篤（いりさわ　ゆきあつ）

相州一之宮の人。勘解由と称し、内田恭に関流の算学を学ぶ。天保4（1833）年11月寒川明神社へ算額を奉納。

入　庸昌（いり　ようしょう）

松代藩士。元禄6（1693）年生まれ、名を貞常といい、万四郎、弥左衛門と称し、見思堂、章可と号す。宮本正之に宮城流の算学を学ぶ。正徳2年真田幸道に仕え勘定役をつとめ、享保17年勘定役筆頭、延享2年7月隠居して、宝暦2（1752）年12月29日没す、60歳。一誉萬理居士。著書には『算法従心録自省集』『角総算法』（寛保3年刊）などがある。

岩井重賢（いわい　しげかた）

文政11（1828）年生まれ、厳井ともいう。牧太、のち寿太郎と称し、雲洞と号す。上州新井村の人で、父重遠に算学を学び、のち江戸に出て内田五観および羽倉簡堂に師事し、安中郷学校教授となり、元治2（1865）年3月22日没す、38歳。著書には『求積極数解』（天保15年）『算法球責解』『約術全書』などがある。

岩井重遠（いわい　しげとお）

安中藩士。文化元（1804）年9月25日上州剣崎村の農家五十嵐一従の子に生まれ、厳井、祝ともいい、文政10年藩士岩井友之

丞の養子。新井村の岩井氏の女婿、士分となり、名を任重ともいった。右内、左之丞、泉と称し、字を致卿といい、白湾、堪々と号す。小野栄重に和算を学び、のち江戸の白石長忠に師事し円理を極め、関流七伝を称す。文政11年9月碓氷嶺熊野神社へ算額を奉納、安政3年藩命により桃溪書院を設立、嘉永5年五耕村に自費で私立学校を設立し、のち自邸に移して岩井学校と称した。明治11（1878）年6月22日没す、75歳。著書に『算法雑俎』（文政13年刊）、『算法円理冰釈』（天保元年刊）、『文武問答』（嘉永4年刊）、『続小筌四十三円中八円解義』（安政2年）などがあり、門人には岩井重賢、岩井雅重、山口重信、桜井節義、桜井豊邑、小見之矩などがいる。

岩井信卿（いわい　のぶあき）
著書には『算法雑俎算法冰釈円中七円之解』などがある。

岩井宣賢（いわい　のぶかた）
小野栄重に和算を学び、著書には『交会算之解』（文政11年）『求積増約術』『算法点鼠集』『楕円内外円之解』などがある。

岩井雅重（いわい　まさしげ）
嘉永4（1851）年3月5日生まれ、喜四郎と称し、雲泉、品山、楽山軒と号す。上州新井村の人で、父重遠に和算および漢学を学び、明治10年家督を継ぎ、父の設立した岩井学校、また松枝小学校で教授、19（1886）年8月5日没す、36歳。著書には『安島先生草稿目録』『岩井雅重解義』『員際抱斜術起源』『菱内容大中小四円解等』（慶応3年）などがある。

祝　正猛（いわい　まさたけ）
麻田藩士。江原政教に関流の算学を学び、文化3（1806）年6月大阪の住吉神社へ算額を奉納。

岩井義質（いわい　よしかた）
著書には『五明算法摘解』などがある。

岩上辰男（いわがみ　たつお）
昭和15（1940）年11月20日生まれ、広島大学助教授、専門は代数学。平成6（1994）年5月20日没す、53歳。

岩切晴二（いわきり　はるじ）
明治26（1893）年3月8日宮崎県に生まれ、第六高等学校、慶應義塾大学教授、昭和50（1975）年10月17日没す、82歳。著書には『解析幾何学精説』『最新代数学精義』『三角法精義』『新制数学解析精義』『新制数学幾何学精義』『新制代数初歩』『線形代数学精説』『代数学初歩』『代数学自由』『微分積分学精説』など多数ある。

岩崎敷久（いわさき　のぶひさ）
昭和18（1943）年1月12日静岡県に生まれ、京都大学教授、専門は偏微分方程式論。平成10（1998）年1月24日没す、55歳。著書には『微分方程式の総合的研究』などがある。

岩崎清蔵（いわさき　せいぞう）

木更津西山の人。半右衛門と称し、英山と号す。江戸で関流長谷川善左衛門に学んで来た栄角堂鳩山に和算を学び、天保15年高柳不動へ算額を奉納、明治15（1882）年9月18日没す、67歳。門人には中村要吉、山田清吉などがいる。

岩崎博秋（いわさき　ひろあき）
　高遠藩士。文政7（1824）年生まれ、三蔵、平三郎、のち覚左衛門と称し、友鶴と号す。志賀紀隆の次男で、叔父の岩崎信懋の養嫡子、高遠藩に仕え代官職。石川惟徳に関流算学を学び、公務の傍ら算学を教えた。維新後は河合村戸長、小学校教員となって、明治28（1895）年8月没す、72歳。著書には『社前算譜』（天保14年）、『算術塵彙稿』『算法捃録』などがある。

岩崎　実（いわさき　みのる）
　明治44（1911）年10月16日静岡県に生まれ、昭和49（1974）年11月3日没す、63歳。著書に『数学』『数学の突破』などがある。

岩沢健吉（いわざわ　けんきち）
　大正6（1917）年9月11日群馬県に生まれ、プリンストン大学教授、のち名誉教授。整数論、位相群論、代数学に関する研究発表し、岩沢理論と呼ばれる画期的な成果を上げ、理学博士。平成10（1998）年10月26日没す、81歳。著書には『代数函数論』『局所類体論』などがある。

岩下愛親（いわした　よしちか）
　信州長野の人。半蔵と称し、青木包高に宮城流、のち藤田貞資に関流を、さらに文化元年より会田安明に最上流の算学を学び高弟となる。門人には西澤文雄、宮崎数誌、山本正矩などがいる。

岩田清庸（いわた　きよのぶ）
　麻田藩士。文化7（1810）年生まれ、磐田ともいい、七平と称し、貫斎と号す。下垣寛道、福田復（金塘）、福田泉（理軒）に算学を学び、嘉永5年晩夏畑天満堂へ、文久元年仲秋には意賀美神社へ算額を奉納し、明治3（1870）年5月18日没す、61歳。中量院浄誉教清庸居士、池田市の法園寺に埋葬。著書には『算学速成』（天保7年刊）、『順天堂算譜』（弘化4年刊）、『算法利足速成』（安政2年）などがある。

岩田好算（いわた　こうさん）
　文化9（1812）年江戸に生まれ、専平と称し、江戸の人で、馬場正統に関流の算学を学ぶ。和算の衰退と洋算の移入との過渡期で最後の和算家といわれる。明治11（1878）年7月没す、67歳。著書には『岩田氏算題之自解』（慶應2年）『古今算鑑解義』『損益差起源』などがある。

岩田至康（いわた　しこう）
　明治43（1909）年8月16日富山県福光町に生まれ、旧名を高松秀三という。岐阜農林専門学校、岐阜大学教授、のち岐阜大学及び岐阜教育大学名誉教授、平成10（1998）年3月10日没す、88歳。著書には『数学ハンドブック』『微分幾何学入門』『新制高等代数及び幾何学』『新制微分積分学』『幾何

学大辞典』などがある。

岩田廣成（いわた　ひろなり）
　権左衛門と称し、武蔵国中丸（大宮市）の農民。著書には『新編弧背術』（天保2年刊）などがある。

岩田幸通（いわた　ゆきみち）
　幕臣。量平と称し、誠中ともいう。飛騨高山の陣屋につとめ、のち江戸にもどる。高木信英、山本賀前、福田復らに算学を学び、明治10（1877）年10月東京数学会社の設立に際し、その会員となる。著書には『円周率五十位精数考』『算学余話』『八線真数表起源』（安政4年）などがある。

岩付寅之助（いわつき　とらのすけ）
　明治27（1894）年1月新潟県に生まれ、山口高等学校教授、のち広島文理科大学教授。微分方程式、波動幾何学を研究、理学博士。昭和20（1945）年8月6日没す、51歳。著書には『女子新算術』『女子新代数』『我が国数学の進むべき道に就いての一考察』などがある。

岩藤重正（いわとう　しげまさ）
　明治31（1898）年生まれ、名古屋大学教授、工学博士。昭和25（1950）年5月3日没す、52歳。著書には『応用数学双曲線函数論』などがある。

岩橋亮輔（いわはし　りょうすけ）
　昭和4（1929）年7月14日和歌山市に生まれ、名古屋市立大学教授、のち名誉教授、専門は統計学。平成14（2002）年10月8日没す、73歳。著書には『基本統計学』『最適制御理論入門』などがある。

岩本梧友（いわもと　ごゆう）
　元文3（1738）年生まれ、堺の人で、鰯屋藤兵衛と称し、紺珠堂と号し、田中芳洲に算学を学ぶ。享和元（1801）年8月18日没す、64歳。著書には『勾股洂原』（安永8年刊）などがある。

岩谷光煕（いわや　みつひろ）
　丸亀藩士。文化11（1814）年生まれ、会津の佐藤一清、徳島の阿部有清、仙台の長谷川弘に算学を学ぶ。明治3（1870）年8月没す、57歳。著書には『算法無極集』などがある。

【う】

植竹恒男（うえたけ　つねお）
　大正15（1926）年12月1日東京に生まれ、亜細亜大学教授、のち名誉教授、専門は数学教育、日本数学教育学会会長。平成14（2002）年8月20日没す、75歳。著書には『現代の数学』『高等学校数学』『線形数学』『コンピュータ時代を指向する数学教育』などがある。

植田又兵衛（うえだ　またべえ）
　弘化3（1846）年12月20日相模新玉町（小田原市）に生まれ、湯屋を営み、明治中頃私塾を開き教授。大正3（1914）年4月9日没す、68歳。門人に神原岩吉、浜田

富衛、神保伊助などがいる。

上野和茂（うえの　かずしげ）
　昭和18（1943）年7月3日岐阜県に生まれ、東京水産大学教授、専門は幾何学。平成14（2002）年4月9日没す、58歳。

上野　清（うえの　きよし）
　嘉永7（1854）年閏7月17日江戸に生まれ、福田理軒、治軒に算学を学び、明治23年東京数学院（現東京高）、27年仙台数学院（現東北高）を創設、雑誌を主宰し多くの中等教科書を執筆、また数学協会設立に尽力し、大正13（1924）年6月21日没す、71歳。著書には『新案画引幾何学大辞典』『解析幾何学講義』『新制算術』『近世代数』『数学新辞典』『積分学講義』『微分学講義』『平面幾何』『平面三角』などがある。

上野国治（うえの　くにはる）
　栃木芳賀郡沖村（二宮町）の人。弘化2（1845）年生まれ、織治（織司、織次とも）と称す。広瀬国治、のち仁平静教に和算を学び、明治9年大前神社に算額を奉納、35（1902）年没す、58歳。

上野　繁（うえの　しげる）
　明治16（1883）年生まれ、早稲田大学高等師範教員。著書には『女子算術講義』『代数学新教科書』などがある。

上野張著（うえの　ちょうちょ）
　弥兵太と称し、山本近宣に磯村流の算学を学び、明和4（1767）年浅草観音堂へ算額を奉納。

植野正定（うえの　まささだ）
　弘化3（1846）年安達郡油井村（福島県安達町）に生まれ、善左衛門と称し、雙松といい、明治14年佐久間纘に最上流の算学を学び、25年免許皆伝、大正8（1919）年8月19日没す、74歳。著書には『算法問題解』『最上流佐久間天生法習学問題』『万民必携暦学叢談』『暦術算題集』などがある。

上野正路（うえの　まさみち）
　著書には『算題五十問答術』などがある。

上原信友（うえはら　のぶとも）
　信州石神村（上田市）の人。勝五郎と称し、関五太夫に関流の算学を学び、文化4（1807）年陽月上田の北向観音堂へ算額を奉納。

上原道英（うえはら　みちひで）
　信州加澤田（東部町）の人。寛政12（1800）年生まれ、平左衛門と称し、竹内武信に関流の算学を学び、嘉永6年3月大日如来堂へ算額を奉納。慶応3（1867）年没す、67歳。

上原易貞（うえはら　やすさだ）
　栃木間々田（小山町）の人。字を子盈といい、会田安明に和算を学び、著書もあって門人も多かったという。弘化3（1846）年没す、73歳。

植松是勝（うえまつ　これかつ）

寛政2（1790）年上総真亀村（九十九里町）の中村覚左衛門の三男に生まれ、三郎、勝蔵、勝次郎と称す。江戸に出て日下誠に関流算学を学び、文化8年5月免許を得て帰郷、植松家を継ぎ、算学塾を開く。文久2（1862）年4月13日没す、73歳。門人には石渡好成、板倉勝正、小川義勝、鈴木慶寧などがいる。

植村重遠（うえむら　しげとお）

上田藩士。寛政7（1795）年生まれ、半兵衛と称し、孟山と号す。竹内武信に関流の算学を学び、勘定方を勤めた。明治3（1870）年8月29日没す、76歳。上田の妙光寺に埋葬。門人に長沼安定などがおり、著書には『植村重遠草稿』『升高算梯』（天保3年）『球欠斜截解義』（天保9年）『量軽重術』（嘉永4年）などがある。

植村泰通（うえむら　やすみち）

大学南校教官、中得業生。著書には『西用算法加減乗除』『西洋算法比例法』『西洋算法分数述』などがある。

植村安順（うえむら　やすよし）

著書には『極数四題植村氏之解』などがある。

魚返　正（うがえり　ただし）

大正4（1915）年2月25日熊本市に生まれ、多賀高等工業学校、東京工業大学、のち慶應義塾大学教授。専門は関数解析、理学博士、東京工業大学名誉教授。平成2（1990）年9月1日没す、75歳。著書に『数学解析学』『解析概論』『確率論』などがある。

氏家明慶（うじいえ　あきよし）

著書には『而一算相場占』（安永8年）などがある。

氏家任正（うじいえ　ただまさ）

著書には『適尽解』などがある。

氏家継俊（うじいえ　つぐとし）

著書には『算法鉤股二十好』（天保7年）『算法雑集』などがある。

牛島盛庸（うしじま　もりつね）

熊本藩士。宝暦6（1756）年生まれ、頼房、頼庸ともいい、宇平太、のち左太夫と称し、字を仲贊といい、鶴溪、鶴谿と号す。井上矩慶、和田寧に和算を学び、安永8年熊本藩の算学師範となり、上士に進み二百石、天保11（1840）年8月23日没す、85歳。熊本の蓮性寺に埋葬。著書には『算学小筌』（寛政6年刊）『続学小筌』（文政6年）『算題三條解』（天保4年）『牛島答術』などがある。

牛島頼忠（うしじま　よりただ）

熊本藩士。文政4（1821）年生まれ、五一郎、慎哉と称す。盛庸の孫で、家職を継ぎ算学師範、さらに航海術も学び、維新後艦長となり、明治31（1898）年12月8日没す、78歳。著書には『算法提要』（安政3年）などがある。

内田五観（うちだ いつみ）

文化2（1805）年3月江戸に生まれ、初め恭といい、弥太郎と称し、思敬（子敬）と字し、東瞳、観斎、宇宙堂と号す。江戸麻布六本木、四谷忍原横町に住み、日下誠に算学を学び、文政3年正月氷川神社に算額を奉納し、5年関流宗統の伝授を得、さらに10年4月和田寧より円理表の伝を受ける。家塾を開き「瑪得瑪弟加塾」、また「詳証館」という。明治4年大学助教に任ぜられ、文部省に出仕、6年天文暦道御用掛50石、太陽暦採用事業に従事し、明治15（1882）年3月29日没す、78歳。最勝院殿釋諦観荘厳居士。新宿の西応寺に埋葬。著書に『古今算鑑』（天保3年刊）、『変源手引草』（天保3年刊）、『測天儀解』（弘化4年）、『豁術通解』『楕円集解』などがあり、門人には荒至重、岩井重賢、川北朝隣、剣持章行、佐藤解記、竹内修敬、法道寺善などがいる。

内田卯之吉（うちだ うのきち）

明治36（1903）年『明治塵劫記』を著す。

内田住延（うちだ すみのぶ）

武州杉山村（本庄市）の人。祐五郎と称し、戸根木貞一に関流の算学を学び、明治11（1878）年東松山の正法寺へ算額を奉納。

内田知明（うちだ ともあき）

足利鵤木の人。治部右衛門と称し、長谷川善左衛門に算学を学び、明治3（1870）年10月20日没す、69歳。真応浄詮信士。

内田虎雄（うちだ とらお）

明治43（1910）年9月15日高知県に生まれ、高知大学、のち高知短期大学教授。専門は統計学、高知大学名誉教授。昭和52（1977）年4月26日没す、66歳。著書に『発散級数論』『複素数と幾何学』『幾何正解』などがある。

内田久命（うちだ ひさなか）

彦根藩士。半吾と称し、岳湖と号す。文化6年5月七十人歩行、のち小納戸方用向取調役、嘉永元年病のため致仕す。長谷川弘に関流の算学を学び別伝免許、安政3年藩校弘道館の算術指南となり、慶応4（1868）年5月21日没す。著書には『算法求積通考』（天保15年刊）、『方陣之法並零約術』などがある。

内田秀富（うちだ ひでとみ）

大阪の人。源兵衛と称し、鎌田俊清に宅間流の和算を学ぶ。著書に『算用手引草』（宝暦5年刊）、『授時暦加減見行草』（明和4年）、『立円之演段』（天明5年）などがあり、門人には妻野重供、松岡能一などがいる。

内田安嗣（うちだ やすつぐ）

天保3（1832）年2月15日武州上白根に生まれ、久左衛門、悦と称し、長谷川善左衛門に算学を学び、安政3年見題免許、明治40（1907）年8月2日没す、76歳。

内田良男（うちだ よしお）

大正10（1921）年4月12日東京に生まれ、

名古屋大学教授、のち名誉教授、愛知学院大学教授。専門は統計学、平成13（2001）年9月11日没す、80歳。著書には『心理テストの確率モデル』などがある。

内山永明（うちやま　ながあき）
　文化元（1804）年7月24日生まれ、信州永熊（飯田市）の算学者、文蔵と称す。明治8（1875）年11月16日没す、72歳。

内海庄三（うつみ　しょうぞう）
　明治42（1909）年7月3日生まれ、東京学芸大学教授、のち名誉教授、聖徳学園短期大学教授。専門は数学教育、平成13（2001）年3月1日没す、91歳。著書には『算数教材研究』『数学科教育法』『専門教養数学科』などがある。

鵜殿団次郎（うどの　だんじろう）
　長岡藩士。天保2（1831）年正月生まれ、蘭学者、蕃書調所数学科教授、春風と号す。明治元（1868）年没す、39歳。著書には『万国奇観』などがある。

宇野貴信（うの　たかのぶ）
　豊島之辰に和算を学び、著書には『早道算用集』（明和4年）などがある。

宇野利雄（うの　としお）
　明治35（1902）年4月8日千葉県に生まれ、東京高等商船学校、東京都立大学、のち日本大学教授。確率、数値解析を研究、理学博士。平成10（1998）年11月29日没す、96歳。著書には『数理統計論』『力学通論』『微分積分学』『わかる計算法』などがある。

梅園敏行（うめぞの　としゆき）
　広島藩士。立介と称し、直雨と号す。儒者で江戸にて内田五観に和算を学び、嘉永元（1848）年8月24日没す。門人には法道寺善などがいる。

梅田政祐（うめだ　まさすけ）
　名古屋藩士。平三郎と称し、御粥安本に関流の算学を学び、文政5（1822）年11月神田社に算額を奉納。

梅村玄甫（うめむら　げんほ）
　算法を北川孟虎に学び、明治元（1868）年没す。門人には吉田為幸などがいる。

梅村重操（うめむら　しげもち）
　盛岡藩士。文政元（1818）年11月10日生まれ、三平次、三左衛門、のち三忠左衛門と称し、算吾と号す。算法を長谷川弘に学び門弟を教授、藩の勘定方、倉奉行などを歴任し、明治29（1896）年12月21日没す、78歳。算翁寿操居士。著書には『算学雑好』『未済算法』『六斜五円適等集』（安政7年）などがある。

梅村重得（うめむら　しげよし）
　盛岡藩士。文化元（1804）年6月3日生まれ、保之助、のち徳兵衛と称し、燕溪一蝶と号す。算法を志賀吉倫、のち江戸に出て藤田嘉言、藤田定升、さらに長谷川弘に学び、代官、物頭をつとめ、門弟を教授し、

明治17（1884）年2月10日没す、81歳。徳翁明念居士。盛岡市の龍谷寺に埋葬。著書に『五明算法後集解』『算法側円真理』『開方飜変五条諺解』（安政2年）『続神壁解』（元治元年）などがあり、門人には梅村保蔵、出淵勝應、戸田内輝吉などがいる。

浦井尚庸（うらい　なおのぶ）
　著書には『諸角術』などがある。

浦野幸盈（うらの　ゆきみつ）
　信州須坂（須坂市）の人で、五左衛門と称し、柳操庵、朝凪と号す。規矩術に長じ、門弟に長沼安定などがいる。著書には『規矩術別伝』『規矩術本伝並外伝』（文政2年）などがある。

卜部房澄（うらべ　ふさすみ）
　武州猪俣村（埼玉県美里町）の人。大和正と称し、田口信武に関流の算学を学び、安政3（1856）年8月武州八幡宮へ算額を奉納。

占部　実（うらべ　みのる）
　大正元（1912）年12月2日福岡県に生まれ、広島大学、九州大学、京都大学教授。専門は応用数学、理学博士。昭和50（1975）年9月4日没す、63歳。著書には『確率と統計』『新記号問題と整数問題』『非線型問題』『微分・積分教科書』などがある。

【え】

恵川景雄（えがわ　かげお）
　紀州藩士。弥太郎と称し、君弥と字す。家学を修めて父（景之）と共に測量にあたる。著書には『量地小成』（安政2年刊）などがある。

恵川景之（えがわ　かげゆき）
　紀州藩士。弥太郎、弥五郎、弥八と称し、星舎、観府と号す。伊勢松坂に住み、村田恒光、のち内田五観に算学を学ぶ。藩命を受け南海の測量に当たった。門人に中村一貫などがおり、著書には『弧角小成』『弧三角捷法解』（天保13年刊）、『新製乗除対数表』（安政4年刊）などがある。

江澤述明（えざわ　のぶあき）
　文化13（1816）年11月2日生まれ、上総部原村（勝浦市）の人で、和歌を能くし、測量術に通じ、静廬と号す。明治27（1894）年9月30日没す、79歳。著書には『量矩尺運用発微』『量矩尺並表』（嘉永7年刊）などがある。

江志知辰（えし　ともとき）
　慶安2（1649）年生まれ、彦想と称し、中西流中西正則に算学を学ぶ。正徳4（1714）年没す、65歳。門人に青木長由などがいる。

江田義計（えだ　よしかず）
　大正8（1919）年3月金沢市に生まれ、名古屋工業大学、のち名城大学教授、専門は関数論。名古屋工業大学名誉教授、平成13（2001）年3月22日没す、82歳。著書には『ラルースの小辞典』などがある。

榎並和澄（えなみ　ともすみ）

　大阪の人。寛永年間生まれ、権右衛門と称す。古算法の格式の乱れを正すことにつとめ、商立術式を考案した。著書には『暦学正蒙』（万治元年刊）『参両録』（承応2年刊）などがある。

榎　浄壽（えのき　じょうじゅ）

　榎浄門の子で、大輔と称し、法眼。士徳と字し、松陰、松陰堂と号す。父（浄門）と同じく京都東寺の雑掌で、父の教えを受ける。著書には『照闇算法』（天保8年）などがある。

榎　浄門（えのき　じょうもん）

　豊後法眼と称し、字を子春といい、南郊と号す。東寺山吹町に住み、京都東寺の雑掌、中根流の中根彦循に算学を学ぶ。嘉永年間没す。著書には『算法諸好術』『當流算梯』『方程招差法』『照闇算法』（天保8年）などがある。

榎本長裕（えのもと　ながひろ）

　旧幕臣。弘化2（1845）年生まれ、徳次郎と称し、五人扶持二両、文久2年父跡持筒久美与力、慶応3年9月開成所数学教授手伝並出役、明治2年沼津兵学校三等教授、5年兵部省十等出仕、10年海軍省十等出仕、18年陸軍省文官八等出仕、20年陸軍大学教授。著書には『代数要領』『微積分学』『幾何全書』（訳本）などがある。

榎本信房（えのもと　のぶふさ）

　新発田藩士。渋右衛門と称し、丸田政通に算学を学び、文化4（1807）年7月越後乙大日堂に算額を奉納。

江原吾岸（えばら　ごがん）

　著書には『弧中容面綴術円理発起』などがある。

蛯原幸義（えびはら　ゆきよし）

　昭和22（1947）年9月11日生まれ、福岡大学教授、平成8（1996）年6月30日没す、40歳。著書には『微分積分学』などがある。

江馬久重（えま　ひさしげ）

　弥七郎と称す。岡井茂兵衛に算学を学び、『通俗かな天元』（享保3年刊）『算法智恵海大全』（寛政5年刊）を著す。

遠藤利貞（えんどう　としさだ）

　天保14（1843）年正月15日桑名に生まれ、桑名藩士堀尾利見の子で遠藤昇助の養子。幼名多喜之助、安司といい、呆三と称し、春江、春峰と号す。細井寧雄に算学を学び、岸俊雄の苟新館に入り研鑽、明治8年6月東京師範学校教授、12年9月東京府第二中学校教師。28年11月東京帝国大学の和算書整備補助を命ぜられ、その収集調査に尽力し、大正4（1915）年4月20日没す、73歳。著書には『新撰幾何学』『算顆術授業書』『小学幾何学』『日本数学史』などがある。

遠藤致明（えんどう　むねあき）

　大網木（福島県川俣町）の人。利七と称し、佐久間纉に最上流の算学を学ぶ。慶應2（1866）年霜月木幡山弁財天へ算額を奉

納。

【お】

及川広太郎（おいかわ　こうたろう）
　昭和3（1928）年12月18日生まれ、東京大学教授、のち名誉教授。専門は複素関数論、平成3（1991）年10月24日没す、62歳。著書には『リーマン面』『応用数学』などがある。

及川英春（おいかわ　ひではる）
　岩手磐井郡の人。文政8（1825）年生まれ、栄五郎、のち廣治と称し、千葉胤英に関流の算学を学ぶ。明治32（1899）年10月没す、75歳。

及川秀之（おいかわ　ひでゆき）
　正右衛門と称し、千葉胤秀に和算を学び、関流八傳を称す。門人には安倍房之などがいる。

大石喬一（おおいし　きょういち）
　明治26（1893）年生まれ、第二高等学校教授、専門は級数論、微分方程式論。昭和52（1977）年没す、84歳。著書には『最近傾向根底とする幾何学』『最近傾向根底とする代数学』『高等教育数学』などがある。

大石貞和（おおいし　さだかず）
　紀州新宮の人。文化9（1812）年生まれ、穣次郎、のち純蔵と称し、字を叔穣といい、鳳蕉と号す。天保12年肥前の小松鈍斎来遊の時に和算を学び、漢学、算数を教授し、明治11（1878）年11月21日没す、67歳。著書には『為身抄』『独語』『鳳蕉斎詩稿』などがある。

大石尚弘（おおいし　なおひろ）
　昭和7（1932）年5月8日浜松市に生まれ、東海大学教授、専門は解析学。平成8（1996）年2月5日没す、64歳。著書には『確率論』『確率・情報・コード離散篇』（訳本）などがある。

大石安金（おおいし　やすかね）
　天童藤内新田の人。文政5（1822）年生まれ、善次郎と称す。茂木安英に最上流の和算を学び、自塾を開き門弟を教授。明治16（1883）年没す、61歳。著書には『最上流算術雑解』（慶応2年）、『最上流傳算法草術』などがある。

大泉雅邦（おおいずみ　まさくに）
　著書には『算法奥義起源秘書』『柳の朽葉』などがある。

大内重忠（おおうち　しげただ）
　常州岩根村（水戸市）の人。野内千秋に関流の算学を学び、明治4（1871）年7月静神社へ算額を奉納。

大上茂喬
　→ **西谷茂喬**（にしたに　しげたか）

大岡定栄（おおおか　さだてる）
　著書には『一流算術傳書』などがある。

大川貞信（おおかわ　さだのぶ）
　足利郡小俣村（足利市）の人。寛政4（1791）年生まれ、茂八、のち茂八郎と称し、栄信ともいう。会田安明に最上流の算学を学び、文化6年10月桐生の天満宮に算額を奉納、安政6（1859）年没す、69歳。門人に大川直信、大野栄信、北川秀勝、中尾忠央などがいる。

大川助作（おおかわ　すけさく）
　著書には『豁術草』『算法円理学手引草』『算法綴術問円理学』などがある。

大川直敏（おおかわ　なおとし）
　多宮と称し、松岡賀卓に算学を学び、文化8（1811）年8月盛岡の八幡宮へ算額を奉納。

大川英賢（おおかわ　ひでかた）
　信州千曲新田村（更埴市）の人。天保6（1835）年生まれ、新吾、のち輔作と称し、小林忠良に関流の算学を学び、万延元年8月八幡八幡神社へ算額を奉納。明治18（1885）年没す、50歳。

大木善太郎（おおき　ぜんたろう）
　明治14（1881）年7月6日山形の寺津村（天童市）に生まれ、山形県の小学校訓導、のち校長。昭和22（1947）年8月6日没す、66歳。正覚院常念善道居士。著書には『最上徳内数学上の貢献』『会田安明翁事蹟並山形県の和算家』などがある。

大久保武男（おおくぼ　たけお）
　明治43（1910）年4月27日福岡県筑穂町に生まれ、南満州工業専門学校、第五高等学校、熊本大学、のち熊本工業大学教授、理学博士。熊本大学名誉教授、九州数学教育会副会長などをつとめ、平成10（1998）年10月23日没す、88歳。著書には『方程式』などがある。

大久保信重（おおくぼ　のぶしげ）
　信州静間村（飯山市）の人。兼吉と称し、川口義訓に関流の算学を学び免許。明治31年10月牟礼神社へ算額を奉納、33（1900）年没す。門人には土屋満昌、村上忠知、吉田信喜などがいる。

大熊　正（おおくま　ただし）
　専修大学教授、専門は数学基礎論、昭和60（1985）年12月18日没す。著書には『圏論（カテゴリー）』『数学パズル』などがある。

大熊徳意（おおくま　のりおき）
　信州上田の人。権八と称し、滝澤守重に和算を学び、寛政7（1795）年9月北向観音堂へ算額を奉納。

大倉数甃（おおくら　すうけん）
　備前福岡の人。寛政7（1795）年生まれ、吉兵衛と称し、亀洞と号す。和算に通じ、明治2（1869）年12月19日没す、75歳。著書に『算法規矩』『天元術解』『和漢算法教科書』などがあり、門人には入江信順、入江篤行、大倉之孝、大亀恭寛、馬場重尚などがいる。

大崎常誠（おおさき　つねのぶ）
　廉之助と称し、宅間流和算を学び、岡田社中の人。嘉永6（1853）年正月伊丹猪名野神社へ算額を奉納。

大崎正教（おおさき　まさのり）
　永左衛門と称し、和算を学び、関流九傳を称す。門人には高泉以章、武田信周、高橋春寿、三浦知能などがいる。

大島喜侍（おおしま　きじ）
　大阪の商人。善左衛門と称し、芝蘭、浪華隠士と号す。前田憲舒、島田尚政、のち中根元圭に算学を学び、測量術を村上義寄、古市正信に学んで、関孝和の零約術を改良し「大島流」を称す。近畿四国地方を客遊し、門弟を教授、享保18（1733）年4月13日没す。著書には『天学便蒙』（享保8年）『量地用法』『諸盤術』（享保9年）『時計考』（享保12年）などがある。

大嶋　勝（おおしま　まさる）
　大正元（1912）年11月10日山口県に生まれ、大阪大学、大阪電通大学教授、のち名誉教授。専門は代数学、平成7（1995）年3月12日没す、82歳。著書に『群論』などがある。

大島吉叙（おおしま　よしのぶ）
　谷田部藩士。勇助と称し、藤田貞資に関流の和算を学び、二宮尊徳の弟子となり、復興事業に活躍。門人によって嘉永7（1854）年7月椎尾薬王院に算額を奉納あり。

大高由昌（おおたか　よしまさ）
　荒木村英に関流の算学を学び、著書には『立円率解』（正徳元年）、『括要算法』（宝永6年）などがある。

大滝光恭（おおたき　みつよし）
　庄内の人。鶴岡の名主で、斎藤尚仲に最上流の和算を学び、天保15年2月出羽三山神社へ算額を奉納。著書に『算法羽黒山献額評林』（天保15年）、『算法椙尾山献額評林』（弘化3年）などがあり、門人には牧野長宗などがいる。

大滝光憲（おおたき　みつのり）
　寛政11（1799）年生まれ、大滝光恭の伯父で、三郎と称す。斎藤尚仲に最上流の和算を学ぶ。文久2（1862）年没す、62歳。鶴岡市の祐性院に埋葬。著書には『朝夙算法記』などがある。

大竹太郎（おおたけ　たろう）
　明治14（1881）年生まれ、工学者。京都帝国大学、九州帝国大学教授。昭和4（1929）年5月14日没す、49歳。著書には『技術者用高等数学』などがある。

大竹文礼（おおたけ　ふみのり）
　上州田篠村（富岡市）の人。寛政元（1789）年生まれ、善之丞と称し、小野栄重に測量術を学び、嘉永5（1852）年没す、64歳。著書には『割円八線表測量法私記』などがある。

太田小十郎（おおた　こじゅうろう）

文政7（1810）年生まれ、和算に長じ、明治6（1873）年没す、63歳。著書には『算学伝授巻』などがある。

太田鶴三郎
→ 高須鶴三郎（たかす　つるさぶろう）

太田哲三（おおた　てつぞう）
明治22（1889）年5月8日清水市に生まれ、会計学者、一橋大学、中央大学教授、のち名誉教授。日本会計研究学会理事長などを勤め、昭和45（1970）年7月4日没す、81歳。著書には『新商業算術教本』『商業簿記』『固定資産会計』などがある。

太田廣信（おおた　ひろのぶ）
嘉永3（1850）年生まれ、和算に長じ、明治15（1882）年没す、32歳。著書には『側円雑解』（慶応2年）、『武州大島神社奉額算題』などがある。

太田正儀（おおた　まさよし）
長岡藩士。寛兵衛と称し、勘定方30石。日下誠に関流の算学を学び、文化元（1804）年江戸芝明神社へ算額を奉納。帰郷して藩の勘定方となり和算を教授。著書に『雑題五十問』『算法象形類五十問』などがあり、門人には竹内度貞、松浦孚重、丸山正和、皆川正衡などがいる。

太田保明（おおた　やすあき）
天明4（1784）年越後に生まれ、一三郎、のち與兵衛と称し、字を三省といい、羅浮と号す。古川氏清に師事し算学を学ぶ。嘉永7（1854）年没す、71歳。著書には『算題五十条』（文化13年）、『捨落集』（文政元年）、『側円類集』（天保14年）、『三角四等面貫円壔解義』（天保15年）、『鉤股算法』などがある。

太田芳政（おおた　よしまさ）
弘化3（1846）年生まれ、次郎左衛門、のち直之進と称し、研斎、最海と号す。宍戸政彝に和算を学び、二本松藩校教授。明治2（1869）年11月1日没す、23歳。孝誉致感居士。著書には『研斎圓理』などがある。

大津賀　信（おおつか　まこと）
大正12（1923）生まれ、広島大学、学習院大学教授、のち広島大学名誉教授。専門は関数論、平成19（2007）年5月16日没す、84歳。著書には『初等解析学』などがある。

大塚正方（おおつか　まさかた）
著書には『算学津梁』（明和7年）などがある。

大塚師政（おおつか　もろまさ）
肥前佐賀の人で、三左衛門と称す。商業に従事し、のち佐賀藩の足軽身分となり、高屋安兵衛に天元算の法式を受け、享保初年に佐賀聖堂の和算の師となって門弟を教授し、寛保2（1742）年10月18日没す。著書には『算法見笑集』などがある。

大塚保教（おおつか　やすのり）
内記と称し、下総安房の市崎村に住み、

最上流の和算家。門人に大塚保久などがいる。

大塚義高（おおつか　よしたか）
　姫路構の人。天保4（1833）年生まれ、正信ともいい、太七郎、のち多七郎と称し、田中政信に中西流の算学を学び、自宅で教授、明治42（1909）年3月14日没す、76歳。著書には『算学津梁』などがあり、門人には三木鶴次などがいる。

大野輝範（おおの　てるのり）
　旭山と号す。著書には『算法方円起源解』『算法約術巻』『天文地理測量時鐘起源解』などがある。

大野栄信（おおの　ひでのぶ）
　栃木の大前村（足利市）の人。源七郎と称し、大川貞信に算学を学び、最上流二伝を称す。文久2（1862）年7月9日没す、58歳。

大野祐之（おおの　ひろゆき）
　播磨下野村（たつの市）の人。天明2（1782）年11月生まれ、辰之助、のち祐左衛門と称し、字を子佑といい、安斎と号す。京都で有松正信に算学を学び、天保15（1844）年3月17日没す、63歳。著書には『周易象筌』などがある。

大野栄信（おおの　まさのぶ）
　播磨構（姫路市）の人。多七郎と称し、田中正信に中西流の算学を学び、中西再新流を称す。門人には大塚信時、尾崎重信、廣瀬廣信、松井政一、三木時信などがいる。

大野保造（おおの　やすぞう）
　信州信夫村（飯田市）の人。文政5（1822）年生まれ、斎藤保定に関流の算学を学び、明治12年4月飯田の長谷寺へ算額を奉納、18（1885）年没す、63歳。

大場景明（おおば　かげあき）
　水戸藩士。享保4（1719）年11月26日生まれ、大二郎と称し、字を俊甫といい、南湖、廉斎、致仕して大楽と号す。算学を小池桃洞、京都の中根彦循、江戸の山路之徴に学ぶ。宝暦元年5月馬廻組史館に勤める。明和2年8月御前小姓、3年4月小納戸役列、安永4年正月百五十石、5年2月定府となり暦算の方本職、12月格式小納戸役、7年10月格通事となり定江戸史館総裁、天明3年正月二百石、4年12月致仕し大楽と号し、5（1785）年5月22日没す、67歳。駒込の浩妙寺に埋葬。著書には『括要弧術解』（安永3年）、『南湖詩草』『農政纂要』などがあり、門人には小沢政敏などがいる。

大橋宅清（おおはし　いえきよ）
　宮城清行に算学を学び、同門の持永豊次と『改算記綱目』を編集し、大橋流を称す。著書には『改算記綱目』（貞享4年刊）などがある。

大原利明（おおはら　としあき）
　武蔵梅田村（春日部市）の農家に生まれ、会田算左衛門理正、理明ともいい、彦兵衛、のち勝右衛門と称し、梅田と号す。本多利

明、日下誠に関流を、さらに最上流の会田安明に算学を学ぶ。文政8（1825）年5月4日没す。著書に『環円通術』『算法町見術』『算法天元術』『算法点竄法』『精要算法解』などがあり、門人には増田数延、増田重延、原田有寿などがいる。

大穂能一（おおほ　よしかず）
　筑前博多の人。文政2（1819）年12月25日生まれ、徳太郎、徳次と称す。岩崎一郎、久間修文、のちには長谷川弘に算学を学び、豊後日田や小倉藩などに招かれ算学を講じ、福岡藩文武館の師範手伝助役、台場築造などに参与した。維新後は小学校教員、明治4（1871）年9月21日没す、53歳。福岡の西教寺に埋葬。著書には『新編算顆開方』『新編算顆術』『深治算法』などがある。

大堀常仙（おおほり　つねひさ）
　上州桜木村（桐生市）の人。鷲蔵と称し、斎藤宜義に関流の算学を学び、弘化3（1846）年正月上州摩利支天社へ算額を奉納。

大村一秀（おおむら　かずひで）
　江戸芝の人。文政7（1824）年生まれ、金吾と称し、字を子竜といい、謙斎と号す。細井寧雄、のち秋田義一に算学を学び、維新後は工部省、海軍水路部などに出仕、東京数学会社設立に貢献し、明治24（1891）年1月20日没す、68歳。著書には『算法点竄指南二編』（天保2年刊）『算法浅問抄解』（万延元年）『浅機算法解義』（慶応元年）『測量枢要明解』（慶応2年）『丁卯通解』（慶応3年）などがある。

大矢真一（おおや　しんいち）
　明治40（1907）年11月3日横浜市に生まれ、科学史、特に和算を研究。富士短期大学教授、日本数学史学会名誉会長、平成3（1991）年9月14日没す、83歳。著書には『おもしろ算数』『数の発展』『初等数学図説』『数学物語』『比較数学史』『ピタゴラスの定理』『和算入門』などがある。

大藪茂利（おおやぶ　しげとし）
　筑後柳川の人。俵助と称し、紫山と号す。長谷川弘、宮本重一に算学を学び、著書には『算盤指南』（天保13年）、『所懸于肥前国領敷山神社算題九条解』などがある。

岡　　潔（おか　きよし）
　明治34（1901）年4月19日和歌山県に生まれ、広島文理大学、奈良女子大学、のち名誉教授、京都産業大学教授、理学博士。関数近似など三大問題に決定的な解決を与え世界的評価を得る。随筆家でもあり、文化勲章を受章、昭和53（1978）年3月1日没す、76歳。春雨院梅花石風居士。著書には『春宵十話』『春風夏雨』『昭和の遺書』『日本のこころ』などがある。

岡　之只（おか　これただ）
　大阪の人。寛政3（1791）年生まれ、七兵衛と称し、屋号を播磨屋（呉服商）という。松岡能一、渡辺一に算学を学び、宅間流、最上流の数学に傑出。著書には『起術解路法』『平方逐索起術』『方程招差法』『新考立円変化』（文化13年）などがある。

岡崎文規（おかざき　あやのり）
　明治28（1895）年生まれ、人口問題研究所長、日本社会事業大学、のち龍谷大学教授。昭和54（1979）年5月8日没す、84歳。著書には『実用統計講話』『数と社会』『統計学通論』などがある。

岡崎徳本（おかざき　とくほん）
　鳥取藩士。文政9（1826）年生まれ、太内と称す。藩校尚徳館で岡本孝方に算学を学ぶ。明治2（1869）年12月11日没す、44歳。

岡崎矩逸（おかざき　のりいつ）
　東都の人。定五郎と称し、日下誠に関流の算学を学び、文化12（1815）年7月武州一之宮へ算額を奉納。

岡崎安之（おかざき　やすゆき）
　山形十日市の人。権兵衛と称し、蒼竜と号し、中西流逸見満清に、のち中村政栄に算学を学び免許。門人には会田安明、小山田盛次などがいる。

岡崎義章（おかざき　よしあき）
　水戸藩士。彦次郎と称し、字を子父といい、彰考館史生。小澤政敏、のち山路徳風に関流算学を学ぶ。

小笠原藤次郎（おがさわら　とうじろう）
　明治43（1910）年生まれ、広島大学教授、のち名誉教授、広島電機大学教授。専門は関数解析学でヒルベルト空間束論を研究、昭和53（1978）年6月20日没す、68歳。著書には『ベクトル束論』などがある。

岡嶋友清（おかじま　ともきよ）
　算学に通じ、『塵劫記』にならった入門書『算法明備』（寛文8年刊）を著す。

岡田一男（おかだ　かずお）
　明治41（1908）年7月8日生まれ、金沢大学教授、のち名誉教授、金沢女子短期大学教授。専門は幾何学、平成12（2000）年8月26日没す、92歳。著書には『疑似微分幾何学』『球微分幾何学』『空間三次曲線論』などがある。

岡田自敬（おかだ　じけい）
　権七と称す。著書には『員数算法』（天保10年）などがある。

岡田常治（おかだ　つねはる）
　源左衛門と称し、宅間流の算学を学び、嘉永6（1853）年正月伊丹猪名野神社へ算額を奉納。

岡田照芳（おかだ　てるよし）
　上州青柳村（前橋市）の人。市造と称し、斎藤宜義に関流の算学を学び、安政3（1856）年8月上州大屋産泰宮社へ算額を奉納。

岡田忠明（おかだ　ただあき）
　著書には『算法雑題解義草草稿』などがある。

岡田忠貴（おかだ　ただたか）
　大阪の人。太兵衛と称し、真遊斎と号す。

武田真元に算学を学び、著書には『摘要算法』（弘化3年刊）などがある。

岡田常治（おかだ　つねはる）
　源左衛門と称し、宅間流の算学を学び、嘉永6（1853）年正月伊丹猪名野神社に算額を奉納。

尾形英悦（おがた　ひでよし）
　著書には『五明算法之解』『最上流算術書目録』『算題集』（安政6年）などがある。

岡田元恭（おかだ　もとやす）
　著書には『古今円理解』などがある。

岡田盛正（おかだ　もりまさ）
　奥州伊達郡大木戸村（原町市）の人。関流小池公治に和算を学び、明治31年国見町の水雲神社へ算額を奉納、35（1902）年旧7月25日没す、73歳。関流院実翁盛正居士。

岡田良知（おかだ　よしとも）
　明治25（1892）年1月20日姫路に生まれ、東北大学、千葉大学教授、専門は解析学、理学博士。昭和32（1957）年10月5日没す、65歳。著書には『級数概論』『算術・代数』『幾何』『解析幾何学』『高等教育微分積分学』『新制三角函数とその応用』などがある。

岡野初男（おかの　はつお）
　昭和7（1932）年7月16日生まれ、大阪府立大学教授、のち名誉教授、専門は解析学。平成16（2004）年9月30日没す、72歳。

岡部盛賢（おかべ　もりかた）
　延宝7（1679）年7月24日生まれ、左太夫と称し、稠朶、千仭、振衣斎と号す。武蔵八王子に住み、弱冠のころより算学を好み、暦に精通し、明和6（1769）年8月4日没す、91歳。稠林秀朶居士。著書には『勾股錦嚢』『算法尽善抄』などがある。

岡　通賀（おか　みちよし）
　著書には『窺望心計示蒙』（天保12年）、『算題雑解前集』（天保14年刊）などがある。

岡村　博（おかむら　ひろし）
　明治38（1905）年11月10日京都に生まれ、京都帝国大学教授、理学博士。常微分方程式の解の一意性を対象に研究、昭和23（1948）年9月3日没す、43歳。著書には『微分方程式序説』などがある。

岡本孝方（おかもと　たかかた）
　鳥取藩士。助三郎と称し、藩の毛利有隣、梶川種方に算学を学び、藩校尚徳館で教えた。安政3（1856）年11月11日没す。著書には『算術免許』（嘉永2年）などがある。

岡本憲尚（おかもと　のりひさ）
　著書には『算法指南大全』（天保9年）などがある。

岡本則録（おかもと　のりぶみ）
　弘化4（1847）年10月30日神田に生まれ、幼名を彦一郎という。長谷川数学道場に入り別伝免許を得、明治4年大学大得業生、

8年10月大阪師範学校長、11年東京数学会3代目の社長、16年愛媛県師範学校長、20年陸軍士官学校教授、39年7月成城学校長、大正15年帝国学士院嘱託となり和算書の整理にあたり、昭和6（1931）年2月17日没す、85歳。真光院浄誉則録居士。著書には『代数整数新法』『幾何学問題解法指針』『和算図書目録』などがある。
〈参照〉『岡本則録』（松岡元久、平山諦）

岡本程平（おかもと　ほどへい）
鳥取藩士。天保4（1833）年生まれ、孝恒という。父孝方、葛西一清に天文暦算を学ぶ。維新後は兵庫県、鳥取県に勤め山野改組に従事し、明治11（1878）年11月8日没す、46歳。著書には『算梯書』などがある。

岡谷吉作（おかや　よしさく）
著書には『算法記』（天保10年）などがある。

小川定澄（おがわ　さだずみ）
名古屋藩士。重助と称し、字を士清といい、芳山と号す。御粥安本に算学を学び、関流七伝を称す。著書に『豁術極率表解』『算額之写』（嘉永2年）などがあり、竹内修敬、加藤武元、森泰明治などがいる。

小川潤次郎（おがわ　じゅんじろう）
大正4（1915）年4月18日埼玉県玉川村に生まれ、大阪大学、日本大学、カルガリ大学教授、のち名誉教授。専門は数理統計学、日本統計学会会長。平成12（2000）年3月8日没す、84歳。著書には『輓近数理統計学序説』『精密標本論』『理科教養の数学』などがある。

小川庄太郎（おがわ　しょうたろう）
大正9（1920）年1月20日奈良県に生まれ、奈良師範学校、奈良教育大学教授、のち名誉教授、近畿大学教授。専門は解析学、数学教育、平成5（1993）年1月25日没す、73歳。著書には『数学の基礎構造』『専門教養数学科』などがある。

小川枝郎（おがわ　しろう）
昭和5（1930）年10月23日大阪府に生まれ、神戸大学教授、のち名誉教授、関西学院大学教授。専門は応用解析学、計算機数学、平成13（2001）年4月6日没す、70歳。著書には『応用数学概論』『数値解析概論』『代数系入門』『ベクトル解析概論』などがある。

小川常詮（おがわ　つねあき）
文化4年家督を継ぎ、組外御扶持方三人扶持10石、9年小國代官所詰、文政元年御代官所元締役となり、天保3（1832）年隠居。願念寺賢恵、黒井忠寄に中西流の和算を学び免許。門人には願念寺典隆、山田政房などがいる。

小川廣慶（おがわ　ひろよし）
紀州の人。小川流を称す。著書には『奇偶方円数』『算彙』『算法雑誌』などがある。

小川師房（おがわ　もろふさ）

桑名藩士。金蔵と称し、内田五観に関流の算学を学ぶ。門人に庭山政勝などがいる。

小川愛道（おがわ　よしみち）
　浪華の人。宝永4（1707）年生まれ、市兵衛と称す。明和3（1766）年没す、59歳。著書には『大阪町鑑』（宝暦5年）、『改算指南車』（明和5年）、『算法指南車』（明和6年刊）などがある。

小河原正巳（おがわら　まさみ）
　大正元（1912）年10月23日長野県に生まれ、千葉商科大学、東京女子大学教授、のち名誉教授。専門は統計学で標本分布論及び標本調査法を中心的に研究し、昭和57（1982）年12月25日没す、70歳。著書には『数理統計学』『応用統計学』などがある。

沖杉知重（おきすぎ　ともしげ）
　栃木沖杉村（真岡市）の人。沖右衛門と称し、甲斐廣永に関流の算学を学び、弘化4（1847）年9月大前神社に算額を奉納。

荻野伸次（おぎの　しんじ）
　明治39（1906）年生まれ、東北帝国大学講師、専門は解析学、昭和11（1936）年若くして没す、30歳。

荻原時章（おぎわら　ときあき）
　正徳2年家督を継ぎ、享保5年平夫銀御蔵役、13（1728）年隠居して、墨龍と号す。中西流長谷川忠智に和算を学び、門人に宮坂昌章、服部長職などがおり、著書には『算術自問答』『数学弁蒙全解集』『定率演段和解』『適等図解』などがある。

奥田揆一（おくだ　きいち）
　出石藩士。文政6（1823）年但馬に生まれ、勘右衛門と称し、名を秀貫という。竹村好博に算学を学び、嘉永6年陶器業の家を継ぐ。安政6年数学熟達により名字帯刀を許され、慶應元年藩の勘定所御雇となり、明治19（1886）年正月23日没す、64歳。著書には『平測捷径表』（安政4年）、『数学一万六百秘伝』などがある。

奥田有益（おくだ　ゆうえき）
　奈良の人。友益ともいい、岡田宗春に暦算を学ぶ。著書に『算数記』（天和2年刊）、『算法改正録』（宝永3年刊）などがある。

奥寺満貞（おくでら　みつさだ）
　茂右衛門と称し、真法賢に算学を学び、寛保元（1741）年白河境明神へ算額を奉納。

奥野盛吉（おくの　せいきち）
　大正4（1915）年3月25日神奈川県に生まれ、市立横濱商業高等学校教諭、平成9（1997）年6月7日没す、82歳。著書には『新しい数学幾何』などがある。

奥野忠一（おくの　ただかず）
　大正11（1922）年4月21日大阪市に生まれ、東京大学、東京理科大学、のち名誉教授。実験計画法を研究、平成14（2002）年12月24日没す、80歳。著書には『多変量解析法』『情報化時代とその関連領域の研究』『農業実験計画法小史』などがある。

奥村兼義（おくむら　かねよし）
　安政3（1856）年生まれ、中井純之に関流の算学を学び、明治18年2月水度神社に算額を奉納し、昭和4（1929）年没す、73歳。

奥村清和（おくむら　きよかず）
　東都麴町の人。喜三郎と称し、丸山良玄に関流の算学を学び、享和元（1801）年4月成田新勝寺へ算額を奉納。

奥村邦具（おくむら　くにとも）
　和泉堺の人。三介と称し、舒雲と号す。著書には『算法演段拾遺』（寛延3年）などがある。

奥村直祇（おくむら　なおます）
　晃次郎、のち廣次郎と称し、和田寧に関流の算学を学び、天保5（1834）年正月江戸愛宕神社へ算額を奉納。

奥村増肬（おくむら　ますのぶ）
　江戸芝西久保に住み、喜三郎と称し、字を伯保といい、城山と号す。丸山良玄、本多利明に関流の算学を学び、暦算に通じて増上寺御霊屋領代官をつとた。著書には『量地弧度算法』（天保7年）『算学必究』（天保12年刊）などがある。

奥村吉栄（おくむら　よしひろ）
　源吉と称し、福田復に算学を学ぶ。著書には『金塘先生家集』『円理小解』『算題雑解前集』（天保14年刊）などがある。

奥村吉當（おくむら　よしまさ）
　徳島藩士。文化11（1814）年生まれ、基之輔と称し、立山と号す。山路徳風に算学を学び、藩の算学科教授。安政5（1858）年8月10日没す、45歳。著書には『算題雑解』『割円表』などがある。

奥山源蔵（おくやま　げんぞう）
　著書には『算術早指南』（文化10年）などがある。

小倉金之助（おぐら　きんのすけ）
　明治18（1885）年3月14日酒田市に生まれ、大正6年大阪医科大学教授、14年塩見理化学研究所長。東京物理学校理事長、日本科学学会会長などを歴任、理学博士。専門は科学史、随筆家でもある。昭和37（1962）年10月21日没す、77歳。酒田市の浄福寺に埋葬。著書には『一数学者の回想』『家計の数学』『近代日本の数学』『統計的研究法』『数学史研究』『数学教育史』『数学教育論集』『小倉金之助集』など多くある。
　〈参照〉『小倉金之助全集』（頚草書房）

小倉吉貞（おぐら　よしさだ）
　美濃大島村（大垣市）の人で、与惣次と称す。広江永貞、日比野良為に関流算学を学び、文化9年京都清水観音堂に算額を奉納。著書には『稲津源五郎之免状』（文化12年）などがあり、門人には稲津長豊などがいる。

小駒哲司（おごま　てつし）

昭和24（1949）年8月23日生まれ、高知大学教授、専門は代数学。平成15（2003）年11月1日没す、54歳。

尾崎員昌（おざき　かずまさ）
研斎と号す。著書には『算法円理書』（文久2年）、『算法招差術起源』『垜積術起源』などがある。

尾崎繁雄（おざき　しげお）
明治40（1907）年12月19日東京に生まれ、東京文理科大学、のち東京教育大学教授。専門は関数論、理学博士。昭和58（1983）年12月13日没す、75歳。著書には『新制の幾何』『微分』『積分法及びその応用』『数学公式小辞典』などがある。

小沢　満（おざわ　みつる）
大正12（1923）年生まれ、東京工業大学教授、のち名誉教授。平成14年（2002）年3月20日没す、78歳。著書には『微分積分学』『近代函数論』などがある。

小田切直孝（おだぎり　なおたか）
江戸芝の飯倉の人。與右衛門と称し、日下誠に関流の算学を学び、文化2（1805）年8月信州諏訪社へ算額を奉納。

織田忠長（おだ　ただなが）
欣水と号す。至誠賛化流和算家黒田朝方に学び、安政6（1859）年仲春に氷川神社へ算額を奉納。

小田正厚（おだ　まさあつ）

周助と称し、長谷川数学道場に入門、別伝免許を得た。

越智治成（おち　はるしげ）
明治33（1900）年9月8日奈良県に生まれ、浜松工専、のち大阪市立大学教授。平成3（1991）年8月12日没す、90歳。著書に『高等数学綱要』『幾何学徹底的研究』『高等教育微分積分学』などがある。

越智道礼　→　河野道礼（こうの　みちあや）

小槻糸平（おづき　いとへい）
仁和2（886）年生まれ、小槻今雄の子で穀倉院別当、康保4年10月正五位下主税主計頭兼算博士、天禄元（970）年11月没す、85歳。

小槻今雄（おづき　いまお）
算博士。近江栗太郡の豪族、小槻山公と称す。貞観15年修理東大寺勅使となり京都に本居を移し、16年左大史、17年12月阿保朝臣を賜い勅次官。元慶3年11月従五位下、主税頭となり、8（884）年7月没す。

小槻公尚（おづき　きみひさ）
小槻廣房の子で大宮氏を称す。穀倉院別当、記録所奉行、壱岐守、算博士、主計頭、左大史、正五位下、貞応元（1222）年12月27日没す。

小槻清澄（おづき　きよすみ）
小槻伊継の子で大宮氏を称す。記録所勾當、造東大寺大仏長官、摂津守、算博士、

主計頭、左大史、正五位上。

小槻茂隆（おづき　しげたか）
　小槻糸平の子で主計助、算博士、従五位下、寛和2（986）年11月没す、74歳。

小槻以寧（おづき　しげやす）
　寛政5（1793）年7月17日生まれ、壬生氏ともいい、小槻敬義の子。享和2年12月元服し左大史、3年10月主殿頭、11月算博士、文化3年修理東大寺大仏長官、文政7年6月治部権大輔、弘化4（1847）年3月正従三位、4月弾正大弼となり、4月6日没す、55歳。

小槻季継（おづき　すえつぐ）
　建久3（1192）年生まれ、小槻公尚の子で大宮氏を称す。貞応2年壬生流小槻国宗の死後官務となり、左大史、正五位上、算博士。大舎人頭、丹波守、紀伊守、筑前守、修理東大寺大仏長官をつとめ、寛元2（1244）年9月27日没す、53歳。

小槻季連（おづき　すえつら）
　明暦元（1655）年8月26日生まれ、壬生氏ともいい、初め重経、小槻忠利の子で、兄重房の養子。延宝元年元服し左近衛将監、4年5月左大史（官務）、主殿頭、5年閏12月修理東大寺大仏長官、9年7月算博士、元禄10年12月正四位下となり、宝永6（1709）年2月12日没す、55歳。

小槻祐俊（おづき　すけとし）
　小槻孝信の子で、寛治8年7月掃部頭、のち大炊頭、主税頭、左大史、算博士、伊賀守、従四位下、永久2（1114）年2月10日没す。

小槻孝亮（おづき　たかすけ）
　天正3（1575）年12月2日生まれ、壬生氏ともいい、小槻朝芳の子で幼名千勝丸、14年10月元服し左近衛将監兼中務大輔、慶長6年3月算博士。慶長17年正月左大史（官務）、寛永4年12月主殿頭、8年11月正四位上、承応元（1652）年10月8日没す、78歳。

小槻孝信（おづき　たかのぶ）
　寛仁元（1017）年生まれ、貞行の子で穀倉院別当、左大史、従四位上、大炊頭、算博士、淡路守、和泉守、紀伊守となり、応徳3（1086）年9月15日没す、70歳。

小槻隆職（おづき　たかもと）
　保延元（1135）年生まれ、小槻政重の三男で、応保元年9月佐渡守、正五位下、長寛3年正月兄永業の跡を継ぎ左大史、建久4年4月伊勢二所太神宮雑務評定寄人、のち穀倉院別当、修理東大寺大仏長官となり、建久9（1198）年10月29日没す、64歳。

小槻忠臣（おづき　ただおみ）
　承平3（933）年生まれ、小槻茂助の子で左大史、算博士、従四位下、寛弘6（1009）年4月9日没す、77歳。

小槻伊継（おづき　ただつぐ）
　小槻益材の子で伊綱ともいい、穀倉院別

当、修理東大寺大仏長官、左大史、正五位上、算博士。正和5（1316）年2月14日没す。

小槻忠利（おづき　ただとし）
　慶長5（1600）年12月17日生まれ、壬生氏ともいい、小槻孝亮の子。17年12月元服し左近衛将監、元和6年正月中務大丞、寛永12年12月左大史（官務）、13年正月主殿頭、慶安3年8月算博士、承応2年正月正四位下となり、寛文3（1663）年7月21日没す、64歳。

小槻忠信（おづき　ただのぶ）
　小槻茂助の子で、算博士、従五位下、長徳元（995）年4月没す、37歳。

小槻伊治（おづき　ただはる）
　明応5（1496）年生まれ、小槻時元の子で大宮氏を称す。初め定泰（定春）といい、永正18年3月左大史（官務）、2年算博士となり、天文7年正月正四位上、13年3月尾張権守、のち大内氏に仕え、大内義隆滅亡のとき山口で討ち死、天文20（1551）年8月28日没す、56歳。

小槻種右（おづき　たねあき）
　小槻文明の子で、算博士、刑部大輔、従五位下。

小槻為緒（おづき　ためお）
　小槻光夏の子で大宮氏ともいい、主殿頭、算博士、正四位下。応永20年より正長元年まで左大史（官務）をつとめる。

小槻為景（おづき　ためかげ）
　小槻季継の子で左大使、正五位下、算博士。筑前守、大舎人頭、記録所勾當。嘉禄2年12月算博士、貞永2年正月尾張権介、仁治3年3月紀伊介、寛元2年4月記録所寄人、10月筑前守、記録所奉行となり、建長元（1249）年没す。

小槻言春（おづき　ときはる）
　小槻順任の子で修理左宮城判官、大炊介、算博士、主税頭、左少史、正五位上。

小槻時元（おづき　ときもと）
　文明3（1471）年生まれ、大宮氏を称す。初名を頼敏、沢民部少輔の子で小槻長興の養子。文明12年3月大蔵少輔、時元と改名、明応3年12月左大史（官務）、10年正月算博士、永正13年12月正四位下となり、17（1520）年4月11日没す、50歳。

小槻奉親（おづき　ともちか）
　応和3（963）年生まれ、忠臣の子で、正暦2年右大史、のち左大史、穀倉院別当、主税権助、算博士、淡路守、正五位下、寛弘8年正月16日出家し如寂といい、寛仁4（1020）年6月没す、58歳。

小槻朝治（おづき　ともはる）
　承久2（1220）年生まれ、小槻伊継の子で壱岐守、左大史、修理亮、正五位下、算博士。弘安6年正月出家し佛治といい、正応4（1291）年7月20日没す、72歳。

小槻豊藤（おづき　とよふじ）

55

小槻朝治の子で修理左宮城使判官、筑前守、算博士、修理亮、左大史、正五位下、正応3（1290）年7月13日没す。

小槻永業（おづき　ながなり）
　小槻政重の子で、記録所勾當、正五位下、大炊頭、左大史、摂津守、算博士。長寛2（1164）年12月8日没す。

小槻陳群（おづき　のぶもと）
　延喜19（919）年生まれ、小槻今雄の子（実は糸平の舎弟）で、算博士、康保5（968）年4月2日没す、50歳。

小槻秀氏（おづき　ひでうじ）
　大宮氏ともいい、小槻季継の子。主計頭、隠岐守、記録所勾當、大蔵権大輔、算博士、左大史、正四位下、穀倉院別当、修理東大寺大仏長官を歴任し、正応5（1292）年正月26日没す。

小槻光夏（おづき　ひろなつ）
　小槻清澄の子で大宮氏を称す。左大史、正四位下、算博士。

小槻廣房（おづき　ひろふさ）
　小槻永業の子で大宮氏を称す。仁安2年右大史、日向守、河内守、文治元年叔父隆職解官により左大史につき官務。算博士、正五位下、建仁2（1202）年出家し房蓮といい、6月15日没す。

小槻文明（おづき　ふみあき）
　小槻言明の子で修理権亮、算博士、正五位下。

小槻政重（おづき　まさしげ）
　嘉保元（1094）年生まれ、三善國信の子で盛仲の弟、兄の跡を継ぐ。正五位下、主計頭、保安3年正月左大史、算博士。4年6月装束使、5年正月丹後介、のち摂津守、天養元（1144）年3月17日没す、51歳。

小槻益材（おづき　ますえだ）
　小槻秀氏の子で、内匠頭、右少史、正五位下、父より先んじて没す。

小槻盈春（おづき　みつはる）
　宝永7（1710）年10月21日生まれ、小槻章弘の子で、初め智長という。享保3年2月左大史、元文3年10月大蔵少輔、5年12月算博士、宝暦9（1759）年9月従三位となり、翌日の9月14日没す、50歳。

小槻茂助（おづき　もすけ）
　阿保當平の子で修理属に任ぜられ、左少史、算博士、天徳2（958）年7月没す。

小槻盛仲（おづき　もりなか）
　三善國信の子で小槻祐俊の猶子、正五位下、掃部頭、大炊主税内匠等頭、左大史、算博士、伊賀守、保安3（1122）年4月5日没す。

小槻師経（おづき　もろつね）
　小槻政重の子で、正五位下、主計頭、左大史、算博士。

小槻敬義（おづき　ゆきよし）

宝暦7（1757）年9月1日生まれ、壬生氏ともいい、小槻知音の子で、明和3年8月元服し左大史（官務）、3年12月大蔵少輔、安永6年正月主殿頭、天明元年12月修理東大寺大佛長官、寛政12年11月正四位上算博士、享和元（1801）8月13日没す、45歳。

小槻順任（おづき　よしとう）

小槻為景の子で須佐ともいい、左大使、正五位下、算博士。

小槻頼清（おづき　よりきよ）

小槻秀氏の子で、正五位下、算博士。

小野　昭（おの　あきら）

昭和2（1927）年2月14日福岡県に生まれ、九州大学教授、のち名誉教授。平成13（2001）年10月15日没す、74歳。著書には『函数解析的方法による偏微分方程式論の研究とその応用』などがある。

尾野　功（おの　いさお）

大正5（1916）年9月11日生まれ、東京教育大学、筑波大学教授、のち名誉教授、専門は解析学。平成16（2004）年1月11日没す、87歳。著書には『表覧数学』『代数学・幾何学演習』『微分積分学演習』などがある。

小野勝次（おの　かつじ）

明治42（1909）年4月10日名古屋市に生まれ、武蔵高等学校、名古屋帝国大学教授、のち静岡大学学長。専門は数学基礎論及び応用数学、理学博士、名古屋大学名誉教授。日本オペレーションリサーチ会長などをつとめ、平成13（2001）年8月18日没す、92歳。著書には『数学とは何か』『数と計算』『スポーツと科学と』『無限の話』などがある。

小野公恭（おの　きみやす）

著書には『古今算鑑起源』（文久2年）などがある。

小野澤漣光（おのざわ　やすみつ）

伴十郎と称し、斎藤宜長に関流の算学を学び、文政13（1830）年3月上州平井秋葉社へ算額を奉納。

小野新太郎（おの　しんたろう）

明治15（1882）年生まれ、奈良女子高等師範学校教授、昭和17（1942）年没す、61歳。著書には『女子教育教科者幾何学』『初等代数学と其教授』『代数学考へ方解き方の研究』などがある。

小野忠義（おの　ただよし）

松代藩士。寛政4（1792）年生まれ、町田正記に最上流の算学を学び免許。明治元（1868）年没す、76歳。

小野寺胤員（おのでら　たねかず）

栄吉と称し、千葉胤雪に算学を学び、皆伝し関流九伝を称す。門人には小岩雅局、菅原胤富などがいる。

小野寺秀一（おのでら　ひでかず）
　喜一郎と称し、千葉胤雪に算学を学び、関流九伝を称す。門人には岩渕貫寛、小野寺真征、熊谷直昌、千葉満貞などがいる。

小野藤太（おの　とうた）
　明治3（1870）年生まれ、独学で数学を学び、第七高等学校教授、大正5（1916）年没す、46歳。著書には『算数問題集』『解析幾何学問題集』『初等方程式論』（共著）などがある。

小野知勝（おの　ともかつ）
　著書には『方程稽古帳筆記』（享和2年）などがある。

小野廣胖（おの　ひろなお）
　笠間藩士、のち幕臣。文化14（1817）年10月23日生まれ、小守宗次の四男で小野柳五郎の養嫡子。友五郎、内膳正と称し、東山と号す。和算を天保3年甲斐廣永、のち12年4月江戸詰となり長谷川弘に学び、別伝免許を得、長谷川数学道場の斎長。嘉永5年12月幕府天文方となり江川坦庵に学び、安政2年8月長崎海軍伝習所に留学し西洋数学を学び、4年閏5月御軍艦操練教授、文久元年7月小十人格御軍艦操練所頭取切米百俵。咸臨丸での航海測量、江戸・長崎湾などの測量、造船所設置の建議などをし、慶應2年勘定吟味役。維新後は工部省に出仕、製塩場を営み、明治31（1898）年10月29日没す、82歳。観月院殿塩翁廣胖居士。著書には『算法早稽古』（安政4年）、『江都海防真論』（文久2年）、『小野友五郎米国往復日記』（慶応3年）、『尋常小学新撰洋算初歩』などがある。

小野以正（おの　もちまさ）
　備中井手(総社市)の大庄屋。天明5（1785）年正月24日生まれ、吉太郎、廣太郎、のち光右衛門と称し、字を子物といい、啓鑒亭と号す。谷以燕に和算を、渋川氏、山本文之進に天文暦術をを学び、文化6年龍岡舎という塾を開き子弟を教授。天保5年大庄屋役となり、安政5（1858）年10月17日没す、74歳。著書に『算題四条之解』『暦術秘伝書推歩』（天保2年）、『啓廸算法指南大成』（安政2年刊）などがあり、門人には藤田秀斎などがいる。

小野栄重（おの　よししげ）
　上毛板鼻村（安中市）の人。宝暦13（1763）年生まれ、初め須藤氏、小野文助の養子。捨五郎、のち良佐と称し、子巌と字す。寛政元年入門し和算を藤田貞資、嘉言に、測量を伊能忠敬に学び、幕府天文方測量属、帰省後、後進を指導し、天保2（1831）年正月26日没す、69歳。寿算栄重居士。板鼻の南窓寺に埋葬。門人に斎藤宜長、剣持章行、岩井重遠、市川行英、原賀度などがおり、著書には『三角術初門』『算道系図』（文化8年）、『星測量地録』（文政5年）、『新撰零約術』（文政9年）、『綴術弁解』などがある。

小幡篤邦（おばた　よしくに）
　伊勢志摩藩士。五郎右衛門と称し、会田安明に最上流の算学を学び、寛政12（1800）

年正月鳥羽の観世音へ算額を奉納。

尾原惣八（おはら　そうはち）
　旧松本藩士。藩の中溝某に数学を学び、多くの門弟を教え、明治26（1893）年12月没す。

小俣　勇（おまた　いさむ）
　天保11（1840）年10月4日矢野口村（稲城市）に生まれ、勇造、綱造ともいい、明治10年東京に出て福田理軒に算学を学び、郷里に和算塾を開く。18年大国魂神社へ算額を奉納、大正3（1914）年5月12日没す、75歳。矢野口の威光寺に埋葬。著書には『数理図解』『数学初級解』などがある。

小俣勇吉（おまた　ゆうきち）
　慶應2（1866）年矢野口村（稲城市）に生まれ、小俣勇に算学を学び、昭和9（1934）年没す、68歳。

小山田吉泰（おやまだ　よしやす）
　盛岡の人。大助、のち勇右衛門と称し、和算を下田直貞に、のち藤田嘉言に学ぶ。著書には『累円術無寄』（寛政11年）、『算法先哲問答集』（文化3年）などがあり、藤沢親宗、福村久景、原勝興などがいる。

折原正江（おりはら　まさえ）
　大正4（1915）年8月北海道に生まれ、横浜国立大学、横浜市立大学教授、のち名誉教授。解析学、実関数論、積分論を研究、ダンジョワ積分論を発表。平成14（2002）年5月12日没す、86歳。著書には『新数学自習事典』『基本問題集幾何編』などがある。

小里頼章（おり　よりあき）
　信州松本藩士。宝永4（1707）年生まれ、源治と称し、義山と号す。享保11年藩主の移封によって美濃加納から松本へ移る。河原貞頼に測量術天文暦算を学び、安永5（1776）年没す、70歳。著書には『量地真術』『縮地撮要』などがある。

か 行

【か】

甲斐隆豊（かい　たかとよ）

　熊本藩士。享保18（1733）年生まれ、政右衛門と称し、父福一に天文暦算を学び、宝暦9年4月算学師範となり多くの門人を指導し、寛政2（1790）年11月16日没す、58歳。門人には牛島盛庸、甲斐隆春などがいる。

甲斐隆春（かい　たかはる）

　熊本藩士。安永3（1774）年生まれ、優と称し、父隆豊に天文暦算を学び、寛政3年2月算学師範となり多くの門人を指導し、天保3（1832）年閏11月25日没す、59歳。

甲斐隆義（かい　たかよし）

　熊本藩士。文化12（1815）年12月8日生まれ、秋吉某の子で甲斐隆春の養子。多喜次、のち一衛と称し、慎軒と号す。牛島盛庸に算学を学び、天保4年2月算学師範の家職を継ぎ百五十石、安政5年天文暦道測量師範。多くの門人を指導、自ら測器精簡新儀を制作し、明治31（1898）年9月14日没す、84歳。著書には『天元術定則之巻』（文政3年）、『当流測量術秘鑑』（嘉永7年）、『算学秘伝蘊奥之巻』（文久2年）などがある。

海沼義武（かいぬま　よしたけ）

　松代藩士。天明7（1787）年生まれ、與兵衛、のち八十郎と称し、勘定役をつとめ右筆を兼ねた。初め宮城流を、のち会田安明に最上流の算学を学び免許、天保4（1833）年3月26日没す、47歳。著書には『増補当世塵劫記』を校訂。

甲斐廣永（かい　ひろなが）

　笠間藩士。文化7（1810）年生まれ、駒蔵と称し、字を子漢といい、藩山、蕃嶺、吐雲と号す。文政8年正月坊主格召出宛行二両一人扶持元〆手代見習、天保2年正月手代格、8月算術心懸世話、8年正月下目付格、13年2月丁見世話、14年4月算術世話役に付き徒士並、弘化4年4月亡父跡式六両二人扶持取、安政3年正月小役人格、10月大役人格代官勤め五十俵高となる。算学は文政6年松本英映、のち大塚教晶に学び、更に長谷川寛、長谷川弘に就いて関流の算学を研鑽し、伏題免許。藩校時習館算術世話係となり教授、文久元（1861）年3月17日没す、52歳。誠応院禅明良算居士。笠間の玄勝院に埋葬。著書には『量地図説』（嘉永5年刊）、『算法通解』『円理三台諸雑問解』『算梯百問答』などがあり、門人に本郷保重、沖杉知重、桜井群祇などがいる。

甲斐福一（かい　ふくいち）

熊本藩士。元禄5(1692)年生まれ、安右衛門と称し、長崎で西川如見に天文暦算を学び、熊本藩に伝えた。宝暦2年9月算学師範となり多くの門人を指導し、明和4(1767)年6月25日没す、76歳。門人には井上矩度、甲斐隆豊などがいる。

甲斐義蕃（かい　よししげ）
　笠間藩士。茂八、のち郡蔵と称し、宝暦7年7月次坊主格地方手代三両一人扶持、安永7年正月勘定役、天明6年正月中小姓、寛政3年正月給人並四十五俵、享和3年正月代官組頭格、文化6年5月隠居し、10(1813)年9月18日没す。『算学津梁』（明和7年）を校訂。

加悦俊興（かえつ　としおき）
　長崎の人。傳一郎と称し、卵殻と号す。法道寺善に算学を学び、著書には『算法円理解』『算法円理括嚢』（嘉永5年）、『算法浅問抄解』などがある。

鏡淵　稔（かがみふち　みのる）
　明治42(1909)年7月29日新潟県に生まれ、昭和51(1976)年12月13日没す、67歳。著書には『趣味の世界数学物語』『趣味の世界数学遊戯』『面白い数学教室』などがある。

鏡　光照（かがみ　みつてる）
　旧佐倉藩士。天保8(1837)年8月8日出羽の中桜田村（山形市）に生まれ、久八、のち一造と称し、安政4年江戸の出て高橋卯之助に、のち内田五観に算学を学び、文久2年佐倉藩に仕え、藩の数学世話掛、洋算も修めて洋算学校「養成堂」を創設。明治7年海軍兵学校寮数学教官、陸軍士官学校で教授し、大正4(1915)年12月20日没す、79歳。著書には『圭寶形解』『算学自習便』『算法称平術評解』『弾道算術』などがある。

加賀美山登（かがみ　やまと）
　文政6(1823)年生まれ、安倍勘司に関流の算学を学び和算に通じ、文久2年甲府に和算指南所を開き、明治20(1887)年6月17日没す、65歳。門人には長田直正などがいる。

鈎田政孝（かぎた　まさたか）
　著書には『算術雑集』（文化元年）などがある。

角田邦実（かくた　くにざね）
　下妻藩士。武州埼玉郡の人で浅之丞、のち源吉と称し、日下誠に関流の算学を学び、文化5(1808)年3月武州不動像へ、文化6年5月大宝八幡宮（下妻市）へ算額を奉納。

角田親信（かくた　ちかのぶ）
　上州安中の人。左源司と称し、藤田貞資に関流の算学を学び、享和元年9月碓氷峠の熊野社へ算額を奉納。文政元(1818)年没す。

角谷静夫（かくたに　しずお）
　明治44(1911)年8月28日大阪市に生ま

れ、大阪大学で教鞭、1940年プリンストン大学に招かれ、翌年数理経済学の基礎となる不動点定理を発表。昭和28年エール大学教授、のち名誉教授。専門は関数解析、数学者の頭脳流出第一号、平成16（2004）年8月17日没す、92歳。

覚道（かくどう）

著書には『円理規矩算法』（天保10年刊）、『規形綴術』などがある。

加倉井茂樹（かくらい　しげき）

昭和3（1928）年1月22日茨城県に生まれ、神奈川工業大学教授、専門は微分積分学。平成4（1992）年11月14日没す、64歳。

梯　鉄次郎（かけはし　てつじろう）

大正6（1917）年9月14日北九州市に生まれ、大阪理工科大学、近畿大学、大阪府立大学教授、のち名誉教授、専門は解析学。平成4（1992）年12月17日没す、75歳。著書には『教養の確率統計』『複素関数』『数値解析』などがある。

掛谷宗一（かけや　そういち）

明治19（1886）年1月18日広島県に生まれ、東京高等師範学校、東京文理科大学、昭和10年東京帝国大学教授。専門は解析学、連立積分方程式論の研究とその応用は有名、理学博士。統計数理研究所初代所長をつとめ、昭和22（1947）年1月9日没す、62歳。著書には『算術代数学』『一般函数論』『幾何学』『高等数学概要』『微分学』『積分学』『積分方程式論』などがある。

影山寛故（かげやま　かんこ）

三春鷹鷲村の人。平次右衛門と称し、東谷に算学を学ぶ。天保4（1833）年7月金毘羅堂へ算額を奉納。

陰山元質（かげやま　もとかた）

和歌山藩士。寛文9（1669）年生まれ、源七と称し、字を淳夫といい、東明と号す。算学に通じ、井田法を研究、藩校講釈所主長となり、享保17（1732）年閏5月12日没す、64歳。著書には『田禄図経』などがある。

河西清義（かさい　きよよし）

信州上諏訪の人。明和元（1764）年生まれ、富右衛門と称し、字を路公といい、旭湖、天三堂と号す。山岡直方、長谷川寛に関流の算学を学び免許、郷里に帰り天三学校を開き、嘉永2（1849）年没す、85歳。著書に『算法早割旭の雪』（天保6年刊）、『宝珠塵劫記』（天保10年刊行）、『算法日新録』（安政4年刊）などがあり、門人には河西藍山、鮎澤一定、宮坂晴重、斎藤八一などがいる。

葛西道之丞泰明

→　**佐藤一清**（さとう　かずきよ）

梶島二郎（かじしま　じろう）

明治20（1887）年1月21日東京に生まれ、東京高等工業学校、東京工業大学教授、のち鹿児島大学学長。数学教育に尽力し、昭和49（1974）年没す、87歳。著書には『工業数学概論』『代数学の道』『数学公式』

『非ゆうくりつど幾何学』などがある。

樫村好察（かしむら　こうさつ）
　湯長谷藩士。彦兵衛と称し、藤田貞資に関流の算学を学ぶ。天明 8（1788）年 2 月増上寺天満宮へ算額を奉納。

梶山次俊（かじやま　つぐとし）
　陸中一関の人。宝暦13（1763）年 9 月25日生まれ、平七、八十八、左門、のち主水と称し、岷江と号す。一関藩の家老職をつとめ、藤田貞資に和算を学び、文化元（1804）年 8 月 9 日没す、42歳。著書に『梶山先生好問解』などがあり、門人には千葉胤秀などがいる。

柏木定雄（かしわぎ　さだお）
　明治37（1904）年 6 月20日神奈川県に生まれ、和歌山大学教授、のち名誉教授、平成12（2000）年 1 月 1 日没す、95歳。

柏木秀利（かしわぎ　ひでとし）
　明治27（1894）年生まれ、京都大学で西内貞吉に学び、非ユークリッド幾何学を研究、昭和 2（1927）年若くして没す、33歳。著書には『最新解析幾何学』（共著）がある。

柏原正敏（かしわばら　まさとし）
　大正 4（1915）年 3 月27日宮城県鳴子町に生まれ、山形大学、金澤大学教授、のち名誉教授、専門は微分幾何学。平成11（1999）年 2 月 9 日没す、83歳。

春日屋伸昌（かすがや　のぶまさ）
　大正 9（1920）年 1 月 5 日東京に生まれ、中央大学教授、測量学を担当、平成 2（1990）年 2 月20日没す、70歳。著書には『新編数値表』『測量ハンドブック』『積分とその応用』『微分方程式早わかり』『わかる常微分方程式』などがある。

片岡豊忠（かたおか　とよただ）
　武蔵の人、傳右衛門尉と称す。著書には『根源記算法直解』（寛文10年刊）などがある。

片岡長侯（かたおか　ながよし）
　著書には『雑題二十五条』（安永 8 年）、『冪式演段起源』などがある。

片岡晴景（かたおか　はるかげ）
　監物、市正と称し、静幽と号す。京都二條富小路東に住む。

片桐嘉矜（かたぎり　よしえり）
　会津若松藩士。林之助と称し、天文暦算を父嘉保に学び、天明 2 年父の跡を継ぎ、勘定役、与力、南北館算所、天文師、学校算師などを歴任し、文化10年致仕して、文政 3（1820）年没す。著書には『算律国字解』『算円考』『周髀算経註』『数学雑録』などがある。

片桐嘉保（かたぎり　よしやす）
　会津若松藩士。享保 2（1717）年生まれ、勝平と称し、慶翁と号す。元文 5 年江戸に遊学し、渡辺官蔵に天文を、森田豊仙に暦術、易を一色左太夫に学び帰藩、安永 4 年

より近臣に教授し、寛政2（1790）年10月6日没す、74歳。著書には『収納算法』『天文除法』『立方新術』などがある。

片山正重（かたやま　まさしげ）

岡山藩士。天明8（1788）年生まれ、金弥と称し、字を厚卿といい、静窓と号す。天文暦算を原田茂嘉に、経史を和田蘭石・万波醒盧に学び、文化9年読書師役雇、のち小姓、天保7年藩命により渋川景佑に天文暦学を学び、免許皆傳を受け景佑の助手をつとめ、嘉永4（1851）年8月21日没す、64歳。著書には『極数術起源』『算法外秘録』『階梯算法論』『時習算法』などがある。

片山長好（かたやま　ながよし）

富山の人。彦助と称し、中田高寛に関流の算学を学ぶ。著書には『交式斜乗諺解』などがある。

勝浦捨造（かつうら　すてぞう）

明治42（1909）年5月26日京都府に生まれ、代々木ゼミナール名誉校長、昭和57（1982）年2月1日没す、72歳。著書には『新制中等高等一般代数』『三角函数』『微分・積分』『指数関数と対数関数』などがある。

桂田芳枝（かつらだ　よしえ）

明治44（1911）年9月3日北海道に生まれ、北海道大学教授、のち名誉教授、理学博士。高次接続の幾何学を研究し、帝国大学系初の教授で数学分野では日本初の女子博士号取得者。昭和55（1980）年5月10日没す、68歳。

加藤明之（かとう　あきゆき）

房太郎と称し、父誠之に三木流の算学を学び、天保5（1834）年5月京都東山の妙見堂へ算額を奉納。

加藤勝因（かとう　かつより）

和算に通じ、著書に『関流算法記』などがある。

加藤清満（かとう　きよみつ）

幸輔と称し、都築利治に算学を学び、関流九伝を称す。門人には藤村清治、藤村利満などがいる。

加藤敬三（かとう　けいぞう）

和算に通じ、著書に『容題百問』などがある。

加藤源左衛門（かとう　げんざえもん）

嘉永6（1853）年美濃に生まれ、明治6年地租改正の後三重、岐阜、愛知の実地測量に従事、数学教師。著書には『平易算術書』などがある。

加藤孝行（かとう　たかゆき）

和三郎と称し、渡辺一に最上流の算学を学ぶ。天保12（1841）年7月深川の粟地蔵尊へ算額を奉納。

加藤武元（かとう　たけもと）

助三郎と称し、小川定澄に算学を学び、関流八伝を称す。天保12（1841）年4月尾

張の大須観音へ算額を奉納。

加藤照成（かとう　てるしげ）
　尾張の人。葛谷実順に和算を学ぶ。著書には『解宗算法』（寛保元年刊）などがある。

加藤得貞（かとう　とくさだ）
　栄助と称し、小泉伝蔵に最上流の和算を学び、文化3（1806）年3月武州不動堂へ算額を奉納。

加藤敏夫（かとう　としお）
　大正6（1917）年8月25日栃木県に生まれ、東京大学、カルフォルニア大学、のち名誉教授。専門は解析学、理学博士。平成11（1999）年10月2日没す、82歳。著書には『函数空間論』『位相解析』などがある。

加藤誠之（かとう　のぶゆき）
　京都の人。文化2（1805）年京都に生まれ、政助と称し、字を子固といい、均斎、為善堂、淡水と号す。三条南に住み、三木松斎、小島典膳の門人で、小出兼政にも算学を学び、和田円理学兼天文暦術を伝授され、一家をたてて七流兼学算儒と自称（三木流加藤派）し、畿内の門人を集め「益友会」をつくり、文久2（1862）年8月没す、58歳。著書に『改正算梯点鼠初門』『諸約術』（天保3年）、『測量新篇』（天保14年）、『新術測地解義』（安政3年）などがあり、門人には加藤明之、加藤廣之などがいる。

加藤央周（かとう　ひろちか）
著書に『加藤社中愛宕額題』『東都愛宕山算題三条』（寛政2年）などがある。

加藤弘道（かとう　ひろみち）
　和算に通じ、著書に『容題並円理解』（弘化4年）などがある。

加藤平左衛門（かとう　へいざえもん）
　明治24（1891）年1月18日愛知県に生まれ、名城大学教授、のち名誉教授。専門は日本数学史、特に和算を研究、理学博士。昭和51（1976）年1月2日没す、85歳。著書には『安島直円の業績』『算聖関孝和の業績』『偉大なる和算家久留島幾太の業績』『江戸末期の大数学者和田寧の業績』『日本数学史』『趣味の和算』などがある。

加藤　誠（かとう　まこと）
　大正8（1919）年3月10日福井県に生まれ、福井大学教授、のち名誉教授、専門は代数学。平成4（1992）年8月6日没す、73歳。

加藤祐輔（かとう　ゆうすけ）
　昭和4（1929）年9月15日東京に生まれ、宇都宮大学教授、専門は情報数理工学、平成3（1991）年1月10日没す、61歳。著書に『多変数関数の微積分とベクトル解析』『散乱理論における逆問題』などがある。

加藤朗一（かとう　ろういち）
　明治34（1901）年11月19日愛知県に生まれ、昭和56（1981）年12月11日没す、80歳。著書に『極限と微積分』『積分学問題全集』

『独学者の為の解析幾何学講義』などがある。

金井彦三郎（かない　ひこさぶろう）
　攻玉社工学校名誉校長。昭和7（1932）年1月7日没す。著書には『応用高等数学』『測量学』などがある。

可児正翰（かに　まさふみ）
　津山藩士。安永5（1776）年生まれ、平右衛門と称し、大番組郡代添役代官六石三人扶持。藤田貞資に関流の算学を学び、文化元年9月津山の中山神社へ算額を奉納、天保7（1836）年4月11日没す、60歳。

蟹谷乗養（かにや　のりやす）
　明治26（1893）年12月18日富山県に生まれ、旅順大学、九州大学、京都大学教授、のち名誉教授、退職後、日本大学、明星大学教授。専門は微分幾何学、理学博士。射影微分幾何学一般、特に射影接続につき多くの研究を行い、昭和61（1986）年11月14日没す、92歳。著書には『円錐曲線』『応用函数論』『射影幾何学』『微分方程式要論』などがある。

金子昌寿（かねこ　まさとし）
　錦雄と号す。著書には『截術解』『伏題斜乗生剋解』などがある。

金子昌良（かねこ　まさよし）
　江戸日本橋裏伊勢丁に住み、左右平と称し、清雄と号す。菊池長良に和算を学ぶ。著書には『開平開立独稽古』『算法整数起源抄初編』（弘化2年）、『当世改算記』（弘化4年）などがある。

兼子光忠（かねこ　みつただ）
　恒太郎と称し、南海と号す。長谷川弘に関流の算学を学び、『必用算法』を著したという。

金嶋秀水（かねしま　しゅうすい）
　信州の人。著書には『秘術算初心伝』（文政12年）などがある。

金杉清常（かねすぎ　きよつね）
　安立郡花又村（東京都足立区）の人。清三郎と称し、神谷定令に関流の算学を学ぶ。門人に大原利明、天谷教盈などがいる。

狩野廉士郎（かのう　れんしろう）
　姫路五軒邸の人。私塾を開き数学を教授。明治11（1878）年『算学新書』を著す。

樺　正董（かば　まさしげ）
　文久3（1863）年生まれ、各地の中学、師範学校教員を経て、慶應義塾教員となり、大正14（1925）年没す、62歳。著書には『幾何学教科書』『代数学教科書』『平面三角法教科書』『数学綱要』『高等実用数学』などがある。

鎌田俊清（かまた　としきよ）
　大阪の人。延宝6（1678）年生まれ、五郎兵衛と称し、久太郎町辺りに住み、宅間能清に師事し算学を学び、宅間流三代目を継ぐ。延享4（1747）年7月没す、70歳。

著書には『宅間流円理』『平円周率起源』（享保7年）、『立円惑問』（元文3年）などがあり、門人には内田秀富、杉山安貞などがいる。

蒲 雅夫（がま　まさお）
　昭和6（1931）年2月4日札幌市に生まれ、北海道大学教授、のち名誉教授、専門は微分幾何学。平成12（2000）年9月8日没す、69歳。

紙屋五平治
　→ **宮川孟弼**（みやかわ　たけすけ）

神谷定令（かみや　さだはる）
　幕臣。幸吉と称し、初め定治、知由、定春といい、元卿と字し、藍水、有隣斎と号す。藤田貞資に関流算学を学び、普請役をつとめる。最上流会田安明が藤田貞資を攻撃すると師の代わりに論戦した。文化8（1811）年正月12日没す。門人に堀池敬久、関輝萼などがおり、著書には『五円整数術』（天明2年）、『非改精算法』（天明6年刊）、『解惑辨誤』（寛政2年刊）、『撥乱算法』（寛政11年刊）、『福成算法』（享和2年）などがある。

神矢教宝（かみや　のりたか）
　豊岡藩士。安八と称し、石川源太夫に宮城流の算学を学び、安政3（1856）年北野天満宮へ算額を奉納。

神谷 仁（かみや　じん）
　明治26（1893）年生まれ、東北帝国大学教授、昭和40（1965）年没す、72歳。

神山久品（かみやま　ひさかず）
　由助と称し、著書には『拾算法』（文政4年）、『鉤股一百零五問』『稗要算法記』などがある。

神谷保定（かみや　やすさだ）
　貞吉と称し、保定ともいい、池部清真に和算を学ぶ。著書には『開承算法』（延享2年刊）などがある。

亀田豊治朗（かめだ　とよじろう）
　明治18（1885）年1月東京に生まれ、逓信省、内閣統計局に勤務。厚生省保険院数理課長などをつとめ、標本調査法についての先駆者、理学博士。昭和19（1944）年10月1日没す、60歳。著書には『確率論及其ノ応用』『保険数学』などがある。

亀谷俊司（かめたに　しゅんじ）
　明治43（1910）年7月11日東京に生まれ、東京女子師範学校、のち御茶の水女子大学教授。専門は解析学（関数論やポテンシャル論）。著書には『初等解析学』『解析学入門』『集合と位相』『ルベーグ積分入門』などがある。

亀淵傳蔵（かめふち　でんぞう）
　文政10（1827）年生まれ、平戸藩に仕えたが町人となり豆腐御用製造などを営む。和算に長じ、町人の子弟を教え、明治9（1876）年10月没す、50歳。

鴨下春良（かもした　はるよし）
　小金井村（東京都小金井市）の人。文化2（1805）年8月15日生まれ、寅吉、富八、のち与治右衛門と称し、黄水と号す。長谷川弘、川北朝隣に関流の算学を学び、慶應元年府中六所神社へ算額を奉納、明治10（1877）年8月7日没す、73歳。著書に『国府算額』（慶応元年）などがあり、門人には比留間政愛、小磯信之、鈴木温良、富澤政賢、比留間政徳、高橋茂種などがいる。

加茂義明（かも　よしあき）
　仙台の人。紋三郎と称し、術有と号す。渋谷助十郎に中西流を、のち戸板保佑に関流の算学を学び、木口宗路に町間分間の術も学ぶ。著書に『三斜等円無不尽問』『立法式ヲ帰除ニ開ノ法』などがあり、門人には松木清直などがいる。

香山直五郎政明
　　→　**和田　寧**（わだ　やすし）

刈屋他人次郎（かりや　たにじろう）
　明治7（1874）年生まれ、陸海軍兵学校教官、大正10（1921）年没す、47歳。著書には『新撰応用重学』『微分積分学講義』『平面解析幾何学講義』『最小自乗法講義』などがある。

川井三郎（かわい　さぶろう）
　明治41（1908）年2月5日東京に生まれ、保険数学を専門、理学博士。協栄生命保険社長、のち会長。個人年金保険などの開発で業績を伸ばし、平成2年東北大学に数理科学館を寄付、10（1998）年10月3日没す、90歳。著書には『痔の治療と手当』などがある。

河合十太郎（かわい　じゅうたろう）
　慶應元（1865）年5月加賀藩士の子として生まれ、和算を学び、関口開に師事し洋算を学ぶ。第三高等中学校、京都大学教授、のち名誉教授、専門は関数論、理学博士。昭和20（1945）年2月19日没す、80歳。

河合祥吾（かわい　しょうご）
　明治35（1902）年12月13日三島市に生まれ、静岡大学教授、のち名誉教授。専門は数学教育、平成4（1992）年4月1日没す、89歳。著書には『高等小学算術書取扱の根拠』などがある。

河合弟二（かわい　ていじ）
　明治4（1871）年生まれ、第二高等学校教授、明治38（1905）年没す、34歳。著書には『微分積分学』などがある。

河合長孝（かわい　ながたか）
　著書には『雑題五十問解義』（天保14年）などがある。

川井久徳（かわい　ひさよし）
　幕臣。明和3（1766）年生まれ、久米之助、のち次郎兵衛と称す。安永4年家督を継ぎ五百三十石、越前守従五位下。関流算学を坂部廣胖、のち和田寧に学ぶ。天保6（1835）年3月7日没す、70歳。著書には

『算法開式新法』（享和3年）、『新弧円解』（文化9年）、『側円周率解』（文政5年）などがある。

河合盛温（かわい　もりはる）
　天保3（1832）年美濃に生まれ、栄之助と称す。水野民徳に算学を学び、美濃地方の水利事業にも貢献し、明治19（1886）年7月21日没す、55歳。

川上貴行（かわかみ　たかゆき）
　遠州浜松の人。安永6（1777）年生まれ、三九郎と称す。大阪の小松恵龍に和算を学ぶ。文久元（1861）年10月没す、85歳。著書には『算法一題』（安政6年）、『扇面浅題一ケ条』などがある。

川北朝隣（かわきた　ともちか）
　天保11（1840）年5月16日江戸に生まれ、宗太郎、のち弥十郎と称し、字を有頂といい、立亭、立算堂と号す。初め御粥安本に関流算学を学び、元治元年内田五観に入門し研鑽、慶応4年別傳を得る。明治3年静岡藩学校に入り洋算を修め、6年陸軍省兵学寮十三等出仕（数学教官）、10年陸軍省文書十四等出仕、15年麹町に立算堂塾開き洋算を教授、19年数学協会設立、『数学協会雑誌』を発刊、25年陸軍省参謀本部測量部勤務し、大正8（1919）年2月22日没す、80歳。雪相院立算日朝居士。東京の善国寺に埋葬。著書には『精要算法解義』（元治2年）、『国府算額詳解』（慶応元年）、『浅致算法余論』（慶応3年）、『洋算発微』（明治5年）、『幾何必要勾股通』などがある。

河口商次（かわぐち　あきつぐ）
　明治36（1903）年4月8日熊本県に生まれ、北海道大学教授、退官後、日本大学教授、専門は微分幾何学、理学博士。テンソル学会を創設し会長、昭和59（1984）年7月30日没す、80歳。著書には『微分幾何学概要』『ヴェクトル解析学』『空間を識る』『図形教育』などがある。

川口　廷（かわぐち　ただす）
　明治41（1908）年6月8日東京に生まれ、東京学芸大学教授、のち名誉教授、専門は数学教育、日本数学教育会会長。平成8（1996）年1月11日没す、87歳。著書には『小学校算数科の指導計画』『算数教育現代化全書』『中学校数学科指導細案』『中学生の数学学習事典』などがある。

川口義訓（かわぐち　よしのり）
　信州小玉村（飯綱町）の人。源治郎と称し、竹内度道に算学を学び関流六傳を称す。明治15（1882）年没す。門人には大久保信重などがいる。

川久保勝夫（かわくぼ　かつお）
　昭和17（1942）年6月20日長野県に生まれ、大阪大学教授、専門は位相幾何学、平成11（1999）年4月24日没す、56歳。著書に『線形代数学』『微積分入門』『変換群論』『やさしい行列とベクトル』などがある。

川島隼彦（かわしま　はやひこ）
　明治14（1881）年生まれ、教育者、鹿児

島中学館（現鹿児島実業高校）を設立。昭和36（1961）年11月11日没す、80歳。著書には『算術計算法辞典』『新著代数講義』などがある。

川瀬重豊（かわせ　しげとよ）
清蔵と称し、長谷川数学道場の助教授。

川瀬恭孝（かわせ　やすたか）
著書には『天元術和解』などがある。

河田龍夫（かわだ　たつお）
明治42（1909）年2月20日和歌山県に生まれ、旧姓高橋といい、仙台高等工業学校教授、統計数理研究所長、東京工業大学、のち慶應義塾大学教授、専門は確率論、理学博士。東京工業大学名誉教授、平成8（1996）年8月2日没す、87歳。著書には『数理統計概論』『初等確率論』『統計学概論』『フーリエ解析と確率論』『定常確率過程』などがある。

川谷致真（かわたに　むねざね）
土佐藩士。宝永3（1706）年生まれ、貞六と称し、薊山と号す。谷垣守に天文暦学を学び、のち江戸に出て和算を学ぶ。宝永10年留守居組、13年9月日蝕を予測、明和6（1769）年10月7日没す、64歳。著書に『改旋新術』『起元演段』『授時改旋暦書』などがある。

川田保知（かわだ　やすとも）
著書には『算法極数小補解義』『続淇澳集』（文政12年）などがある。

川田保則（かわだ　やすのり）
久留米藩士。寛政8（1796）年7月13日生まれ、弥一右衛門と称し、字を士範といい、悟岡、九仭と号す。郡奉行、用人役をつとめる。久保寺正久に賛化流の算学を学び、維新後郷里の埼玉県成塚に帰り子弟を教育し、明治15（1882）年11月1日没す、87歳。

河田敬義（かわだ　ゆきよし）
大正5（1916）年1月15日東京に生まれ、東京大学、のち上智大学教授。整数論の専門でアメリカプリンストン高級研究所研究員をつとめ、理学博士、東京大学名誉教授、平成5（1993）年10月28日没す、77歳。著書には『自然数論』『確率論』『位相幾何学』『現代数学小径』『1930年以前のアメリカ数学史』『ホモロジー代数』などがある。

河内貞衛（かわち　さだひら）
上田藩士。応助、含三と称す。父武信に算学を学び、天保2年町見術を免許、父の跡を継ぎ藩に仕え、文久2（1862）年7月24日没す。

河内武信（かわち　たけのぶ）
上田藩士。応助と称し、木村盛治に和算を学び、藩の測量の任にあたり、文化4（1807）年7月26日没す。悟山俊道居士、上田の大輪寺に埋葬。門人には植村重遠などがいる。

川津定明（かわつ　さだあき）
惣吉と称し、総州青馬村に住む。実川定

賢に関流の算学を学び、文政4（1821）年8月小見川の夕顔観音堂へ算額を奉納。

河端道碩（かわばた　どうせき）
　美濃の人。名を祐著といい、京都に住み、初心者向け演段術の教科書『算法演段指南』（寛延2年）などを著す。

川幡泰吉（かわはた　やすよし）
　片倉村（八王子市）の人。元右衛門と称し、関流の算学を学ぶ。門人には青木算考、鈴木泰平、杉本安乗、綱木金布、森田扶正などがいる。

河原貞頼（かわはら　さだより）
　加納藩士。寛文5（1665）年生まれ、吉兵衛と称し、清水貞頼、源貞頼ともいい、滴水堂（滴翠堂）、鳳鸞子と号す。享保10年藩主の転封に従い松本に移り、江戸詰家老（五百石）をつとめる。清水貞徳に測量術を学び広めた。寛保3（1743）年3月22日没す、79歳。門人に小里頼章、松村正益などがおり、著書には『町見国図要録』（享保12年）、『規矩元法』『規矩要法口伝私録』などがある。

川原保吉（かわはら　やすよし）
　左右平と称す。算法に通じ、会田安明と親交があった。著書には『精要算法診解』『精要算法下之巻解』などがある。

河東田直正（かわひがしだ　なおまさ）
　寛政3（1791）年生まれ、混沌斎と号す。天保12（1841）年没す、50歳。著書には『星天図説』（文政6年刊）、『九数答術』（文政7年刊）などがある。

川辺信一（かわべ　しんいち）
　名古屋藩士。百野、百弥と称し、字を以清といい、南辰と号す。鳥居円秋に天文暦算を学ぶ。著書には『周髀算経図解』（天明5年刊）、『古暦不審考』などがある。

川辺庸長（かわべ　つねなが）
　相州酒匂川（小田原市）の人。峰蔵と称し、和田寧に関流の算学を学ぶ。天保5（1834）年正月芝の愛宕山へ算額を奉納。

河村知男（かわむら　ともお）
　明治44（1911）年12月23日東京に生まれ、慶應義塾大学教授、のち名誉教授、専門は統計数学。平成6（1994）年2月25日没す、82歳。著書には『高等数学』『一般教養数学の定理と問題』などがある。

河村寛綽（かわむら　ひろのぶ）
　盛岡藩士。天明7（1787）年生まれ、孫助と称し、環山と号す。志賀吉倫、のち江戸にて藤田嘉言、藤田定升に算学を学ぶ。嘉永4（1851）年12月6日没す、65歳。法樹院儀俺真道孝居士。著書には『実廉相乗法』『拾璣交商篇』などがある。

神田孝平（かんだ　たかひら）
　旧佐倉藩士。文政13（1830）年9月15日美濃に生まれ、孟格ともいい、淡崖と号す。文久2年蕃所調所数学教授出役、慶応2年12月開成所教授職、4年開成所頭取、明治

2年公儀所副議長、3年大学大丞、7年兵庫県令、10年10月東京数学会社初代総代、28年貴族院議員、男爵、西洋経済学を最初に移入紹介した啓蒙的官僚、明治31（1898）年7月5日没す、69歳。著書には『数学教授本』『経済小学』『和蘭政典』『経世余論』『田税新法』などがある。

願念寺賢恵（かんねんじ　けんえい）
　信州小国の小坂の人。浄土真宗の寺の七代目の住職。中西流木島図書右衛門に算学を学び、文化7（1810）年10月14日没す。門人には小川常詮などがいる。

願念寺典隆（かんねんじ　てんりゅう）
　信州小国の小坂の人。安永8（1779）年生まれ、浄土真宗の寺の住職。寛政5年正月次目御免。中西流小川常詮に算学を学び、安政4（1857）年5月1日没す、79歳。門人には東秀幸などがある。

神戸文夫（かんべ　ふみお）
　大正14（1925）年3月31日三重県に生まれ、三重大学教授、のち名誉教授、四日市大学教授。専門は科学教育数学、平成13（2001）年9月18日没す、76歳。

【 き 】

木内信安（きうち　のぶやす）
　田安家の臣。斧次郎と称し、神谷定令に関流算学を学ぶ。著書には『傳通院境内大黒天堂額解術』（文化7年）などがある。

菊池大麓（きくち　たいろく）
　旧津山藩士。安政2（1855）年正月29日箕作秋坪の次男に生まれ、菊池文隆の養子、理学博士、政治家、男爵。蕃書調所、開成学校に学び、慶応2年英国へ留学、明治10年父の実家を継ぎ、東京帝国大学教授、23年文部次官、貴族院議員、31年帝国大学総長、34年文部大臣、35年東京帝国大学名誉教授、41年京都帝国大学総長、理化学研究所初代所長となり、大正6（1917）年8月19日没す、63歳。谷中霊園葬。著書には『幾何学講義』『幾何学新教科書』『数理釈義』『平面解析幾何学』『論理略説』などがある。

菊地長良（きくち　ながよし）
　陸中薄衣村（一関市）の人。天明6（1786）年2月25日生まれ、初め成裕といい、宇太之丞、長太郎、のち善右衛門と称し、錦衣と字し、東雄、菊山老人、錦衣先生と号す。一関の千葉胤秀に算学を学び免許皆傳、江戸の出て長谷川寛、山路諧孝について研鑽し、日本橋馬喰町に塾を開く。老いて帰郷して安政6年郷里に天文暦算書を寄付し、明治5（1872）年2月6日没す、87歳。盤弘院東雄錦衣居士。著書に『十字環之解』（寛政6年）、『算法整数指南』（文化13年）、『算法徒然草』（弘化4年）、『整数奇術別法』（安政4年）などがあり、門人には伊藤裕春、小野寺良久、小野寺美良、金子昌良、吉田良鉤などがいる。

菊地方秀（きくち　ほうしゅう）
　盛岡藩士。弥右衛門（弥五衛門とも）称

す。明和頃山路主住に関流の算学を学び、盛岡に和算を興す。門人には阿部知義、木村長賢、下田直貞などがおり、著書には『神壁算法追加術解』などがある。

岸　俊雄（きし　としお）
　旧会津若松藩士。弘化元（1844）年生まれ、大学南校教官、大得業生。苟新館という塾を開き数学を教授、明治41（1908）年8月没す、65歳。著書には『幾何類題集』『西洋算法』などがある。

岸浪道房（きしなみ　みちふさ）
　七左衛門と称し、伊藤隷尾に和算を学び、弘化5（1848）年立春鹿島神社（角田市）に算額を奉納。

木島図書右衛門（きじま　ずしょえもん）
　安永7（1778）年家督を継ぎ、小国御扶持方三人扶持、天明2年定御普請方、のち火事場見量役を勤める。服部長職に中西流の和算を学び皆伝。天明4（1784）年没す。

岸　通昌（きし　みちまさ）
　奈良の人。与三右衛門と称し、一時、大阪南久太郎町四丁目に住む。著書には『算法得幸録』（安永2年刊）などがある。

岸　充豊（きし　みつとよ）
　天保14（1843）年上州平井村（藤岡市）の中村右衛門の長男に生まれ、岸浅吉の養子。幸太郎（光太郎とも）称し、斎藤宜義に和算を学び、関流八伝。明治28（1895）年5月8日没す、53歳。著書には『雑題点竄』『数理精括』などがある。

北尾次郎（きたお　じろう）
　嘉永6（1853）年7月松江藩医松村家に生まれ、藩医の北尾家の養子。東京帝国大学、のち農科大学教授、理学博士。明治40（1907）年9月没す、55歳。

喜多川孟敦（きたがわ　たけあつ）
　加賀大野の人。天保10（1839）年喜多川某の子に生まれ、松原一太郎の養嗣子。一記ともいい、勇松、のち五郎右衛門と称し、屋号を根布屋といった。算学に通じ教授、福田氏を嗣ぎ、慶応3年松原一太郎に養われる。明治3年藩吏となり測量に従事。明治28（1895）年12月没す、57歳。著書には『算法礎』（文久2年刊）、『約術雑解』などがある。

北川敏男（きたがわ　としお）
　明治42（1909）年10月3日北海道小樽市に生まれ、鳳淵と号す。九州大学、神戸大学、埼玉大学教授、理学博士。数理統計学、情報学が専門で統計科学研究会をおこし会長、退職後、富士通国際情報社会科学研究所長、九州大学名誉教授、平成5（1993）年3月13日没す、83歳。著書には『科学計画への道』『サイバネティックスす』『実験計画法講義』『品質管理論入門』『情報統計学』『推理統計学』などがある。

北川秀勝（きたがわ　ひでかつ）
　栃木の小俣村（足利市）の人。馬太郎と称し、大川栄信に最上流の算学を学び、文

化11（1814）年冠稲荷神社に算額を奉納。

北川孟虎（きたがわ　もうこ）

名古屋藩士。宝暦12（1762）年尾張鳴海の西尾伊衛門の嫡男に生まれ、初め西尾氏、文皮と字し、礼左衛門、西尾伊右衛門（12世）と称し、孟虎、曦山、九華園、松雲盧と号す。尾張藩士の北川氏を継ぎ、藩校明倫館書記。西尾喜宣、のち丸山良玄に和算を学び、御粥安本と共に尾張の和算家の第一人者、天保4（1833）年9月11日没す、72歳。著書には『神壁算法増補解』（享和元年）、『海島算経図解』（享和3年）、『当世塵劫記解』（文化10年）、『算法発隠』（文化12年刊）、『星渚先生対問』（文政元年刊）などがある。

北澤奉実（きたざわ　ともざね）

千右衛門と称し、江戸中橋に住む。北澤治正に宮城流の算学を学び免許。門人には越野義恭などがいる。

北澤治正（きたざわ　はるまさ）

信州川中島（長野市）の人。延享4（1747）年生まれ、市郎右衛門と称し、藤牧美郷に宮城流の算学を学び免許、天明6（1786）年没す、40歳。門人には山田勝吉、北澤奉実、赤田百久などがいる。

北　繁（きた　しげる）

明治41（1908）年9月12日生まれ、茨城大学教授、のち名誉教授、専門は統計数学。平成10（1998）年11月22日没す、90歳。著書には『幾何学演習』などがある。

喜多治伯（きた　じはく）

大和に生まれ、新七と称し、大阪に住んで医を業とする。京都の橋本吉隆、田中由寛に算学、測量を学び、元禄頃高取藩主植村家敬の命により「大和絵図」を作製。門人には大島喜侍などがいる。

北島協助（きたじま　きょうすけ）

大正3（1914）年7月26日生まれ、佐賀大学教授、のち名誉教授、専門は解析学。平成2（1990）年1月28日没す、75歳。

木谷忠英（きたに　ただひで）

肥前長崎の人。与一右衛門と称し、雪香と号す。長谷川寛・弘に和算を学ぶ。著書には『木谷忠英寅卯日記』『続算学小筌解』などがある。

北野由岐太

→　小出光教（こいで　みつのり）

北畠　暁（きたはた　さとし）

大正14（1925）年4月14日大阪の境市に生まれ、大阪市立大学教授、のち名誉教授。専門は数理統計学、推計学、平成16（2004）年4月25日没す、79歳。著書には『医療技術系のための統計学』などがある。

北原晴夫（きたはら　はるお）

昭和12（1937）年4月1日生まれ、金沢大学教授、のち名誉教授。専門は代数・幾何学、平成15（2003）年10月9日没す、66歳。著書には『行列と行列式』『可微分様体上の幾何学』などがある。

喜多通武（きた　みちたけ）

昭和20（1945）年7月5日生まれ、金沢大学教授、専門は関数論、平成7（1995）年4月15日没す、49歳。著書に『幾何関数論』などがある。

北見　衛（きたみ　まもる）

佐渡相川の人。見勇、玄勇、都矩、文政以降、阿都摩勇と称し、桂廼舎、星月、霽月と号す。下野宇都宮で空一流の算学を学び、文化元年江戸に出て教授し、のち市瀬惟長に最上流の和算を学び、文政初頭、佐渡へ帰り医を業とし、また金山の役人をつとめる。著書には『球題集』（文化5年）、『算学諸源集』『諸演段図解』『北見算集』などがある。

北村茂則（きたむら　しげのり）

延宝8（1680）年3月近江小柿村に生まれ、市兵衛と称す。伊藤家、のち小堀家に仕える。沢口一之に天文・和算を学ぶ。元文元（1736）年8月17日没す、57歳。著書には『八乗巾式』などがある。

北村泰一（きたむら　たいいち）

大正3（1914）年9月30日千葉県に生まれ、解析学を専攻、仙台工業専門学校、茨城大学教授、のち名誉教授。平成7（1995）年3月21日没す、80歳。著書には『基礎微分積分演習』『数学入門』『代数学』『数学新事典』『商人の子』『カラフト犬物語』などがある。

北村友圭（きたむら　ともよし）

明治9（1876）年生まれ、統計学の先駆者、群馬大学教授。昭和53（1978）年4月10日没す、102歳。著書には『実用高等数学綱要』『計算図表入門』『統計数学』などがある。

北村春吉（きたむら　はるきち）

明治30（1897）年3月1日滋賀県に生まれ、大阪女子短期大学教授、のち名誉教授。平成8（1996）年12月19日没す、99歳。著書には『代数幾何の鍵』『受験資料代数の鍵幾何の鍵』『数学演習』などがある。

北本　栗（きたもと　りつ）

越中高木村（富山市）の人。天保3（1832）年生まれ、与三八、半兵衛、のち半造と称し、字を行之といい、龍湖、知仰楼と号す。石黒信易の次男で高岡の北本氏を継ぐ。祖父（石黒信由）の代より和算家として知られ、嘉永6年富山藩絵図方手伝いとなり、安政6年江戸に出て、父及び内田五観に和算・測量術を学ぶ。明治以後は石川県会議員となり地租改正につとめ、明治19（1886）年9月20日没す、55歳。著書には『弧三角法醇』（文久3年）、『開成算法円理豁術表』『求積通解』『新考算法自問自答』などがある。

吉瀬源兵衛（きちせ　げんべえ）

信州飯島田切（飯島町）の人。吉源流と称した。明治12（1879）年没す。著書には『天元算法利伝記』（元治元年）などがある。

鬼頭史城（きとう　ふみき）
　明治35（1902）年6月26日名古屋市に生まれ、慶應義塾大学教授、のち名誉教授、専門は流体力学。平成3（1991）年1月11日没す、88歳。著書に『演算子法とラプラス変換』『応用数学』『工業数学序論』『熱流体の数学』『微分方程式解説』などがある。

木原貞勝（きはら　さだかつ）
　久留米藩士。寛政11（1799）年生まれ、元平と称し、関流算学に通じ、明治12（1879）年没す、81歳。著書には『求弧積簡法』『量地象限儀術簡法』などがある。

木村貞正（きむら　さだまさ）
　熊本の人。唯蔵と称し、藤田貞資に関流の算学を学ぶ。寛政7（1795）年7月大師河原大師堂へ算額を奉納。

木村林昱（きむら　しげてる）
　津和野藩士。寛政9（1797）年7月26日生まれ、俊左衛門と称し、南堆と号す。河村十郎左衛門に、のち堀田仁助、内田五観に算学を学び、文化11年藩校養老館の算術稽古手伝、天保13年稽古世話人、嘉永2年関流算学世話人となり、安政5（1858）年3月6日没す、62歳。門人に桑本清明などがおり、著書には『算法尖円豁通』（安政2年刊）『袖珍規矩』などがある。

木村俊房（きむら　としふさ）
　昭和4（1929）年3月13日前橋市に生まれ、東京大学教授、のち名誉教授、東京理科大学教授、専門は解析学。平成9（1997）年1月5日没す、67歳。著書には『常微分方程式』『常微分方程式の解法』『微分方程式の解析的研究』などがある。

木村尚寿（きむら　なおとし）
　江戸の人。定次郎と称し、延年と字し、陶々と号す。古川氏清の門人の竹井氏に和算を学び、のち古川氏一、更に白石長忠に従学。著書には、『温知算叢』（文政11年刊）、『不等算円窮理』（文政11年）、『算法点鼠初学抄』（文政13年）、『環円詳解』『雑問詳解』『算法容題解義』などがある。

木村長賢（きむら　ながかた）
　菊地方秀に関流の算学を学び、寛政6（1794）年6月岩手紫波町の志和稲荷社へ算額を奉納。

木村真紀（きむら　まさのり）
　津和野藩士。天保8（1837）年生まれ、木村林昱の子で父の跡を継ぎ、安政5年藩校養老館算術世話役、維新後は学校教員をつとめ家塾を開き、明治32（1899）年没す、63歳。

木村盛治（きむら　もりじ）
　信州上田の人。七郎右衛門と称し、井上直元に和算・測量を学ぶ。正徳元年家督を継ぎ、宝暦9年致仕し如水と号す。12（1762）年2月18日没す。門人には河内武信などがいる。

清原郁之進雅穎

→ 石井雅穎（いしい　まさかい）

桐村信雄（きりむら　のぶお）

　大正4（1915）年12月18日石川県に生まれ、昭和37（1962）年7月14日没す、46歳。著書には『微分積分学演習』『官・公・私立大学進学適性検査の研究と対策』などがある。

金田一勝定（きんだいち　かつさだ）

　弘化5年（1848）年2月12日盛岡に生まれ、和算に通じ、岩手軽便鉄道社長などをつとめ、大正9（1920）年12月31日没す、73歳。著書には『算法自問答』などがある。

金原　誠（きんばら　まこと）

　明治42（1909）年1月22日生まれ、九州大学教授、専攻は幾何学。昭和46（1971）年4月9日没す、62歳。著書には『ベクトル』『応用数学入門』などがある。

【く】

久賀道郎（くが　みちろう）

　昭和3（1928）年生まれ、東京大学、のちニューヨーク州立大学教授。専門は整数論、平成2（1990）年2月15日没す、61歳。著書に『ガロアの夢』『ドクトル・クーガーの数学講座』などがある。

久我師信（くが　もろのぶ）

　常州下館（筑西市）の人。右近と称し、白石長忠に関流の算学を学び、文政9（1826）年正月羽黒山清瀧寺へ算額を奉納。

日下　誠（くさか　まこと）

　江戸の人、寛永寺の寺侍。明和元（1764）年上総に生まれ、初め矢田喜惣太、鈴木誠政といい、のち田誠と称す。通称貞八郎、字を敬祖、五瀬と号す。本多利明、のち安島直円に算学を学び皆伝を得て、江戸麻布日窪に家塾を開き、関流和算正統を伝え、天保10（1839）年6月3日没す、76歳。覚真院観翁照道居士、谷中の多宝院に埋葬。門人に和田寧、内田五観、長谷川寛、白石長忠、御粥安本、小出兼政、大原利明などがおり、著書には『整数術解』（安永9年）、『線上累円術』（寛政2年）、『不朽算法』（寛政11年）、『関流別傳』（享和3年）、『関流伝書目録』（文化11年）、『算法楕円術』『五瀬先生通解』『累円題詳解』などがある。

草場公邦（くさば　としくに）

　昭和12（1937）年生まれ、東海大学教授、のち名誉教授。専門は代数学、平成20（2008）年10月31日没す、71歳。著書には『行列特論』『数学の考え方いろいろ』などがある。

串原正峯（くしはら　せいほう）

　江戸時代後期の人、右仲と称し、永峯、景岡、鶴岡ともいい、のち遠山氏。本多利明の高弟で、没年など不明。著書には『隠題解』（天明2年）、『夷諺俗話』（寛政4年）などがある。

楠　純一（くすのき　じゅんいち）

　昭和11（1936）年9月2日千葉県に生まれ、福島県立医科大学教授、専門は統計学。

平成12（2000）年1月8日没す、63歳。

葛谷実順（くずや　さねより）
　美濃の人。宝永5（1708）年生まれ、円右衛門と称し、字を子和。松永良の門弟の西塚重勝、また山本格安に算学を学び、名古屋で子弟を教授、宝暦2（1752）年3月10日没す、45歳。著書には『開宗算法』（寛保元年刊）、『井子算法』『通玄算法』などがあ利、門人には榎本章清、西尾喜宣などがいる。

久世義胤（くぜ　よしたね）
　文政5（1822）年越中下砂子村（富山市）の豪農の子に生まれ、源作と称し、字を中之、栄ともいい、明治3年央（なかば）と改名。高木允胤、石黒信基に和算を学び、明治8（1875）年7月12日没す、54歳。著書には『求積精粗案』（万延元年）、『梯塼積表』（元治元年）、『測量皆伝略』（慶応3年）などがある。

久津間清裕（くつま　きよひろ）
　笠間藩士。勘七、のち勘市郎と称す。宝暦9（1759）年12月24日没す。正覚院釈最勝義道居士。門人には津久井義年などがいる。

工藤昭夫（くどう　あきお）
　昭和3（1928）年2月東京に生まれ、九州大学、のち名誉教授、専門は数理統計学。平成15（2003）年2月3日没す、75歳。著書には『統計数学』（共著）などがある。

工藤弘吉（くどう　ひろきち）
　大正5（1916）年8月生まれ、大阪市立大学教授、のち名誉教授、専門は数理統計。平成15（2003）年1月26日没す、86歳。著書には『数理統計学』『確率の計算』などがある。

国井修二郎（くにい　しゅうじろう）
　明治39（1906）年3月7日京都府に生まれ、九州大学、京都大学教授。専門は応用力学、工業数学、理学博士。昭和40（1965）年2月5日没す、59歳。著書には『基礎数学講座』『数学演習講座』『力学』（共著）などがある。

国枝元治（くにえだ　もとはる）
　明治6（1873）年8月14日名古屋市に生まれ、東京高等師範学校、東京文理科大学教授、のち名誉教授、専門は解析学、理学博士。日本教育会会長などをつとめ、昭和29（1954）年9月11日没す、81歳。著書には『高等代数学演習』『代数学教科書』『幾何学教科書』『初等数学概要』『楕円函数論』などがある。

国元東九郎（くにもと　とうくろう）
　明治28（1895）年生まれ、学習院大学教授、昭和60（1985）年7月9日没す、90歳。著書には『算術の話』『直観幾何教授ノ理論ト実際』などがある。

国吉秀夫（くによし　ひでお）
　大正14（1925）年1月20日東京に生まれ、東北大学、宮城教育大学教授、のち名誉教

授、専門は整数論。平成11（1999）年11月19日没す、74歳。著書には『群論入門』などがある。

功力金二郎（くぬぎ　きんじろう）

明治36（1903）年2月20日山梨県に生まれ、北海道大学、大阪大学教授、のち名誉教授。退職後、京都産業大学、東京理科大学教授、理学博士。専攻は集合論、位相空間論で解析集合論を発展させ、昭和50（1975）年12月19日没す、72歳。著書には『解析学要論』『線形代数学』『微分積分学』（共著）などがある。

久保田勇夫（くぼた　いさお）

明治41（1908）年9月17日兵庫県に生まれ、近畿大学、奈良教育大学教授、のち名誉教授。専門は代数・幾何学、平成16（2004）年1月26日没す、95歳。

久保忠雄（くぼ　ただお）

大正5（1916）年12月28日兵庫県に生まれ、摂南大学、大阪大学教授、のち名誉教授。専門は解析学、平成元（1989）年9月7日没す、72歳。著書には『応用積分方程式入門』『基礎微分積分学』（共著）などがある。

窪田忠彦（くぼた　ただひこ）

明治18（1885）年2月27日東京に生まれ、第一高等学校、東北帝国大学教授、理学博士、退職後、統計数理研究所長。日本における幾何学の第一人者で、数学教育に尽力し、昭和27（1852）年10月31日没す、67歳。著書には『解析幾何学』『幾何学の基礎』『近世幾何学』『初等微分幾何学』『数学事典』『平面解析幾何学』などがある。

窪田知至（くぼた　ともちか）

岡山藩士。安永2（1773）年生まれ、浅五郎と称し、原田茂嘉に天文暦算を学び、文化2年岡山藩に召抱えられ、伊能忠敬に従い岡山地方を測量、天保9（1838）年7月27日没す、65歳。著書には『量周求積法』などがある。

窪田知道（くぼた　ともみち）

岡山藩士。文政7（1824）年3月生まれ、善之助、のち善之と称し、字を知伯といい、水哉と号す。初め祖父浅五郎及び片山金弥に算学を学び、幕府の命により安房北条詰の測量師となり、渋川景佑らに暦数・洋学も学ぶ。帰郷して藩校で教授し、嘉永4年以降新暦を作成し藩主に献上し、維新後は温知学校（のち岡山師範）などで教育に当たり、明治10（1877）年7月18日没す、54歳。著書には『計子算法』『算術手引算』『浅致算法解義』『楕円闡微』『点竄階梯』などがある。

久保田年采（くぼた　ねんさい）

但馬豊岡の幕末の人。内田五観の塾で和算を学び、図形についての計算を得意とした。著書には『円理称平術』『球類通考』などがある。

久保寺正福（くぼでら　まさとみ）

幕臣、江戸の人。忠太夫、辰之助、院平

などと称し、字を君覆、珥瓊。文化元年6月日光奉行支配組頭。古川氏清に至誠賛化流の算学を学び、師没後その子氏一が督学となる文政4（1821）年まで師の家塾の督学代理を務めた。著書には『勧事算法』（文政4年）、『類題五十条』（文政8年）、『算題十二条』（天保3年）、『神草算法』（元治元年）などがある。

久保寺正久（くぼでら　まさひさ）

幕臣。寛政7（1795）年生まれ、初め富之進、のち正之進と称し、珥琚と字す。兄と共に古川氏清、氏一に至誠賛化流の算学を学び、兄正福の跡を嗣ぎ、師の流儀を受け門弟を教育、文久3（1863）年没す、68歳。門人によって亀戸天神境内に寿碑が建てられた。著書には『極数小補』（文化14年）、『算法極数録』（文政2年）、『一席一題』（文政13年）、『算則解義』などがあり、門人には中村時萬などがいる。

熊倉義峯（くまくら　よしみね）

栃木片柳村（栃木市）の人。半五右衛門と称し、小笠原真計斎に和算を学ぶ。寛政3（1791）年没す。

熊ノ郷　準（くまのごう　ひとし）

昭和10（1935）年10月4日和歌山県に生まれ、大阪大学教授、専門は関数解析学。昭和57（1982）年8月24日没す、46歳。著書に『擬微分作用素』『偏微分方程式』などがある。

久間修文（くま　ひさふみ）

福岡藩士。寛政9（1797）年7月警固村に生まれ、太六、のち宅平と称し、坦斎、翫古堂と号す。文政10年江戸の長谷川寛に関流算法を、ついで広羽修古に横川流の算法を、江戸に出て長谷川寛に関流の算学を学び、文政10年帰郷し福岡で塾を開き、万延2（1861）年2月4日没す、65歳。聖福寺に埋葬。著書に『股勾弦鈔術百五十』（文化3年刊）、『東都気候書』（文政9年）、『算法麓巡』（天保3年刊）、『久間氏新術』（天保12年）、『神壁算法精解』（安政4年）などがあり、門人には大穂能一、臼井容胤、金子厚載などがいる。

隈本有尚（くまもと　ありなお）

万延元（1860）年6月7日久留米に生まれ、明治7年9月宮本中学校算術三等助教、11年9月東京大学に入学、17年東京大学准助教授、18年福岡県立修猷館長、24年山口高等中学校教授、35年文部省視学官、38年4月長崎高等商業学校長となり、昭和18（1943）年11月26日没す、83歳。謙徳院篤実有尚居士。著書には『中等算術』『倫理学提綱』などがある。

公文　公（くもん　とおる）

大正3（1914）年3月26日高知市に生まれ、土佐高等学校教諭、数学教育を専門。昭和33年公文教育研究会を設立し会長、一大学習塾にそだて、平成7（1995）年7月25日没す、81歳。著書に『愛の算数教室』『公文式算数の秘密』『くもんの算数』などがある。

倉田令二朗（くらた　れいじろう）
　昭和6（1931）年3月25日丸亀市に生まれ、日本大学、九州大学助教授、専門は数学基礎論。新数学者集団の中心メンバーとして大学闘争を支援、平成13（2001）年8月8日没す、70歳。著書に『数学論序説』『数学と物理学の交流』『ガウス初等整数論』『ガロア方程式論』『入門数学基礎論』などがある。

倉持善治郎（くらもち　ぜんじろう）
　大正9（1920）年1月15日生まれ、北海道大学教授、のち名誉教授、専門は関数論。平成8（1996）年12月4日没す、76歳。著書には『リーマン面』などがある。

栗田宜貞（くりた　のぶさだ）
　幕臣。彦之助、彦之進、のち彦左衛門と称し、城南隠者、図南と号す。江戸麻布に住み、御数寄屋に勤務。初め木村清太夫に、のちその師日下誠について関流算学を学ぶ。著書には『関流伝書目録』（文化11年）、『算法地方大成斥非問答』（天保8年刊）、『則円原解集』などがあり、門人に関田信貞などがいる。

栗田久巴（くりた　ひさとも）
　享保頃の江戸の人、処助と称す。著書には『新編地方算法集』（享保5年刊）、『新編地方算法後集』（享保9年刊）などがある。

栗田　稔（くりた　みのる）
　大正2（1913）年8月23日静岡県掛川市に生まれ、第八高等学校、名古屋大学、のち名城大学教授。専門は微分幾何学、理学博士。名古屋大学名誉教授、平成11（1999）年12月25日没す、86歳。著書には『数学痛論』『数学概論』『応用微分方程式』『関数と写像』『行列とベクトル』『三角関数』『線形数学』『リーマン幾何』などがある。

栗田安之（くりた　やすゆき）
　幕府の御天守番。新蔵と称し、関流山路主住に師事し、主住四伝の一人と称される。門人に古川氏清などがおり、著書には『鉤股連円術』などがある。

栗原直保（くりはら　なおやす）
　埼玉県の幸松村（春日部市）に住み、傳三郎と称す。近道算術士、近道流算術を称し、明治36年6月春日部の観音堂に、40（1907）年12月東福寺に算額を奉納。

栗原修之（くりはら　のぶゆき）
　茂十郎と称し、八王子に住む。寛政4年（1792）3月日光山に算額を奉納。

栗本正明（くりもと　まさあき）
　津和野藩士。天保元(1830)年生まれ、才次郎と称し、毅山、衣泉堂と号す。木村林昱、のち江戸の出て内田五観に関流算額を学ぶ。文久3（1863）年没す、33歳。

栗山徳一（くりやま　とくいち）
　上田藩士。寛政7（1795）年生まれ、庄兵衛と称し、恵一ともいう。竹内武信に、のち江戸に出て日下誠、和田寧に関流の算

81

学を学び、江戸麻布に住み、和算のほかト筮を教え、安政3（1856）年2月18日没す、62歳。

久留島義太（くるしま　よしひろ）

備中松山藩士、のち延岡藩士。初め村上氏、主家断絶後、浪人して久留島氏を称す。通称を喜内といい、沾数（扇数）と号す。父村上義寄（和算家中西正好の門人）と共に大阪に住み、のち江戸に出て中根元圭に関流の算学を学び教授。享保15年5月平藩主内藤家に仕え、延享4年藩主の延岡へ転封に従い、宝暦4年致仕して（十五人扶持）江戸に住む。7（1757）年11月29日没す。著書に『平方零約之術』（享保11年）、『久留島先生答術之論』『廣益算梯』『方陣之法』などがあり、門人には山路主住などがいる。

〈参照〉『偉大なる和算家久留島義太の業績』（加藤平左衛門）

黒井忠寄（くろい　ただより）

米沢藩士。延享4（1747）年生まれ、半四郎と称し、幽量と号す。高橋将昌に中西流を、江戸にて藤田貞資に関流の算学を学ぶ。明和2年中西流免許、5年4月家督を継ぎ五石五十騎に入り、7年正月勘定頭、寛政元年6月六人年寄二百五十石、7年6月三百石となり、11（1799）年11月7日没す、52歳。門人には小川常詮、小林紀道、別府盛重、角熙、山吉満義などがいる。

黒川元興（くろかわ　もとおき）

上総相野谷村（富津市）の人。神社に算額を奉納し、上湯江村の宮城流川崎正行と算法をめぐり論争す。嘉永4（1851）年正月9日没す。

黒河龍三（くろかわ　りゅうぞう）

明治25（1892）年生まれ、第一高等学校教授、初等函数による表示能・不能を発表、昭和10（1935）年1月30日没す、43歳。著書には『高等立体幾何学通論』（共著）などがある。

黒木周記（くろき　ちかのり）

笠間藩士。文化12（1815）年生まれ、伊太郎、のち隆蔵と称し、甲斐廣永に和算を学ぶ。安政6年正月士格、文久2年5月算術丁見世話役となり、3（1863）年5月19日没す、49歳。

黒崎綱豊（くろさき　つなとよ）

文政12（1829）年下野玉田村（鹿沼市）の名主の家に生まれ、義三郎、のち八郎右衛門と称す。関流和算を片山綱宝に算学を学び関流十二代となり、明治2（1869）年1月3日没す、41歳。門人には高橋文貞などがおり、著書には『矩合的当集』『算法解括式』『略算見立集』などがある。

黒崎祀則（くろさき　としのり）

上州中里村（高崎市）の人。明和5（1768）年生まれ、九兵衛と称し、和算を石田玄圭に学び、天保10（1839）年没す、72歳。著書には『算法解義』などがある。

黒崎彦八（くろさき　ひこはち）

栃木塩谷郡安沢村（矢板市）の人。明治15（1882）年7月『民家必要算法独学』を出版。

黒澤　誠（くろさわ　まこと）
明治37（1904）年12月12日陸前高田に生まれ、岩手師範学校、岩手大学教授、のち名誉教授。専門は数学統計、数学教育法、平成4（1992）年5月19日没す、87歳。著書には『教育の夜明け』などがある。

黒須康之介（くろす　こうのすけ）
明治26（1893）年2月1日埼玉県に生まれ、海軍機関学校、東京高等学校、のち立教大学教授。専門は解析学、特に変分法に優れた業績を残し、昭和45（1970）年2月18日没す、77歳。著書には『三角法入門』『複素数』『平面立体幾何学』などがある。

黒須利庸（くろす　としつね）
仙台の人。祐吾と称し、和算を武田司馬に学ぶ。著書には『覚夢算法』（弘化3年）などがある。

黒田有良（くろだ　ありよし）
埼玉郡大房村（越谷市）に住み、半七郎と称し、関流の算学を学ぶ。文久2（1862）年74歳という。門人には高階貴明などがいる。

黒田成勝（くろだ　しげかつ）
明治38（1905）年11月11日東京に生まれ、東京女子高等師範学校、名古屋帝国大学、のちメリーランド大学教授。専門は整数論、数学基礎論、理学博士。名古屋大学名誉教授、我が国の数学基礎論の創始者。昭和47（1972）年11月3日没す、66歳。著書には『数学基礎論』『集合論』『整数論』などがある。

黒田孝郎（くろだ　たかお）
大正2（1913）年8月8日名古屋市に生まれ、東京物理学校、東海科学専門学校、北海道大学、のち専修大学教授。専門は数学教育、科学史。数学教育協議会副会長、日本科学史学会会長をつとめ、平成3（1991）年12月7日没す、78歳。著書には『親と教師の算数教室』『計算の数学』『高等数学階梯』『小学生算数事典』『新数学対話』『数学と人間の歴史』『文明における数学』などがある。

黒田　正（くろだ　ただし）
明治45（1912）年生まれ、東北大学、東京工業大学教授、のち名誉教授。専門は関数論・ポテンシャル論。平成16（2004）年1月21日没す、91歳。著書には『微分方程式の解法』『応用偏微分方程式』『複素解析と多様体』『複素関数概説』などがある。

黒田朝方（くろだ　ともかた）
謙斎と号し、至誠賛化流の算学に通じ、門人に織田忠長などがいる。

黒田　稔 → **伊達木稔**（だてぎ　みのる）

黒松貴代秀（くろまつ　きよひで）
大正7（1918）年2月10日奈良県に生ま

れ、大阪の小学校校長、平成9（1997）年4月7日没す、79歳。著書に『やさしい数の世界』などがある。

桑本正明（くわもと　まさあき）
　津和野藩士。文政13（1830）年生まれ、才次郎と称し、毅山、衣帛堂と号す。木村林昱に和算を、吉木蘭斎に蘭学を学び、嘉永2年藩校養老館の数学世話方、5年江戸に出て内田五観に入門、安政4年帰国し、養老館師範となり、文久3（1863）年10月2日没す、34歳。著書には『理数合符説』（嘉永7年）、『算法尖円割通』（安政2年刊）、『関流算法学習記』『適尽方級法解』などがある。

【け】

玄葉栄吉（げんは　えいきち）
　天保7（1836）年生まれ、家塾を開き門弟に和算を教授し、明治45（1912）年2月2日没す、77歳。

剣持章行（けんもち　あきゆき）
　寛政2（1790）年11月3日上毛吾妻郡沢渡の農家に生まれ、要七、要七郎と称し、字を成紀といい、豫山と号す。小野栄重に和算を学び、文政7年10月上州清水寺観音堂に算額を奉納、50歳前後に家督を弟に譲り、江戸に出て日下誠、内田五観に師事し、関流七伝を受く。円理密術の第一人者となって、現在の関東地方を遊歴し教授した。統計術、不定方程式の研究に力をそそぎ、数学的直感性と計算力に優れていた。明治4（1871）年6月10日没す、82歳。古城村鏑木（佐倉市）の山崎家の墓地に埋葬。著書に『側円正背術解』（文政12年）、『算法円理冰釈』（天保元年刊）、『探賾算法』（天保10年刊）、『量地円起方成』（嘉永6年刊）、『算法約術新編』（文久2年）などがあり、門人には明野栄章、石神満房、石島直貞、岩井豊勝、立原義兼、中曽根宗邦、原尚芳、山口言信などがいる。

【こ】

小池友賢（こいけ　ともかた）
　水戸藩士。天和3（1683）年生まれ、伊之介、七左衛門、のち源太左衛門と称し、字を伯純といい、桃洞と号す。中村篤渓の門に学び、元禄13年正月史館に勤め、14年11月右筆、享保2年2月父隠居して家督を継ぎ百石、4年7月百五十石小納戸役史館総裁を兼ね、8年正月二百石、10年12月大小姓となり通事を勤め総裁を免ぜらる。15年正月持筒頭の列となり史館総裁を兼ね、元文4年12月病によって寄合組、5年4月天文御用を勤め、宝暦3年正月老齢をもって致仕本録の内五十石を隠居料とす。藩命を受けて建部賢弘、渋川春海、中根元圭に天文暦数を学び、藩内に暦数の学を興す。4（1754）年閏2月3日没す、72歳。著書に『経世天地始終之数図』（享保8年）、『甘棠遺談』（享保15年）、『亥字俗解』（元文5年）、『陰陽志』『桃洞随筆』などがあり、門人には大場南湖などがいる。

小池透綱（こいけ　ゆきつな）

摂津の人。伊助と称し、福田金塘に算学を学ぶ。著書には『算題雑解前集』（天保14年刊）などがある。

小泉四郎（こいずみ　しろう）
　明治35（1902）年11月15日長野県に生まれ、専攻は応用数学、回路理論、早稲田大学教授、のち名誉教授、工学博士。昭和63（1988）年2月23日没す、85歳。著書に『応用函数論及びマトリックス代数』『演算子法と多端子回路網理論』などがある。

小泉則之（こいずみ　のりゆき）
　清水家家臣。六郎兵衛と称し、字を士善といい、影山、鼎山と号す。江戸に住み、深津喜之につき、のち日下誠に算学を学び、さらに文政3（1820）年和田寧に入門して円理裔術を受けた。著書に『垛術解』『累円個数術』などがあり、門人には伊部直珊、向後義盛などがいる。

小泉光保（こいずみ　みつやす）
　京都の人。字を景林といい、松卓、幹支軒、南山と号す。紀州高野山に住み、井口常範に学び、暦数に長じた。著書には『頭書長暦』（貞享5年刊）、『簠簋日用大成』（元禄3年刊）、『授時暦図解』（元禄10年）、『撰日教要録』（享保元年刊）、『簠簋秘訣伝』（享保3年）などがある。

小泉理永（こいずみ　りえい）
　足立郡梅田村（東京都足立区）の人。安永7（1778）年生まれ、字を寧夫といい、大原利明に算学を学び、文政8年算額を奉納、天保15（1844）年8月4日没す、67歳。算遊智翁寧夫信士。

小出兼政（こいで　かねまさ）
　徳島藩士。寛政9（1797）年8月27日生まれ、長十郎と称し、字を修喜といい、眉山と号す。文化2年父の跡目を継ぎ、宮城流の算学を阿部旗十郎、恒川徳高に学び、文政2年2月皆伝し、さらに8年江戸に出て日下誠に関流の和算を、最上流を会田善左衛門に、和田寧に円理を学んで、天保6年には幕府天文方渋川景佑に入門、8年徳島藩に復し御蔵所手代勤向となり、慶応元（1865）年8月17日没す、69歳。修算院自達居士。徳島の善学寺に埋葬。著書に『演段指南』（文政元年）、『八線表起源』（文政10年）、『測量法』（天保7年）、『円理算経』（天保13年）、『赤経高弧交角術解』（文久元年）などがあり、門人には阿部有清、小出光教、福田理軒、彦坂範善などがいる。
　〈参照〉『小出長十郎先生伝』（小出植男）

小出光教（こいで　みつのり）
　徳島藩士。文政3（1820）年11月生まれ、数藤宜陳の四男で、北野由岐太、のち由岐左衛門と称し、光孝ともいう。18歳のとき小出兼政に入門し算学を学び、30歳のとき養子。江戸で内田五観に算学を学び、養父（兼政）の跡を継ぎ、慶応2年小姓格、櫨奉行、天文算術御用兼任、讃岐師範学校助教授となり、明治9（1876）年10月18日没す、57歳。著書には『楕円貫法矩線表』（天保12年）、『蠟蘭埵暦歩法』（嘉永5年）、『楕円内容四円術起源』（安政2年）、『西

洋暦法和解』などがある。

纐纈ハル（こうけつ　はる）
　美濃羽島郡笠松村の人。天保5（1834）年生まれ、和算に通じ旧郡代屋敷の役人に算術を教え、女性和算家として知られる。

幸田親盈（こうだ　ちかみつ）
　幕臣。元禄5（1692）年前橋に生まれ、孫右衛門、文之助、のち友之助と称し、子泉と号す。中山親繁の子で、幸田正信の養子。正徳2年6月家を継ぎ、元文2年6月小十人組頭、西丸広敷勤番等をつとめる。中根元圭に天文暦算を学び継承し、宝暦8（1758）年12月8日没す、67歳。止居院慈潤睿学同聡居士。埼玉郡中馬場の妙光寺に埋葬。門人に今井兼庭、千葉歳胤などがおり、著書には『八線表解義術意』（享保17年）、『推積年日法術及類法』（享保19年）、『天文大成』『白山暦解義』などがある。

国府田恒夫（こうだ　つねお）
　明治45（1912）年2月19日東京に生まれ、上智大学教授、昭和56（1981）年6月12日没す、69歳。著書に『計量経済学序説』『統計学序説』（訳本）などがある。

神津道太郎（こうづ　みちたろう）
　弘化3（1846）年信州佐久に生まれ、明治5年教導団、東京で数学塾を開き、のち内務省地理局に勤務、23（1890）年9月18日没す、44歳。著書には『小学用算術書』『筆算摘要』『続筆算摘要代数学』などがある。

河野伊三郎（こうの　いさぶろう）
　明治38（1905）年8月1日神奈川県に生まれ、新潟高等学校、のち新潟大学教授。平成6（1994）年没す、89歳。著書には『概週期函数論』『メンタルテスト』『位相空間論』などがある。

河野通礼（こうの　みちあや）
　京都の人。明和9（1772）年5月2日生まれ、本姓を越智、主計之助と称し、字を子典といい、龍岡と号す。河野通遠の養子、寛政12年宮内少丞、内舎人、文化元年正六位上、6年東宮侍者、7（1810）年10月3日没す、39歳。門人に茶谷康哉（実寿）などがおり、著書には『八線長根新術』（享和2年）、『天渾新語』（文化元年刊）、『応元暦診解』『暦算源流』などがある。

河野通重（こうの　みちしげ）
　常陸那珂郡の人、金十郎と称す。著書には『以呂波算四十八集』（天保17年刊）などがある。

河野通義（こうの　みちよし）
　加賀藩士。寛政3（1791）年生まれ、久太郎と称し、淡水と号す。文政10年家督を継ぎ、石黒信由の和算を、本多利明に測量を、黒河良安に天文暦学を学び、高島流砲術を村上定平について修め、中条流の剣法、大坪流の馬術などにも通じ、嘉永4（1851）年6月28日没す、61歳。著書には『製八線対数表法』（文政11年）、『直線三角往来』（天保8年）、『量地直弧之異術』などがある。

古賀軍治（こが　ぐんじ）

明治28（1895）年生まれ、学習院大学教授、のち名誉教授。昭和46（1971）年8月22日没す、76歳。著書には『解析幾何学要綱』『微分積分学要綱』などがある。

古賀昇一（こが　しょういち）

明治44（1911）年8月2日韓国ソウルに生まれ、広島大学教授、のち名誉教授。専門は数学教育学、平成5（1993）年6月22日没す、81歳。著書には『方程式の指導』『算数・数学教育におけるエンリッチメント教材開発』などがある。

御粥安本（ごかゆ　やすもと）

名古屋藩士。寛政6（1794）年生まれ、猪之助、のち甚八と称し、字を君修といい、著隻、太液と号す。四谷伊賀町に住み、和算家菊間直之、師没後、日下誠に学ぶ。また白石長忠を通じて和田寧の円理豁術を受け、関流六伝を称す。尾張における和算の第一人者、文久2（1862）年2月4日没す、69歳。曦山華翁居士。新宿の西応寺に埋葬。著書に『側円解義』（文政8年）、『算法浅問抄』（天保11年刊）、『続神壁算法解義』（元治元年）などがあり、門人には小川定澄、梅田政祐、川北朝隣、平野長房、三輪恒徳、山本貴隆などがいる。

国分高敬（こくぶ　たかのり）

仙台の人。中西流算法を早井巳之助に学ぶ。著書には『算法初学』『九数例題』『算法鉤股比例法』などがある。

国分高廣（こくぶ　たかひろ）

仙台藩士。文政11（1828）年生まれ、初め佐伯氏、是広といい、彦三郎と称し、亀水庵、推数堂生芽と号す。中西流算法を早井巳之助に学び、仙台藩の文学生となり、維新後は家塾で和算を教授し、明治29（1896）年4月26日没す、69歳。著書には『算法象数初問』『算法直差法』『算法約術集』『方陣之法』などがある。

小樽　謙（こぐれ　けん）

上州高崎の人で江戸に住む。初め高橋氏、小樽氏為の養子。安兵衛と称し、字を益甫といい、藤樹と号す。長谷川寛に関流の和算を学ぶ。著書には『大全塵劫功記』（天保3年刊）などがある。

木暮則道（こぐれ　のりみち）

上州伊香保の人。八左衛門と称し、安原千方に関流の算学を学び、安政5（1858）年10月伊香保湯前宮へ算額を奉納。

小坂貞直（こさか　さだなお）

七蔵と称し、空一流和算家の始祖である徳久好末の門弟。著書には『空一算学書』（天和3年刊）などがある。

小澤政敏（こざわ　まさとし）

水戸藩士。宝暦5（1755）年生まれ、次郎吉、のち多門と称し、叔道、叔通と字して蘭江と号す。大場南湖、のち山路徳風に関流算学を学び、天明元年10月天学出精にて歩行士史館勤めとなり、7（1787）年8月13日没す、33歳。駒込の浩妙寺に埋葬。

著書には『算籌百好術』『算法指南』(安永6年)、『宋元嘉暦見行草』(天明6年)などがある。

小澤正容(こざわ　まざやす)

水戸藩士。明和4 (1767) 年松岡正言の次男に生まれ、正ともいい、市二郎と称し、字を子恭。内藤貞久、のち山路徳風に関流算学を学び、寛政4年9月小澤忠明の養子、5年2月水戸彰考館史生となり、文化2年6月歩行士、3 (1806) 年4月15日没す、40歳。著書には『授時暦南北差考』(寛政6年)、『元嘉暦草』(寛政12年)、『算家譜略』(寛政13年)、『大衍暦草』(文化元年)などがある。

越　昭三(こし　しょうぞう)

昭和3 (1928) 年11月18日北海道小樽に生まれ、岡山大学、北海道大学、のち名誉教授、北海道工業大学教授。専門は関数解析学、平成15 (2003) 年7月11日没す、74歳。著書には『函数解析学の研究』『函数空間の研究』『微分積分学要論』『初等確率統計学』『フーリェ解析と順序構造』などがある。

越塚重郷(こしつか　しげさと)

上州山田郡忍山(桐生市)の人。安永8 (1779) 年生まれ、松次郎と称し、大川栄信に最上流の和算を学び、文政11年2月足利の鑁阿寺に算額を奉納、嘉永3 (1850) 年没す、71歳。

小柴善一郎(こしば　ぜんいちろう)

大正15 (1926) 年1月11日三重県に生まれ、東海大学、大阪大学、のち信州大学教授。専門は解析学、平成16 (2004) 年5月26日没す、78歳。著書には『数学漂流記』などがある。

越野義恭(こしの　よしやす)

為之進と称し、江戸中橋広小路に住み、北澤奉実に宮城流の算学を学び免許。

小島好謙(こじま　こうけん)

阿波徳島の人。宝暦11 (1761) 年生まれ、九右衛門、のち典膳と称し、牧卿と字し、涛山と号す。京都に上り麩屋町六角北に住み、中根流暦算を学び、土御門家の都講を務め、和歌も善くし、天保2 (1831) 年7月21日没す、71歳。著書には『仮名暦本名頒暦略注』(文化3年)、『仏國暦象辯妄』(文化15年)、『捷径暦書』(文政元年)、『地震考』(文政13年刊)などがある。

小島鉄蔵(こじま　てつぞう)

明治19 (1886) 年12月三重県に生まれ、服部氏。東北帝国大学教授、「小島・シューア・テゴリックの定理」が有名、理学博士。大正10 (1921) 年4月7日若くして没す、35歳。

古関健一(こせき　けんいち)

大正6 (1917) 年10月11日新潟県に生まれ、金沢大学、岡山大学教授、理学博士。位相空間、境界ある曲面についての幾何学的な研究をし、昭和55 (1980) 年7月24日没す、62歳。著書には『単葉関数論』『集

合論的位相幾何学』などがある。

小平邦彦（こだいら　くにひこ）

大正4（1915）年3月16日東京に生まれ、頭脳流出第一号といわれた。プリンストン大学、ハーバード大学、スタンフォード大学教授、帰国し東京大学教授、のち名誉教授、退官後学習院大学教授。専門は代数幾何学、理学博士。日本人初のフィールズ賞、そして文化勲章を受章し、現代数学の育ての親の一人。平成9（1997）年7月26日没す、82歳。著書には『解析学入門』『幾何のおもしろさ』『数学の学び方』『複素解析』『複素多様体論』などがある。

小平吉男（こだいら　よしお）

明治36（1903）年3月30日長野県に生まれ、東京大学、のち明星大学教授。専門は応用数学、理学博士。気象研究所長、日本気象協会相談役をつとめ、昭和55（1980）年6月30日没す、77歳。著書に『計算法及び計算器械』『三角級数の応用』『物理数学』などがある。

小竹　武（こたけ　たけし）

昭和7（1932）年1月7日生まれ、東北大学教授、のち名誉教授、専門は偏微分方程式論。平成17（2005）年4月12日没す、73歳。著書に『大域解析における諸問題』『多様体上の微分解析』などがある。

児玉軌之（こだま　のりゆき）

中西流別所盛重に算学を学び免許、門人には高橋則資、長谷部義蔵、長谷部行芳などがいる。

壺中隠者　→　千葉桃三（ちば　とうぞう）

後藤基一（ごとう　きいち）

美作の人。延享元（1744）年には岐阜城下に滞在。著書には『算経本義』（元禄15年）などがある。

後藤憲章（ごとう　けんしょう）

明治32（1899）年8月28日東京に生まれ、専門は統計学、総理府統計局主事、専修大学教授、昭和44（1969）年8月4日没す、69歳。著書には『実務家のための数理統計学』などがある。

後藤政紀（ごとう　まさのり）

文政13（1830）年成田郷部の大木与惣治の子に生まれ、後藤六右衛門の養子となる。富治郎、のち磯右衛門と称し、蒼斎と号す。山田宗勝、のち板倉勝正に和算を学び、農業に従事しながら算学を教授、明治2年成田不動へ算額を奉納、24（1891）年5月13日没す、62歳。著書には『珠算五百題』などがある。

後藤充豊（ごとう　みつとよ）

菅原恵迪に算学を学び、万延2（1861）年『数学氷解』を著す。

後藤安次（ごとう　やすつぐ）

天保7（1836）年生まれ、山形の七日町に住み、藤吉と称し、算斎と号す。高橋仲善、橋本守善に和算を学び、安政2年から

遊暦算家となり諸所を周遊、明治43年4月「算門学友会」を組織し、大正6（1917）年5月12日没す、82歳。山形の長源寺に埋葬、数理院無量算斎居士。門人には大内易直、大沼尚幸、梅津信安、丸子安孝、山川安国などがいる。

後藤保信（ごとう　やすのぶ）
　信州飯田の人。佐平多と称し、斎藤保定に関流算学を学び、安政2（1855）年7月飯田の一色神社へ算額を奉納。

後藤美之（ごとう　よしゆき）
　遠江の人。天明3（1783）年生まれ、又蔵、のち市左衛門と称す。安立新九郎に和算を学び免許。文久3（1863）年没す、81歳。

小西勇雄（こにし　いさお）
　明治45（1912）年6月17日富山県に生まれ、東京教育大学教授、のち名誉教授、大東文化大学教授。昭和58（1983）年11月18日没す、71歳。著書には『面積と積分』『初歩の解析幾何』『微積分の基礎』などがある。

小西重之（こにし　しげゆき）
　小右衛門と称し、和算に通じ、貞享3（1686）年京都北野天満宮に算額を奉納。

小林和直（こばやし　かずなお）
　米沢藩士。文化2（1805）年生まれ、五兵衛と称し、父紀道に和算を学ぶ。文政6年8月家督を継ぎ扶持方三人扶持10石、嘉永元年2月勘定頭、文久3年11月勘定頭取御中之間詰加俸十人扶持20石、明治元年正月146石余となり、11月致仕し、14（1881）年没す、76歳。門人には宮坂忠孝、吉川近徳などがいる。

小林義淑（こばやし　ぎしょく）
　天保4（1833）年生まれ、測量術を善くし、明治8（1875）年没す、43歳。著書には『算法阿釜団子二夾錐之編』『写形測器用法説』などがある。

小林薫一（こばやし　くんいち）
　明治34（1901）年生まれ、東京女子大学教授、のち名誉教授。専門は幾何学、昭和56（1981）年4月7日没す、80歳。著書には『最近幾何』『詳解演習解析幾何学』などがある。

小林惟孝（こばやし　これたか）
　高田藩士。文化元（1804）年生まれ、嘉四郎と称し、字を元礼といい、百哺、牙籌堂、蠖斎と号す。北越今町の人で浪華に住み、内田五観、福田理軒に和算を、小出兼政に暦学を学び、郷里の高田藩に仕え、藩校修道館などで教え、維新後は地租改正のため測量を指揮し、明治20（1887）年1月9日没す、84歳。著書に『算法童蒙発心』（文政10年）、『算法容術起源』（嘉永2年）、『順天堂算譜』（弘化4年刊）、『和洋普通算法玉手箱』（明治12年）などがあり、門人には河合祐貞、亀谷倉為孝、滝田在正、藤林為利などがいる。

小林貞真（こばやし　さだざね）

　山形白鷹村の人。文政3（1820）年生まれ、元木貞之に中西流の算学を学び免許、明治13（1880）年没す、60歳。

小林善一（こばやし　ぜんいち）

　明治39（1906）年1月23日埼玉県に生まれ、東京高等師範学校、東京教育大学、のち名誉教授、日本大学教授、理学博士。日本数学教育学会会長、のち名誉会長。数学教育に貢献し、平成3（1991）年4月6日没す、85歳。著書には『函数論』『詳解数学』『新制積分学』『ひとりで学べる数学』などがある。

小林高辰（こばやし　たかとき）

　信州赤沼河原田新田（長野市）の人。奉恭ともいい、松順と称す。山田勝吉、のち藤田貞資に算学を学び、関流五伝を称す。寛政7（1795）年11月長野の善光寺に算額を奉納。文化8（1811）年没す。門人には野口保敞、小林益吉、高津和隆、滝澤正信、西澤定頴などがいる。

小林忠良（こばやし　ただよし）

　小諸の人。寛政8（1796）年生まれ、茂吉と称し、字を弼卿といい、神山と号す。小諸荒町に住み農商。文化14年家督を継ぎ、町役人をつとめる。小諸藩士白倉松軒に、のち上田藩士竹内武信に関流の算学を学び、家業の傍ら算学を教授。天保3年5月北向観音堂へ算額を奉納、明治4（1871）年8月12日没す、76歳。成誉慈厚悟algún居士。著書に『算法瑚璉』（天保7年刊）、『測地新術』（嘉永4年）、『勧戒之器図説』（安政元年）などがあり、門人には長沼安定、大川英賢、奥村當信、永岡良周、西岡信義などがいる。

小林直清（こばやし　なおきよ）

　米沢藩士。天明6（1786）年生まれ、甚兵衛と称し、寛政11年家督を継ぎ組付御扶持方一人半扶持五石、文政9年與板組に入り、天保6年正月五人扶持15石。山家善房に中西流を学び、文化7年免許、小林紀道に関流算学を学び、文化13年免許、更に藤田嘉言、貞升に学んで天保5年関流別傳印可。万延元（1860）年没す、74歳。智徳院殿義應日仁居士。門人には大久保高明、小林和直、服部栄充などがいる。

小林致格（こばやし　のぶのり）

　信州水内郡長沼（長野市）の人。山田勝吉に宮城流、のち江戸の藤田貞資に関流の算学を学ぶ。門人には西澤定頴などがいる。

小林紀道（こばやし　のりみち）

　米沢藩士。明和6（1769）年生まれ、五兵衛と称し、黒井忠寄に中西流の算学を学び免許、のち藤田貞資に関流を学ぶ。天明元年家督を継ぎ、寛政9年9月江戸御納戸役右筆頭兼帯算術稽古、12年8月迄三番転相勤、享和3年6月長井文殊堂へ算額を奉納、文化14年御勘定頭江戸御番、文政6（1823）年没す、54歳。門人には小林直清、富樫茂應、永井政清、増田照清などがいる。

小林宝一郎（こばやし　ほういちろう）

明治27（1894）年9月27日山形県に生まれ、日本大学、専修大学教授。専門は統計数学、昭和56（1981）年12月3日没す、87歳。著書には『価格諸表』などがある。

小林幹雄（こばやし　みきお）

明治27（1894）年9月13日長野県に生まれ、東京都立大学、東京教育大学教授、のち東京理科大学、城西大学教授、東京教育大学名誉教授。昭和54（1979）年5月18日没す、84歳。著書には『軌跡』『複素数の幾何学』『解析幾何学演習』『数学要項集』『初等幾何学』『暮らしのなかの数学』などがある。

小林以一（こばやし　もちかず）

沖右衛門と称し、吉田了弘に関流算学を学び、安永7（1778）年正月上田の北向観音堂へ算額を奉納。

小林安高（こばやし　やすたか）

明治44（1911）年7月熊本県に生まれ、滋賀大学教授、のち名誉教授、専門は統計学。平成10（1998）年5月15日没す、86歳。著書には『一般応用統計学』などがある。

小林泰利（こばやし　やすとし）

信州伊那箕輪の人。文化3（1806）年生まれ、矢島敏克に算学を学び免許。安政6（1859）年没す、54歳。著書には『釣股勾配伝』（嘉永7年）などがある。

小林行昌（こばやし　ゆきまさ）

明治9（1876）年生まれ、日本経営学会理事長、商学博士。昭和19（1944）年6月2日没す、69歳。著書には『高等商業数学』『商業数学の常識』『外国為替の常識』『関税論』『内外商業政策』などがある。

小林義信（こばやし　よしのぶ）

長崎の人。慶長6（1601）年生まれ、樋口権右衛門、字を謙貞、乾貞という。林吉左衛門に天文暦学を学ぶ。オランダ流の測量術の祖という。天和3（1683）年12月24日没す、83歳。門人に嶋谷定重、平井雲節、山崎休也などがおり、著書には『二儀略説』などがある。

古原敏行（こはら　としゆき）

豊後杵築藩士。安永6（1777）年生まれ、三平と称し、二宮兼善、藤田嘉言に和算を学び、藩の計吏に登用され、文化5年勘定頭、天保5年藩主の子親直の教育掛となり、12（1841）年3月7日没す、65歳。著書に『立円積率』（文化10年）、『塵跡弧解』（文政13年）、『混沌招差』『分果術』などがあり、門人には古原之剛などがいる。

小比賀時胤（こひが　ときたね）

師陽と称し、多田弘武に和算を学ぶ。著書には『蕃薯解』（文化2年）などがある。

小樽安之進

→ **山本賀前**（やまもと　がぜん）

小堀　憲（こほり　あきら）

明治37（1904）年9月10日福井県三方町に生まれ、新潟高等学校、第三高等学校、

京都大学教授、のち名誉教授、京都府立大学学長、京都産業大学副学長。専門は関数論及び数学史、理学博士。平成4（1992）年12月8日没す、88歳。清光院碩学宗憲居士。南禅寺正因庵葬。著書には『大数学者』『アンリ・ポアンカレ』『十八世紀の自然科学』『微分方程式』『複素解析学入門』『物語数学史』などがある。

小松醇郎（こまつ　あつお）

明治42（1909）年3月21日長野県に生まれ、大阪市立大学、京都大学、のち東京理科大学教授。専門は位相幾何学、京都大学名誉教授、理学博士。平成5（1993）年6月11日没す、84歳。著書には『位相空間論』『いろいろな幾何学』『球面幾何学』『初等位相幾何学』『幕末・明治初期数学者群像』などがある。

小松隆真（こまつ　たかまさ）

長谷川数学道場に入門し、別伝免許を得た。

小松鈍斎（こまつ　どんさい）

広島藩士。寛政12（1800）年正月3日豊前小倉に生まれ、式部と称し、鈍斎、恵龍、無極子、冬扇斎、算天堂主人と号す。小倉の大聖院に住し、肥前田代大興寺五十一世権大僧都となったが、のち還俗。牛島盛庸に師事し和算を学び、江戸に出て内田五観に入門、諸国を遊歴して和算、天文を教え、安政5年嵯峨御所天文方となり、文久4年広島藩に抱えられて天文・測量・数学の任につき、慶応4（1868）年7月20日没す、

69歳。著書に『最上流秘書』（天保3年）、『京都問題集』（天保12年）、『異形同術』（天保14年）、『算法温故新撰』『無極子正平術』などがあり、門人には大島元信、大槻保右、大貫信秀、川上貴行、丹治程郷などがいる。

小松勇作（こまつ　ゆうさく）

大正3（1914）年1月2日金沢市に生まれ、東京工業大学、のち中央大学教授。専門は関数論、理学博士。東京工業大学名誉教授、平成16（2004）年7月30日没す、90歳。著書には『新編数学ハンドブック』『数学英和和英辞典』『一般函数論』『応用数学』『新編統計学』『新編微分積分学』『常微分方程式論』など多くある。

駒宮安男（こまみや　やすお）

大正11（1922）年10月14日横浜市に生まれ、九州大学、のち明治大学教授。専門は電子計算機基礎論、平成5（1993）年3月11日没す、70歳。著書には『コンピュータ基礎論』『最新電子計算機入門』『メタ・コンピュータ』などがある。

五味美一（こみ　よしかず）

明治41（1908）年9月20日長野県茅野に生まれ、信州大学教授、のち名誉教授、専門は解析幾何学。平成3（1991）年11月7日没す、83歳。著書には『図形の指導』『明日の教育を求めて』などがある。

小村松庵（こむら　しょうあん）

寿軒と号し、越中（富山）の人で20数年

間諸国を遊歴し、算学を指南。著書には『漢術和変』『積詰集』（元禄14年）などがある。

小森義貞（こもり　よしさだ）
　大阪の人。数蔵と称し、貫円斎と号す。天満寺町に住み、のち島町に移住。福田理軒に算学を学び、司天正となり、摂津正を称す。明治42（1909）年没す。著書には『算法稽古録』『算法諸角通術解』『本邦数理重心術詳解』（明治35年刊）などがある。

子安照隆（こやす　てるたか）
　天保2（1831）年6月3日山武郡正気村（東金市）に生まれ、幸三郎、のち七郎兵衛と称し、吟風庵と号す。植松是勝に和算を学び、安政5年6月免許、関流八世を称す。明治40（1907）年10月6日没す、77歳。

子安義一（こやす　よしかず）
　山武郡正気村（東金市）に生まれ、唯次郎、のち唯夫と称し、小川義勝に関流算学を学び免許。関流九伝を称し、埼玉の児玉町に住み、塾を開く。門人に子安義猛、子安義次などがいる。

近藤孝一 → **酒井孝一**（さかい　こういち）

近藤祐申（こんどう　すけのぶ）
　水戸藩士。享保10（1725）年生まれ、初め唯登といい、右馬之助、武兵衛、のち武大夫と称す。岡部理四郎の子で、享保19年10月養子。元文元年11月小普請組、延享4年10月小十人組、宝暦3年7月小池友賢に天文算学修行を命ぜられ、明和元年馬廻組、7年3月進物番となり、明和9（1772）年6月6日没す、48歳。

近藤鶩（こんどう　つとむ）
　明治21（1888）年6月17日生まれ、山口高等商業学校教授、専門は統計学。昭和30（1955）年没す、67歳。

近藤遠里
　→ **西村遠里**（にしむら　とおさと）

近藤信行（こんどう　のぶゆき）
　加賀藩士。寛政12（1800）年生まれ、兵作と称し、新規矩斎と号す。百八十石、頭並に列し勝手方を勤めた。関流の算学を中野続従に学び、藩校明倫堂の師範となる。明治6（1873）年11月11日没す、74歳。著書には『観音院奉額解術並批判』（文化12年）、『転写法之解』（天保3年）、『算学鉤致下巻解義』『摘要算法選』などがある。

近藤真琴（こんどう　まこと）
　鳥羽藩士。天保2（1831）年9月24日生まれ、名を誠一郎といい、芳隣と号す。高松譲庵に蘭学を、文久3年正月江戸に出て、矢田堀景蔵の塾に入り航海術、数学を学ぶ。軍艦操練所測量算術教授方、維新後は兵部省海軍操練所で教え、攻玉社学園を創立し、明治19（1886）年9月4日没す、56歳。著書には『航海教授書』『初等算術教科書』『幾何教科書』などがある。

近藤基吉（こんどう　もときち）

明治39（1906）年3月24日高知市に生まれ、九州大学、東京都立大学教授、のち名誉教授。専門は集合論、数学基礎論、理学博士。退職後、東海大学教授、昭和55（1980）年12月14日没す、74歳。著書には『代数学要論』『実函数論』『現代数学入門』『情報科学の展開』『微積分学』などがある。

近藤洋逸（こんどう　よういつ）

明治44（1911）年3月30日岡山市に生まれ、昭和高等商業学校（大阪経済大学の前身）、第六高等学校、岡山大学教授、のち名誉教授。科学思想史及び数学史の第一人者、文学博士。昭和54（1979）年5月22日没す、68歳。著書には『幾何学思想史』『近代数学史論』『初等数学の歴史』『デカルトの自然像』などがある。

〈参照〉『近藤洋逸数学史著作選集』
　　　（佐々木力）

今野武雄（こんの　たけお）

明治40（1907）年3月17日東京に生まれ、専修大学教授、衆議院議員。科学史家、数学普及に尽力し、平成2（1990）年3月29日没す、83歳。著書には『百万人の数学』（訳本）、『数学論』『補習微分学』『伊能忠敬』『科学思想史』『現代人の数学』などがある。

さ 行

【さ】

斎藤包径（さいとう　かねみち）
　江戸に住み、会田安明の門弟で最上流算法をよくした。著書には『算法切磋解義』などがある。

斎藤邦矩（さいとう　くにのり）
　信州山田村（上田市）の人、初名を善興といい、善兵衛と称し、上原信友、のち白石長忠、小野栄重に関流の算学を学び、文政11年9月信州北向観音堂に、天保5年2月千曲の八幡八幡神社へ算額を奉納。嘉永6（1853）年正月4日没す。門人には宮原政春などがいる。

斎藤慶一（さいとう　けいいち）
　昭和11（1936）年8月23日生まれ、筑波大学教授、専門は物理工学。昭和61（1986）年6月12日没す、49歳。著書に『工学系のための確率と確率過程』などがある。

斎藤偵四郎（さいとう　ていしろう）
　昭和7（1932）年生まれ、昭和56（1981）年没す、49歳。著書には『解析学の基礎』『基礎数学要論』などがある。

斎藤　亨（さいとう　とおる）
　大正6（1917）年2月東京に生まれ、東京学芸大学教授、のち名誉教授。専門は抽象代数学、平成3（1991）年11月17日没す、74歳。著書には『わかる合同と相似』『束論入門』（訳本）などがある。

斎藤歳詮（さいとう　としあき）
　山形の下金谷村の人。渡邊一に最上流の和算を学び免許。門人には名和保矯などがいる。

斎藤利弥（さいとう　としや）
　大正9（1920）年12月12日東京に生まれ、東京都立大学、東京大学、慶應義塾大学教授、のち名誉教授。理学博士、ウォーリックス大学、ミネソタ大学客員教授、河合塾校長。専門は解析学及び微分方程式論。平成10（1998）年12月2日没す、77歳。著書に『位相力学』『解析力学講義』『常微分方程式論』『微分方程式の話』『複素関数論入門』などがある。

斎藤宜長（さいとう　のぶなが）
　天明4（1784）年上州瀧川村（高崎市）に生まれ、代々坂井の豪農。四万吉と称し、字を子成、旭山と号す。小野栄重に和算を学び、文化12年12月高崎の清水観音堂に算額を奉納。のち江戸に出て坂部廣胖、日下誠に、天保2年和田寧に入門して円理豁術の伝を受けた。天保15（1844）年10月9日没す、61歳。著書に『解義算法』『四斜不

等極数術』『前球算法』『直円側円解』などがあり、門人には市川行英、斎藤宜義、中曽根宗邡、萩原信芳などがいる。

斎藤信芳（さいとう　のぶよし）
　三河吉田（豊橋市）の人。寛保3（1743）年生まれ、九郎兵衛と称し、字を中立、子和といい、芳川、一握堂と号す。船問屋を営み、渡邊半蔵、のち真木明雅に算学を学び教えた。文化元（1804）年4月1日没す、62歳。門人には斎藤元章などがいる。

斎藤宜義（さいとう　のぶよし）
　文化13（1816）年正月上州瀧川村（高崎市）に生まれ、長次郎、長平と称し、算象と字し、逐斎、東里、乾坤独楼などと号す。父宜長及び和田寧に和算を学び、斬新で高尚な問題を提起して和算家の目をひいた。明治22（1889）年8月9日没す、74歳。著書には『算法円理鑑』（天保5年）、『算法円理新々』（天保11年刊）、『新創三十弧術』（弘化3年）、『極数詳解』などがあり、門人には高橋簡斎、船津正武、岸充豊、などがいる。

斎藤信拠（さいとう　のぶより）
　信州佐久（佐久市）の香坂の人、七郎右衛門と称し、関五太夫に関流の算学を学び、文化元（1804）年3月千手観音堂へ算額を奉納。

斎藤尚仲（さいとう　ひさなか）
　安永2（1773）年奥州一関の農家に生まれ、尚中ともいい、繁之丞と称し、旭山と号す。和算を梶山次俊、渡辺一に、江戸に出て会田安明に最上流算学を学ぶ。出羽各地を巡り教授し、天保15（1844）年6月16日没す、72歳。良算良室庵主。著書には『算法額術起源』『算法整数術』『算法変換術起源』『算法容術起源』『斎藤尚中草稿』などがあり、門人には太田直孝、大滝光恭、斎藤尚善、鈴木重仲、高橋仲善などがいる。

斎藤尚善（さいとう　ひさよし）
　文政9（1826）年正月1日山形十日町に生まれ、雋ともいい、忠吉と称し、字を子栄、子永、碧山と号す。斎藤尚仲、高橋仲善に最上流和算を学び、師没後、関流長谷川寛に学ぶ。文久2（1862）年正月16日没す、37歳。良算院才誉勇哲居士。著書には『零約術雑題』（天保13年）、『計子新術』『初学天元術』（嘉永元年）、『算法雑集起源』『方円陣之法』（嘉永3年）などがあり、門人には茂木安英などがいる。

斎藤弘徳（さいとう　ひろのり）
　白河藩士。三二と称し、坂本玄斎に算学を学ぶ。安政6（1859）年冬白河境明神へ算額を奉納。

斎藤文作（さいとう　ぶんさく）
　元治元（1864）年生まれ、算学に通じ、家業を継承、明治25（1892）年若くして没す、29歳。

斎藤方之（さいとう　まさゆき）
　信州の人。竹内武信に和算を学ぶ。著書には『升高算梯』（天保3年）などがある。

斎藤致明（さいとう　むねあき）
　奥州小網木村（福島県川俣町）の人。利七と称し、佐久間纘に最上流の算学を学ぶ。慶應2（1866）年霜月小網木村鎮守へ算額を奉納。

斎藤元章（さいとう　もとあき）
　三河吉田（豊橋市）の人。明和2（1765）年生まれ、羽田野氏、九郎左衛門と称し、和算家斎藤信芳の養子となり跡を継ぐ。文化9（1812）年正月18日没す、48歳。著書には『一周零約類』『算法諸約術』『算法招差法』などがある。

斎藤保定（さいとう　やすさだ）
　信州長野原（飯田市）の人。安永5（1776）年生まれ、勇蔵、計高と称し、関流の算学に通じ、安政4（1857）年没す、81歳。門人には飯嶋保信、大野保造、後藤保信、斎藤利慶、田中在政などがいる。

斎藤善満（さいとう　よしみつ）
　上総天羽郡上村（君津市）の人。精蔵と称し、鈴木重昌に算学を学び、関流九伝を称す。門人には坂部清義、三澤俊廣、土橋道孝、土橋隆次などがいる。

佐伯義門（さえき　よしかど）
　天保12（1841）年3月15日岡山の矢掛村に生まれ、字を貞斎といい、雪溪と号す。安政3年2月より藤田秀斎に和算を学び、明治3年4月備中郷黌興讓館で数学を教授、5年12月東京に出て福田理軒に入門し研鑽、40（1907）年9月9日没す、66歳。著書には『算題愚問三条』などがあり、門人には佐藤貞次、佐藤宣度、藤代正明、守屋定直などがいる。

酒井栄一（さかい　えいいち）
　大正6（1917）年10月13日生まれ、金沢大学、のち金沢工業大学教授。金沢大学名誉教授、専門は解析学、特に関数論。平成14（2002）年1月5日没す、84歳。著書には『多変数関数論』『微分・積分』『複素解析とその境界領域の研究』『ラジコンヘリコプター入門』などがある。

坂井英太郎（さかい　えいたろう）
　明治4（1871）年4月1日東京に生まれ、山口高等学校、東京帝国大学教授、のち名誉教授。専門は数理物理学で微分積分学や解析学特論を担当し、理学博士。昭和23（1948）年5月4日没す、77歳。著書には『高等数学初歩』『高等解析特論』『微分方程式概要』『変分法』『解析幾何学』『微分積分学』などがある。

酒井孝一（さかい　こういち）
　大正元（1912）年11月22日愛知県に生まれ、旧姓近藤といい、東京都立高等学校、のち青山学院大学教授、専門は代数学で群指標の理論を研究、昭和56（1981）年3月13日没す、68歳。著書には『ベクトルと行列論』『代数学談話室』『整数論講義』『微分と偏微分』『無限級数』などがある。

坂井忠次（さかい　ただつぐ）
　明治40（1907）年2月6日名古屋市に生

まれ、松本高等学校、信州大学、のち成蹊大学、松本歯科大学教授。専門は数理統計学、昭和63（1988）年3月11日没す、81歳。著書に『級数への道』『グラフと追跡』『数理統計要説』などがある。

坂井　豊（さかい　とよ）
　明治28（1895）年3月6日島根県に生まれ、山口高等学校、島根高等女学校教授。御主人は坂本英太郎氏。平成元（1987）年12月12日没す、94歳。著書に『趣味の幾何学』『禅と数学』などがある。

坂入俊雄（さかいり　としお）
　明治36（1903）年11月1日東京に生まれ、東海科学専門学校、日本医大予科、のち東京電機大学教授、昭和49（1974）年1月29日没す、70歳。著書に『幾何入門』『計算技術入門』『高等代数学入門』『微分積分学入門』などがある。

坂口晃一（さかぐち　こういち）
　大正10（1921）年1月奈良県に生まれ、奈良教育大学教授、のち名誉教授。専門は応用数学、平成14（2002）年11月18日没す、81歳。

坂部清義（さかべ　きよよし）
　上総天羽郡上村（君津市）の人。斎藤善満に関流算学を学び、明治10（1877）年如月君津の吾妻神社に算額を奉納。門人には石井正統、白石正義、野呂田重蔵などがいる。

坂部廣胖（さかべ　こうはん）
　江戸の人。宝暦9（1759）年生まれ、戸田氏、山田氏ともいい、勇左衛門と称し、字を子顕、中嶽、澗水、晩成堂と号す。本多利明に学び、のち安島直円に師事。幕府の火消与力、のち浪人して専ら子弟を教授し、文政7（1824）年8月24日没す、66歳。浄林院舜学廣胖居士。著書に『数術山田集』（寛政7年）、『鉤股瀨沸』（寛政9年）、『立法算顆術』（享和3年）、『算法点竄指南録』（文化7年）、『今世地方算法』（文化8年）、『海路安心録』（文化13年刊）など多数あり、門人には斎藤宜長、剣持章行、岩井重遠、増尾良恭などがいる。

坂　正永（さか　まさのぶ）
　大阪の人。新蔵と称し、浪花島の内に住み、世々富商。麻田剛立に算数天文学を学び、天明年間幕府の司天官となり、江戸で没す。著書に『算法学海』（天明2年刊）、『二精評詮』『基応算法』『時憲暦図解』などがあり、門人には村井宗矩などがいる。

坂本詮明（さかもと　せんめい）
　江戸の人。数左衛門と称し、温故館、玄斎と号す。和算、測量に長じ、最上知新流の祖を称す。安政の頃白河藩に来たり弟子を教授。著書には『最上知新流数学階梯記』（万延2年）などがあり、門人には市川方静などがいる。

坂元平八（さかもと　へいはち）
　大正3（1914）年8月16日鹿児島県に生まれ、神戸大学教授、慶應義塾大学教授、

のち名誉教授。専攻は数理統計学、平成16（2004）年4月14日没す、89歳。著書には『応用統計学』『抜取検査法』『新しい抜取検査法の理論と実際』（共著）などがある。

坂本正義（さかもと　まさよし）
　宝暦元（1751）年生まれ、武州小金井村の算師、六左衛門と称す。天保11（1840）年12月16日没す、89歳。

坂本祐左衛門（さかもと　ゆうざえもん）
　肥後八代（八代市）の人。熊本藩士池辺某に和算を学び、天保13年八代で数学師範役となる。安政7（1860）年3月6日没す。

阪本亮春（さかもと　りょうしゅん）
　安永元（1772）年上州棟高村（群馬町）に生まれ、丹治といい、石田玄圭に学び、師の算学を継承し、関流六伝を称す。安政4（1857）年3月6日没す、86歳。天算徳翁亮春居士。著書には『自問自答政』（嘉永6年）、『当世塵劫記』（弘化4年）、『諸約術解』などがあり、門人に木暮義備、都木信一、渡辺雅春などがいる。

鷺野谷国親（さぎのや　くにちか）
　栃木芳賀郡阿部品村（二宮町）の人。弘化2（1845）年生まれ、富太郎と称し、広瀬国治、のち仁平静教に和算を学び、明治9年真岡の大前神社、14年に阿部品の八幡神社、21年には樋口（下館）の雷神社に算額を奉納、33（1900）年2月8日没す、65歳。

佐久間脩（さくま　おさむ）
　奥州石森村（田村市）の人。九内之介と称し、父纘に最上流の算学を学ぶ。天保13（1842）年三春文殊堂へ算額を奉納。

佐久間謙（さくま　けん）
　明治13（1880）年7月10日宮城県に生まれ、東京理科大学、青山学院大学、日本大学教授、昭和25（1950）年6月10日没す、69歳。著書には『立体幾何学講義』『代数学講義』『やさしいくわしい代数学』『やさしいくわしい幾何学』などがある。

佐久間綱治（さくま　こうじ）
　磐城三春（三春町）の人。嘉永5（1852）年5月16日生まれ、子徳、顕哉と字し、寧庵と号す。父纘に最上流の和算、測量術、漢学などを学び、明治元年父と共に地図取締方、5年に村長などをつとめ、6（1873）年8月17日没す、22歳。著書には『算法天生法初学容題集』『算法追福集』などがある。

佐久間光豹（さくま　こうひょう）
　盛岡藩士。安永8（1779）年生まれ、宇助、のち隼太と称し、温知斎、忘憂斎、立斎と号す。志賀吉倫に和算を学ぶ。嘉永7（1854）年3月23日没す、76歳。立斎智道居士。著書には『整数集』（享和元年）、『造暦捷術』（天保6年）、『求故蝕限』（天保15年）、『算法雑記』（嘉永3年）などがあり、門人には横川直胤などがいる。

佐久間尊義（さくま　たかよし）

奥州東新殿村（二本松市）の人。多左衛門と称し、佐久間纘に最上流の算学を学ぶ。嘉永3年佐久間家産生神へ、元治元（1864）年9月には岩代町の新殿神社へ算額を奉納。

佐久間纘（さくま　つづき）

磐城三春藩士。文政2（1819）年12月15日石森村に生まれ、典九郎、のち次郎太郎と称し、字を正述、庸軒と号す。天保5年9月家督を継ぎ、給地三石の在郷給人。和算家である父質（正清）の影響をを受けて和算の道に志し、天保7年5月二本松の渡辺一に師事して最上流を究め、13年西宮大神宮へ算額を奉納、弘化3年山形の高橋吉右衛門に測量術を学ぶ。万延元年7月藩の算術教授となり御徒士格、明治元年三春藩の地図取調方、3年7月算術師職、9年庸軒義塾を開いて門弟を教授し、29（1896）年9月27日没す、78歳。庸犀院寿纘寛量居士。船引町の慶長寺に埋葬。著書には『算法算学起源』（嘉永2年）、『当用算法』（嘉永7年）、『算法単式術』（安政3年）、『算法指南』（安政5年）などがあり、門人に佐久間綱治、伊藤直記、佐藤元竜、真田重定、江月寛宥、橋本慶明などがいる。

佐久間正清（さくま　まさきよ）

磐城三春の人。天明6（1786）年生まれ、質といい、圭之丞、のち杢之進と称し、朴斎、水月庵と号す。会田安明、渡辺一に最上流の算学を学ぶ。文化6年5月三春大元神社へ算額を奉納、嘉永7（1854）年2月16日没す、68歳。水月庵剛毅朴斎居士。門人には西尾信任、真壁直朗などがいる。

桜井群祇（さくらい　ぐんぎ）

文政11（1828）年生まれ、兵馬と称し、栃木芳賀郡小貝村（市貝町）の神官、甲斐廣永、本郷保重に関流の算学を学び、明治31（1898）年没す、70歳。

桜井節義（さくらい　ともよし）

上州剣崎村（高崎市）の人。金吾と称し、岩井重遠に和算を学ぶ。著書には『算法円理冰釈』（天保元年刊）などがある。

桜井豊邑（さくらい　とよくに）

歌郎と称し、岩井重遠に関流の算学を学び、天保5（1834）年9月上州清水寺観音堂へ算額を奉納。

桜井房記（さくらい　ふさのり）

嘉永5（1852）年生まれ、高等師範学校、のち東京物理学校教授、昭和3（1928）年没す、76歳。著書には『中等教育代数学』（訳本）などがある。

桜井義著（さくらい　よしあき）

上州森新田村（藤岡市）の人。音之進と称し、斎藤宜義に関流の算学を学び、安政7（1860）年正月上州清水寺千手観音へ算額を奉納。

佐々木清（ささき　きよし）

喜左衛門と称し、仙台藩士伊達藤五郎の家臣、國分高廣に関流の和算を学ぶ。著書には『算法初学』などがある。

佐々木定保（ささき　さだやす）

京都の人。平安隠士と称し、其争と号す。著書には『算学備要大成』（天保8年）などがある。

佐々木重夫（ささき　しげお）

大正元（1912）年11月18日山形県に生まれ、仙台高等工業学校、東北大学、のち東京理科大学教授。専門は微分積分学、理学博士。東福大学名誉教授、「佐々木多群体の理論」が有名、昭和62（1987）年8月14日没す、75歳。著書には『連続群論』『微分幾何学』『解析幾何学』『リーマン幾何学』などがある。

佐々木達治郎（ささき　たつじろう）

明治27（1894）年8月25日岡山県に生まれ、東京大学教授、統計数理研究所長。専門は統計数理、理学博士。昭和48（1973）年10月19日没す、79歳。著書には『工業数学』『等角写像の応用』『流体力学』などがある。

佐々木知嗣（ささき　ともつぐ）

山形上奥田村（川西町）の人。天明8（1788）年生まれ、初め直乗といい、倭造と称し、農業を営む。穴沢長秀、南雲安行に関流の算学を学び免許、文久3（1863）年没す、75歳。算翁道秀居士。門人には本間長寧などがいる。

佐々木吉春（ささき　よしはる）

岡山の青木村（美作町）の人。等治郎と称し、倉敷の内藤真矩に武田流の算学を学び、嘉永7年4月青木八幡神社に算額を奉納、明治18（1885）年8月1日没す。清算寿翁居士。

笹倉頌夫（ささくら　のぶお）

昭和16（1941）年3月5日兵庫県に生まれ、東京都立大学教授、専門は代数幾何学、理学博士。平成9（1997）年6月16日没す、56歳。著書に『特殊点理論と複素代数幾何の先端的研究』などがある。

笹塚有義（ささつか　ありよし）

加賀南笹塚（金沢市）の人。忠左衛門と称し、三池流算法を宮井光同に学ぶ。著書には『算法初門』（文政6年）、『連幣算法』などがある。

笹部貞市郎（ささべ　ていいちろう）

明治20（1887）年11月13日岡山県に生まれ、聖文社を創業し社長、多くの数学書を出版し、昭和49（1974）年9月22日没す、87歳。著書には『解析幾何学辞典』『幾何学辞典』『三角法辞典』『代数学辞典』『微・積分学辞典』『解析詳解講義』『茶の間の数学』などがある。

佐治一平（さじ　かずひら）

次郎兵衛と称し、和算を田中由真に学ぶ。著書には『算法入門』『算法明備解』（延宝8年）などがあり、門人には松田正則、古高明常などがいる。

佐々八郎（さっさ　はちろう）

大正3（1914）年7月15日東京に生まれ、東京学芸大学教授、のち名誉教授。専門は

統計学、平成4（1992）年7月23日没す、78歳。

佐藤秋三郎篤信
→ **長谷川弘**（はせがわ　ひろむ）

佐藤一清（さとう　かずきよ）
仙台の人。葛西氏、道之丞、通之丞と称し、一明、泰明ともいい、和嶽と号す。渡辺一の門に、天保元年阿波にて小出兼政に最上流の算学のほか和田寧の円理、天文暦術を学び、帰郷後、佐藤と改姓して諸国を巡り教授、安政3（1856）年奥州に帰る。著書には『最上流秘書』（天保3年）、『古今算鑑起源』（文久2年）、『五明算法起源』『貫通円理捷解』『暦理図解』などがある。

佐藤解記（さとう　げき）
文化11（1814）年正月生まれ、忠助といい、寅三郎、のち菊右衛門と称し、字を子精といい、雪山、数斎、通機堂と号す。越後小千谷で代々金澤屋菊右衛門と称し、縮布商を営む。父と兄没後家業を継ぐが、のち分家して薬種商を営む。天保5年山口和に入門し算学を学び、更に江戸で長谷川寛、内田五観に従学、暦学を小出光政に学ぶ。帰郷後、雪山数学道場を開き、安政6（1859）年6月19日没す、46歳。門人に阿部正明、阿部義則、村山保信、南亮方、広川晴軒、広瀬融、吉澤義利などがおり、著書には『算法円理表集』（天保7年）、『算法円理軌線』（天保11年）、『算法称水術論』（安政2年）、『算法円理三台』（弘化3年刊）、『算法助術矩合集』などがある。

〈参照〉『佐藤雪山略伝』（西脇清三郎）

佐藤刻治（さとう　こくじ）
安政5（1858）年4月3日福島の荒井に生まれ、小澤軒と号し、佐久間纘に最上流の算学を学び免許皆伝。昭和5年8月荒井白山寺へ算額を奉納、9（1934）年1月11日没す、77歳。

佐藤貞次（さとう　さだつぐ）
備中井原村（井原市）の人。天保12（1841）年生まれ、善一郎と称し、一竹と号す。佐伯義門に和算を学び、維新後藤田秀斎に従い山陽・四国を測量し、明治35（1902）年1月18日没す、62歳。門人には小野山幸隆、岡田宗祥、中川正矩、中島実行、佐藤小夜女などがいる。

佐藤三郎（さとう　さぶろう）
明治38（1905）年3月7日山口市に生まれ、山口高等学校、第三高等学校、京都大学、のち京都産業大学教授。専門は幾何学、理学博士。代数・幾何学の権威、昭和47（1972）年9月22日没す、67歳。著書には『系統的幾何学問題解法』『微分積分学』『非ユークリッド幾何学』などがある。

佐藤重信（さとう　しげのぶ）
会津若松の人。文政10（1827）年生まれ、渡邊氏、忠八と称す。和算に通じて洋算を教授。小学校、中学校、また家塾でも和洋両算を教え、明治36（1903）年4月没す、77歳。

佐藤茂春（さとう　しげはる）
　高槻藩士。古郡之政に和算を学び、のち沢口一之の門人となる。著書には『算法天元指南』（元禄11年刊）などがある。

佐藤祐之（さとう　すけゆき）
　陸前栗原郡の人で一関藩士。寛政8（1796）年生まれ、大作と称し、字を子順といい、金華と号す。河東田直正に兵学、天文、数術を学ぶ。慶応2（1866）年5月6日没す、71歳。著書には『容術集成』（文化13年）、『昊天図説詳解』（文政7年刊）、『天文精義』などがある。

佐藤大八郎（さとう　だいはちろう）
　カナダのリジャイナ大学、のち東京福祉教授。専門は代数学、平成20（2008）年5月28日没す。

佐藤忠興（さとう　ただおき）
　三春芹ヶ沢村（三春町）の人。市之丞と称し、佐久間正清に最上流の算学を学ぶ。文政9（1826）年7月奥州阿伽井獄へ算額を奉納。

佐藤忠利（さとう　ただとし）
　奥州安積の小原田村（郡山市）の人。文之助と称し、佐久間纘に最上流の算学を学ぶ。文久元（1861）年10月須賀川の朝日稲荷へ算額を奉納。

佐藤常三（さとう　つねぞう）
　明治39（1906）年3月9日埼玉県生まれ、満州国立大学、奉天工業大学、東京工業大学、早稲田大学教授、のち名誉教授。専門は応用数学、工学及び理学博士。昭和54（1979）年11月9日没す、73歳。著書には『応用数学』『技術者の数学』『高等数学公式集』『線形常微分方程式』『フーリエ変換』などがある。

佐藤輝美（さとう　てるみ）
　明治41（1908）年1月10日岐阜県に生まれ、慶応義塾、専修大学、のち日本大学教授。平成7（1995）年7月16日没す、87歳。著書に『経済数学入門』『統計学』『統計学特論』などがある。

佐藤外喜雄（さとう　ときお）
　大正2（1913）年7月生まれ、金沢大学教授、のち名誉教授、専門は解析学。平成6（1994）年6月30日没す、80歳。

佐藤徳意（さとう　とくい）
　明治39（1906）年2月17日生まれ、神戸大学教授、のち名誉教授、専門は微分方程式論、理学博士。昭和58（1983）年12月25日没す、77歳。著書には『数学解析序説』などがある。

佐藤直勝（さとう　なおかつ）
　長蔵と称し、安倍保訓に算学を学び、関流九伝を称す。門人には小岩直之、小野寺良秀、佐藤誠定、村上知定などがいる。

佐藤長脩（さとう　ながのぶ）
　仙台の人。寛政12（1800）年生まれ、久之助、のち久馬と称し、松木清直に中西流

の算学を、武田司馬に関流算学、天文学を学ぶ。仙台藩主伊達慶邦から宮城郡七北田村の内の地を与えられ、維新後帰農し、明治18（1885）年没す、86歳。著書には『太陰出入時刻草稿』（安政5年）などがある。

佐藤信篤（さとう　のぶあつ）
中西流東秀幸に和算を学び、享和2年免許。文化4年家督を継ぎ、小国御扶持方、御中御普請懸、山林方などを勤め、文政8（1825）年没す。

佐藤則義（さとう　のりよし）
福山藩士。文政3（1820）年生まれ、和介、のち保左衛門と称す。伊達廣助、内藤豊由に、のち佐藤道之丞に算学を学び、弘化年以後福山で算学を教え、明治29（1896）年没す、77歳。

佐藤廣儔（さとう　ひろとも）
岩代鳥谷野の人で、九郎右衛門と称す。算学に通じ、『算法狂歌割』を著す。

佐藤正興（さとう　まさおき）
利左衛門と称し、隅田江雲に算学を学び、『童介抄』『算法闕疑抄』の遺題を解いた。著書には『算法根源記』（寛文6年）などがあり、門人に堀田吉成などがいる。

佐藤正方（さとう　まさかた）
作十と称し、佐久間繪に最上流の算学を学ぶ。天保15（1844）年6月芝の愛宕山へ算額を奉納。

佐藤正孝（さとう　まさたか）
明治35（1902）年7月10日岡山県に生まれ、第六高等学校、岡山理科大学、のち岡山商科短期大学教授、昭和60（1985）年1月10日没す、82歳。著書には『函数論』（共著）などがある。

佐藤正行（さとう　まさゆき）
津軽藩士。文化14（1817）年8月生まれ、常蔵と称し、子竜と号す。藩校で和算、天文などを修め、勘定方。江戸の軍艦操練所で測量、洋算を学び、帰郷して家塾六合館を開き、藩校の数学教授。維新後は弘前の東奥義塾の数学教授頭、青森師範の教員、明治16（1883）年7月没す、67歳。

佐藤元龍（さとう　もとたつ）
文化11（1814）年生まれ、方陣算を研究、精通し、明治15（1882）年11月13日没す、69歳。

佐藤安長（さとう　やすなが）
二本松藩士。徳十郎と称し、良安ともいう。渡辺一に最上流の算学を学び免許。

佐藤勇吉（さとう　ゆうきち）
文政4（1821）年8月生まれ、越後岩手村（柿崎町）の旧家で、和算に通ず。明治5（1872）年7月3日没す、52歳。著書には『算学稽古』『算法指南記』（天保8年）などがある。

佐藤義馨（さとう　よしきよ）
奥州安積小原田（郡山市）の人。省介と

称し、渡辺一に最上流の算学を学び、文化15（1818）年正月二本松領の唯一八龍宮へ算額を奉納。

佐藤吉邦（さとう　よしくに）

岡山の成羽（高梁市）の人。小十郎と称し、石田真龍に関流の算学を学び、天保9年仲春成羽の八幡神社へ算額を奉納、安政3（1856）年10月19日没す。賢勝院智徳連證居士。著書には『天保八年暦細草』『天保十年亥暦細草』などがある。

佐藤良一郎（さとう　りょういちろう）

明治24（1891）年9月21日和歌山県に生まれ、東京高等師範学校、東京教育大学、千葉大学教授、明星大学教授、のち名誉教授。専門は統計数理学、平成4（1992）年3月9日没す、100歳。著書には『統計法概要』『算術教育新論』『数学教育各論』『無関数検定法』『数理統計学』『確率と統計』などがある。

実川定賢（さねかわ　さだかた）

下総今郡村（千葉県東庄町）の人。安永6（1777）年生まれ、半蔵、のち彦左衛門と称し、東谷と号す。下総猿田（銚子市）の伊藤胤晴に算学を、江戸の石坂常堅に天文を学び免許。天保6（1835）年10月8日没す、59歳。著書には『雑題集』などがある。

佐野盛門（さの　もりかど）

棚倉藩士、のち館林藩士。忠七と称し、内田恭に関流の算学を学ぶ。文政12（1829）年11月四谷の観音堂、天保3年5月筑波山へ算額を奉納。

佐野義致（さの　よしむね）

大阪の人。要蔵（雍蔵とも）と称し、福田金塘に算学を学ぶ。著書には『算学速成』（天保7年刊）、『算題雑解前集』（天保14年刊）、『奉掲墨江大社福田派算法』などがある。

佐羽内吉寛（さはうち　よしひろ）

守之進と称し、志賀吉倫に和算を学び、文化6（1809）年8月盛岡の神明社へ算額を奉納。

座間為成（ざま　ためなり）

相州川崎（川崎市）の砂子の人。彦兵衛と称し、日下誠、内田恭に関流の算学を学び、文政6年4月、10（1827）年3月大師河原大師堂へ算額を奉納。

澤池幸恒（さわいけ　ゆきつね）

安兵衛、のち安次郎と称し、一理斎、一貫斎と号す。浪花に住み、武田定則に算学を学ぶ。著書には『圓理弧背真術全書』『極数術』『算学題林』『算学留題典』『算法方圓鑑解義』などがある。

沢口一之（さわぐち　かずゆき）

大阪の人で京都に住む。三郎左衛門と称し、宗隠と号す。橋本正数の門人。一説に高原吉種に、のち関孝和に学び、関備中守に仕え後藤角兵衛と名乗ったという。著書には『古今算法記』（寛文10年）などがあ

る。

沢田吾一（さわだ　ごいち）
　文久元（1861）年9月23日岐阜県に生まれ、菊池大麓に師事。第一高等学校、第四高等学校、のち東京高等商業学校教授、商品学、経済数学を担当。昭和6（1931）年3月12日没す、71歳。著書には『解析幾何学大意』『算術教科書』『代数学教科書』『日本数学史講話』『微分積分学綱要』などがある。

澤田正敬（さわだ　まさたか）
　龍野の人。珠介と称し、文政4（1821）年姫路の書写山観音堂へ算額を奉納。

澤田理則（さわだ　まさのり）
　千代次郎と称し、手島清春に和算を学び、天保12（1841）年8月川越の古尾八幡神社へ算額を奉納。

澤　尚智（さわ　ひさとも）
　伊勢度合（度会町）の人。善八、長五郎、のち吉右衛門と称し、暦算に通ず。著書に『暦法異術略記』（天明7年）、『秘開暦』『通暦雑式』などがある。

澤村英一（さわむら　ひでいち）
　明治28（1895）年2月20日生まれ、昭和56（1981）年2月6日没す、85歳。著書には『高等小学代数幾何教材』などがある。

沢山勇三郎（さわやま　ゆうざぶろう）
　万延元年（1860）年生まれ、苦学して数学を身につけた。昭和11（1936）年没す、76歳。著書には『初等幾何学』（共著）などがある。

佐原純吉（さわら　じゅんきち）
　旧福山藩家老の家に生まれ、純一ともいう。蕃所調所に入り神田孝平に数学を学び、明治4年大学南校数学助教授、9（1876）年長崎師範学校校長。

三瓶与右衛門（さんぺい　ようえもん）
　大正6（1917）年生まれ、専門は集合論、昭和49（1974）年没す、57歳。多数の翻訳本がある。

【し】

塩田一承（しおた　かずつぐ）
　京都の人。長左衛門と称し、算学に通じた。著書に『中学算法勿憚鈔』などがある。

塩田索行（しおた　もとゆき）
　奥州塩田村の人。庖猪助と称し、坂本玄斎に算学を学ぶ。安政6（1859）年冬塩田村の正覚院へ算額を奉納。

塩野直道（しおの　なおみち）
　明治31（1898）年12月25日島根県に生まれ、松本師範校長、文部省の図書監修官で戦時下の国定教科書編纂、戦後は出版社啓林館取締役となり算数数学書を多数編纂し、昭和44（1969）年5月10日没す、70歳。著書には『数学教育論』『数量と計算』『算数・数学教育論』などがある。

塩屋主税（しおや　ちから）
　陸奥五所川原（五所川原市）の人。享保2（1717）年生まれ、独学で算学を学び、『諸算清傳記』を著す。

志謙安重（しかた　やすしげ）
　山形八日町（山形市）の人。嘉永6（1853）年生まれ、小平治と称し、茂木安英に算学を学び、最上流五伝を称す。昭和11（1936）年没す、83歳。門人には志謙重明、加藤好算、原田重徳などがいる。

志賀吉倫（しが　よしみち）
　盛岡藩士。明和2（1765）年生まれ、小右衛門（小次郎とも）と称す。阿部知茂に学び、江戸勤番中に藤田定資に、さらに下田直貞に算学を学ぶ。天保7（1836）年没す、72歳。著書に『神壁算法追加術解』（文化3年）、『算法補闕』（文化12年）、『算題問術初編』『天元術黙寫』などがあり、門人には阿部知栄、佐久間光豹、志賀吉林などがいる。

宍戸政彝（ししど　まさつね）
　天明2（1782）年生まれ、佐左衛門と称し、研堂と号す。二本松の米穀商で松岡町に住み、苗字帯刀を許され、検断補佐役。和算は最上流会田安明の高弟渡辺東嶽に学び三伝を称す。元治2（1865）年2月24日没す、84歳。信海院釋智遊徳証信士。門人に太田芳政、丹治重治、野地豊成、堀廣助などがおり、著書には『諸約混一術』などがある。

静間良次（しずま　りょうじ）
　大正5（1916）年生まれ、東京女子大学教授、専門は位相幾何学、昭和60（1985）年12月9日没す、69歳。著書には『位相』などがある。

七戸晴陸（しちのへ　はるむつ）
　弘前の人。覚蔵と称す。寛政の頃江戸で会田安明に最上流の算学を学び、数百巻の算書を譲り受けた。

実川定賢（じつかわ　さだかた）
　総州今郡村（東庄町）の人。平蔵と称し、伊藤胤晴に関流の算学を学び免許。門人には川津定明、小林定明、実川時賢、保立定房などがいる。

志野知郷（しの　ともさと）
　和歌山藩士。庄之助と称し、字を操夫といい、権山と号す。和算を内田五観、和田寧に学ぶ。門人に杉田直孟、根来正庸、石井持審などがおり、著書には『測量町見術』（天保3年）、『豁機算法』（天保5年刊）などがある。

篠原善富（しのはら　よしとみ）
　江戸の人。正位ともいい、弥兵衛と称し、子賚と字し、乾山、乾堂と号す。古川氏清に算法を学ぶ。門人に諸葛晃、竹内武信、山口清直などがおり、著書には『三角法挙要』（文化13年）、『周髀算経國字解』（文政2年刊）、『八線対数表解』（文政6年）などがある。

四宮文蔵（しのみや　ぶんぞう）

文政元（1818）年生まれ、宅間流算盤の名手で、寺子屋の師匠をし、維新後は小学校教諭、明治15（1882）年9月17日没す、65歳。

四宮順実（しのみや　よりざね）

浪華の人。政吉と称し、京大阪御城附京橋組同心、松岡能一に和算を学ぶ。著書には『神壁算法起源二條』（文化4年）などがある。

篠本守典（しのもと　もりすけ）

南溟と号す。入江東阿に算法を学ぶ。著書には『探玄算法』（元文4年刊）などがある。

柴垣和三雄（しばがき　わさお）

明治39（1906）年5月30日金沢市に生まれ、旧姓を佐藤といい、日本大学、九州帝国大学教授、退官後、東京理科大学教授。専門は応用数学、理学博士、九州大学名誉教授。平成13（2001）年5月1日没す、94歳。著書には『実践数学』『数値積分法』『ガンマ関数の理論と応用』『解析通論』『偏微分方程式』『特殊関数論』などがある。

柴田　寛（しばた　かん）

明治19（1886）年3月5日千葉県に生まれ、第四高等学校、第二高等学校、のち千葉大学教授。専門は微分方程式論、理学博士。著書には『高等教育微分積分学』『連分数論』などがある。

柴田清行　→　宮城清行（みやぎ　きよゆき）

柴田隆史（しばた　たかし）

明治41（1908）年2月10日広島県に生まれ、高等師範学校、のち広島大学教授。専門は波動力学、理学博士。著書には『微分幾何学』『相対性理論概説』などがある。

柴野美啓（しばの　よしひろ）

加賀藩士の家人梅沢左衛門の子で、文政8（1825）年柴野吉左衛門の養嗣子。優次郎と称し、方中と号す。宮井安泰に測量術などを学び、三池流の算学を教授。弘化4（1847）年8月8日没す。著書には『亀甋尾甋記』などがある。

柴村盛之（しばむら　もりゆき）

江戸の人。藤左衛門と称し、徳川綱重の桜田邸に仕え、和算、測量を能くした。著書には『格致算書』（明暦3年刊）、『塵劫諸算記』『地方細論集』などがある。

志斐三田次（しひの　みたすき）

奈良時代の暦算家。養老5（721）年学問に優れた人物として表彰され、天平2年暦算の衰退を防ぐため弟子を付けられた。

渋谷知礼（しぶや　ともひろ）

助十郎と称し、格一と号す。陸前の伊達安房家中に住み、中西流の和算を学ぶ。著書には『中西流車平方交商傳』（明和5年）、『鳥木鈔』などがある。

渋谷道熙（しぶや　みちひろ）

信州篠ノ井（長野市）の人。宝暦元（1751）年生まれ、平太夫と称し、青木包高に和算を学び、享和3年夷則長野の長谷観音堂へ算額を奉納。天保元（1930）年没す、79歳。

島内剛一（しまうち　たけかず）

昭和5（1930）年8月10日東京に生まれ、立教大学教授、専門は数学基礎論。計算機科学を研究し、平成元（1989）年12月19日没す、59歳。著書に『数学の基礎』『アルゴリズム辞典』『システムプログラムの実際』などがある。

島崎源兵衛（しまざき　げんべえ）

文化7（1810）年生まれ、和算に通じ、明治6（1873）年没す、64歳。

嶌田圓周（しまだ　えんしゅう）

熊次郎と称し、溜谷要斎に算学を学び、関流九傳を称す。門人に内田義秋、小林義円、篠崎担美、佐久間円道、矢澤円義などがいる。

島田貞継（しまだ　さだつぐ）

会津若松藩士。慶長13（1608）年駿河に生まれ、覚左衛門と称す。正保3年和算によって会津藩に仕え勘定方、のち普請奉行となり、三百五十石。寛文6年磐梯山を測量し、村の防水工事に従事、延宝8（1680）年7月15日没す、73歳。著書には『九数算法』（承応2年刊）などがあり、門人に安藤有益などがいる。

島田拓爾（しまだ　たくじ）

明治41（1908）年1月1日広島県に生まれ、日本大学教授、専門は解析学。平成4（1992）年10月25日没す、84歳。著書には『高等代数学』『級数の話』『囲碁の数理』などがある。

島田道桓（しまだ　どうかん）

江戸の人。南溪と号し、西川正休に和算を学ぶ。著書には『規矩元法町見辨疑』（享保10年刊）などがある。

島田徳治（しまだ　とくじ）

信州塩崎村（長野市）の人。田中儀忠太に和算を学び、昭和6（1931）年2月24日没す。

島田尚政（しまだ　なおまさ）

算七、のち源右衛門と称し、島田左大夫に和算を学ぶ。大阪に住み、のち江戸に移ったという。著書には『算法発揮』（元禄3年刊）などがあり、門人に井関知辰、大島喜侍などがいる。

志摩好矩（しま　よしかね）

能登七尾の人。吉兵衛と称し、屋号を丹後屋。算術を好み、富山の高木允胤に学び、著作、算額奉納をした。天保9（1838）年4月没す。著書には『算法矩合』（文政10年）、『算法術解』『算法点鼠』などがある。

清水貞徳（しみず　さだのり）

江戸の人。正保2（1645）年生まれ、豊吉、太右衛門、のち九郎兵衛と称し、元帰、元皈斎と号す。金澤勘右衛門にオランダ流

の測量術を学び、天和2年師と共に弘前藩の勘定人として江戸で士官、元禄元年致仕し、江戸で塾を開く。享保2（1717）年6月26日没す、73歳。来応元皈居士。著書には『図法三部集』（貞享3年）、『清水流規矩術伝書随毛』（元禄11年）、『規矩元法別傳』（宝永6年）、『規矩術全書』などがある。

清水林直（しみず　しげなお）
　幸三郎と称し、斎藤某に和算を学び、享和4（1804）年2月安城の櫻井神社に算額を奉納。

清水辰次郎（しみず　たつじろう）
　明治30（1897）年4月7日東京に生まれ、大阪帝国大学、神戸大学、大阪府立大学、のち東京理科大学教授。関数論を専門、理学博士。神戸大学、大阪府立大学及び東京理科大学名誉教授。1948年『Mathematica Japonica』を自費発行、数値計算法の研究をし、平成4（1992）年11月8日没す、95歳。著書には『一次函数と二次函数』『統計機数値計算法』『非線形振動論』『応用数学』『実用数学』などがある。

清水周常（しみず　ちかつね）
　児玉郡に人。皆吉と称し、吉沢恭周に和算を学び、文化8（1811）年8月武州観世音堂へ算額を奉納。

清水豊明（しみず　とよあき）
　総州安房の人。福原氏、荘吉郎、のち宗吉と称す。小浜堯知に最上流算学を、のち江戸で日下誠に関流を学ぶ。文政8年5月房州那古寺へ算額を奉納。明治7（1874）年2月2日没す。門人には高見桂蔵などがいる。

清水永昌（しみず　ながまさ）
　青朗ともいい、柴山、洋裟と号す。江戸橘町に住み、算学に通じ、『算法開立方術』を著す。

清水信頼（しみず　のぶより）
　信濃境新田（長野市）の人。蔵之助と称し、再典流と号す。宮城流の算学に通じ、近郷の門人に算学のほかに神儒仏道も教え、再典流と称した。安政2（1855）年9月8日没す。門人に河合和太吉などがいる。

清水政英（しみず　まさひで）
　岐阜表佐の人。伊藤治と称し、算学を谷松茂に学び、関流九傳を称す。著書に『神壁解』『約法』があり、門人には坂井弘秀、清水政備、衣斐遠光などがいる。

清水道香（しみず　みちか）
　藤田貞資に算学を学び、『算法諸率諸角門』を注す。

志村恒憲（しむら　つねのり）
　仙台の人。文政6（1823）年生まれ、将輔、のち晋平と称し、武田司馬に和算を学び、家塾を開き教授、維新以後は小学校教員をつとめ、明治31（1898）年1月17日没す、76歳。著書には『授時暦推歩』（弘化3年）、『算書』『算法諸約術集成』などが

ある。

志村昌義（しむら　まさよし）
　江戸の人。昌寿ともいい、彦太郎、又三郎と称し、古川氏清に和算を学び、『淇澳集』（文化5年～13年）を著す。

下河辺與方（しもこうべ　ともかた）
　古川氏清、高山忠直に和算を学び、『数学余勇』『呈西算諤』（寛政11年）を著す。

下條術親（しもじょう　のりちか）
　常州真壁郡倉持村（明野町）の人。安政2（1855）年生まれ、友治、野地正と称し、星晴堂と号す。廣瀬国治、鷺野谷国親に算学を学び、関流12伝を称す。明治18年3月三宝大荒神社へ算額を奉納、大正7（1918）年11月4日没す、64歳。門人には秋山徳山、市村麗、潮田基術、下條善積、下條尊温などがいる。

下平和夫（しもだいら　かずお）
　昭和3（1928）年1月9日東京に生まれ、国士舘大学教授、専門は数学史。日本数学史学会会長をつとめ、平成6（1994）年3月7日没す、66歳。著書には『数学書を中心とした和算の歴史』『関孝和』『日本人の数学』などがある。

下田卯市（しもだ　ういち）
　明治12（1879）年生まれ、広島高等師範学校教授。著書には『微分積分学』などがある。

下田直貞（しもだ　なおさだ）
　文之丞と称し、山路主住、藤田貞資に関流の算学を学び、文化元9月盛岡の八幡宮へ算額を奉納、2（1805）年6月没す。門人には志賀吉倫、小山田吉泰、太田忠恕、下田直泰、藤島益之などがいる。

下村幹方（しもむら　もとかた）
　金沢藩士。元禄17（1704）年生まれ、与左衛門、九郎太夫と称し、西永廣林に三池流の算学を学び、藩の算用場に勤め、のち小頭になって八十石、明和9（1772）年5月6日没す、69歳。著書には『算法積物』『積物式解』（明和5年）、『段数明解口授』（明和7年）などがある。

城　憲三（じょう　けんぞう）
　明治37（1904）年1月29日大阪に生まれ、大阪大学、のち関西大学教授、専門は関数論、応用数学、理学博士。大阪大学名誉教授、昭和57（1982）年2月9日没す、78歳。著書には『応用数学解析』『応用微分積分学』『数学解析講義』『数学機器総説』などがある。

庄司久成（しょうじ　ひさなり）
　庄内藩士。伴蔵と称し、会田安明に最上流の算学を学び免許。門人には石塚克孝などがいる。

正田建次郎（しょうだ　けんじろう）
　明治35（1902）年2月25日館林市に生まれ、ドイツにてネーターに師事し抽象代数学を学び、理学博士。京都大学、大阪大学

教授、のち名誉教授。昭和29年から大阪大学学長、のち武蔵大学学長をつとめ、文化勲章を受章、昭和52（1977）年3月20日没す、75歳。著書には『代数学提要』『多元数論』『整数論提要』『抽象代数学』『現代数学の諸問題』などがある。

白石一誠（しらいし　かずしげ）
　大正3（1914）年8月19日京都に生まれ、海軍兵学校教授、文部省統計官、名古屋大学教授。教育統計の第一人者、昭和39（1964）年1月21日没す、49歳。著書には『学力検査の研究』『教育統計学』『統計とグラフ』などがある。

白石早出雄（しらいし　さでお）
　明治29（1896）年3月16日新潟県に生まれ、浦和高等学校、埼玉大学教授、退職後、津田塾大学、国際基督教大学教授。科学哲学運動で主導的役割を果たし、文学博士。昭和42（1967）年9月18日没す、71歳。著書には『文科の数学』『解析学通論』『数学綱要』『数と連続の哲学』などがある。

白石長忠（しらいし　ながただ）
　寛政7（1795）年生まれ、医師仁木義之の次男で白石善教の養子。八蔵と称し、字を世彦といい、𣳾々、兵峯と号す。横井時信に和算を学び、のち日下誠に入門し、関流宗統の印可を受ける。文政3年師を介して同門の和田寧に学び研鑽。江戸に住み徳川清水家に仕え、文久2（1862）年7月3日没す、68歳。松樹院𣳾々英源居士。淀橋の多聞院に埋葬。門人に池田貞一、市川行英、岩井重遠、木村尚寿、中村義方、原賀度、横山茂春などがおり、著書には『勾股方円適等附三斜容円』（文化14年）、『冪管括法』（文政元年）、『算家人名志』（文政7年）、『𣳾々算法』『社盟算譜』（文政9年）、『対数起源』（天保2年）、『算家系図』などがある。

白石信兼（しらいし　のぶかね）
　仙台の人。良治といい、藤広則に学び、暦術及び中西流の算学に長じた。著書には『奥北地理分見略記』（文化4年）などがある。

白石道賢（しらいし　みちかた）
　大和郡山藩士。文化9（1812）年生まれ、郡蔵と称し、師につかず勉学し、和算に長じた。安政4（1857）年6月30日没す、46歳。著書には『算法中心術』（嘉永5年）、『鉤題算法』『側円起術』などがある。

白木不二男（しらき　ふじお）
　明治42（1909）年1月26日山口県徳池町に生まれ、山口大学教授、のち名誉教授、福岡歯科大学教授。専門は応用数学、数学教育、平成10（1998）年8月12日没す、89歳。著書には『確率・統計学』などがある。

白谷克巳（しらたに　かつみ）
　昭和7年（1932）年生まれ、九州大学、のち名誉教授。専門は整数論でべき剰余記号及び形式群について研究、平成16（2004）年12月28日没す、72歳。著書には『整数論入門』『代数学入門』などがある。

113

城崎方弘（しろさき　まさひろ）
　久留米藩士。方正ともいい、庄右衛門と称し、久留米藩算学師範藤田貞資に学び、天明8年高良神社に算額を奉納し、寛政8（1796）年から享和2（1802）年まで、藩校明善堂の算学指南を勤めた。著書には『原田送変題』（寛政11年）、『牛島問答』『極数解前後編』などがある。

城山喜三郎
　→　**奥山増馳**（おくやま　ますのぶ）

新開謙三（しんかい　けんぞう）
　昭和10（1935）年8月22日生まれ、大阪府立大学、のち大阪産業大学教授。平成10（1998）年8月22日没す、63歳。著書には『擬微分作用素』『線形代数（1）行列と行列式』『はじめて学ぶ微分』などがある。

新庄直義（しんじょう　なおよし）
　安政元（1854）年生まれ、万之助と称す。明治元年家督を継ぎ、2年府中奉行支配割付二等勤番組、12年静岡一番町会議員、17年掛川中学校一等助教授、19年静岡師範学校助教授、22年数理学舎設立、31年大津中学校教諭、大正14年静岡精華高等女学校教諭となり、昭和15（1940）年2月5日没す、72歳。信順院質直日義居士。

神保長致（しんぼ　ながむね）
　天保13（1842）年駿河に生まれ、旧姓瀧川、寅三郎と称し、開成所、横浜仏語伝習所に学び、安政6年昌平黌学問所教授世話心得、慶應4年大砲組差図役、明治元年陸軍三等教授、2年沼津兵学校三等教授、7年陸軍兵学校寮大助教、8年陸軍省八等出仕、20年には陸軍教授奏任四等となり、43（1910）年12月2日没す、69歳。著書には『算術』『代数』『平面幾何』『立体幾何』『三角術』などがある。

神保泰和（しんぽ　やすかず）
　泰通ともいい、伊三郎と称す。越後船越（五泉市）の人で代々越後三根山藩の大割元を勤める。沙門法蘭に和算を学び、文化11（1814）年幸田重一らと越後一宮弥彦神社に算額を奉納。著書には『北越略風土記』（文政3年）、『佐渡風土記稿本』（文政6年）、『古城跡』などがある。

【す】

吹田信之（すいた　のぶゆき）
　昭和8年（1933）年6月29日青森市に生まれ、東京工業大学、のち名誉教授。専門は関数論、平成14（2002）年12月28日没す、69歳。著書には『近代函数論』『多様体上の解析写像』などがある。

随朝　陳（ずいちょう　のぶる）
　京都の人。寛政2（1790）年生まれ、阿野氏、字を欽若といい、不不芳斎、一貫堂鈍斎、若水と号す。大多喜泰山、猪飼敬所に学び、下総金江津で算学を教授。逢源流を称す。嘉永3（1850）年5月21日没す、61歳。著書には『輿梁録』『算法英六冊』などがある。

末岡清市（すえおか　せいいち）
　大正5（1916）年7月21日東京に生まれ、東京大学教授、生産技術研究所勤務、専門は理論物理学、理学博士。昭和37（1962）年9月29日没す、46歳。著書には『解析学』『微分方程式の解法』『振動及び波動』などがある。

末綱恕一（すえつな　じょいち）
　明治31（1898）年11月28日大分県に生まれ、東京帝国大学教授、のち名誉教授、文部省統計数理研究所所長。専門は整数論、理学博士。日本数学会委員長、解析的整数論の第一人者で国際会議議長をつとめ、昭和45（1970）年8月6日没す、71歳。著書には『解析的整数論』『確率論』『数学と数学史』『数理と論理』『整数論及代数学』などがある。
　〈参照〉『末綱恕一著作集』（南窓社）

末光義雄（すえみつ　よしお）
　明治41（1908）年9月9日山口県に生まれ、広島大学教授、昭和31（1956）年1月21日没す、47歳。著書には『学習評価の理論と実際』『概念の学習論』などがある。

菅野元健（すがの　もとたけ）
　幕臣。幸太郎、のち津太郎と称し、字を伯強といい、習斎、昌敷と号す。武州の大久保に住み、和算を石井雅頴に、のち藤田貞資の門に学ぶ。著書には『整数一条』（天明2年）、『綴術詳解』（寛政2年）、『六斜術』（寛政10年）、『菅習斎先生算法集』などがある。

須賀治意（すが　はるおき）
　上州倉賀野村（高崎市）の人。宇太郎と称し、小野栄重に関流の算学を学び、文化11（1814）年9月上州倉賀野薬師堂へ算額を奉納。

須賀吉辰（すが　よしとき）
　上州倉賀野村（高崎市）の人。善太郎と称し、小野栄重に関流の算学を学び、文政11（1828）年4月上州清水寺観世音堂へ算額を奉納。

菅礼太郎（すが　れいたろう）
　明治10（1877）年12月生まれ、広島高等師範学校教授、大正12（1923）年2月20日没す、46歳。

菅原恵迪（すがわら　けいてき）
　庄内藩士。円次郎と称し、流近舎と号す。黒河郡役所の炉番を勤める。会田安明に最上流の算学を学び免許。著書には『司農府階梯算題』などがある。

菅原源右衛門（すがわら　げんえもん）
　寛政10（1798）年羽後樽川に生まれ、鳳水と号す。農業に従事し和算を習い、長じて秋田藩の和算家飯塚寛蔵に学び、郷内の子弟を教育し、明治6（1873）年没す、76歳。著書には『算法釈鎖術』『算法略問答起源』『一歩一段両説』などがある。

菅原忠貴 → **岡田忠貴**（おかだ　ただたか）

菅原実春（すがわら　さねはる）

市左衛門と称し、千葉胤秀に算学を学び、関流八伝を称す。明治4（1871）年没す。門人には菅原実良、佐藤能静、小野寺保光などがいる。

菅原実良（すがわら　さねよし）
　勘五郎と称し、千葉胤英、菅原実良に算学を学び、皆伝し関流九伝を称す。門人には菅原良永、阿部貞治、小野寺良治、小山梅盛などがいる。

菅原祐政（すがわら　すけまさ）
　上州三嶋村（吾妻町）の人。雄治郎と称し、小野栄重に関流の算学を学ぶ。門人には小池昌周、篠原昌利、高橋富比、丸橋備政、丸橋基憲などがいる。

菅原胤定（すがわら　たねさだ）
　勘吉と称し、安倍保定に算学を学び、関流九伝を称す。門人には菅原胤実、佐々木胤繁、蜂屋胤昌、黒澤胤道などがいる。

菅原徳資（すがわら　のりすけ）
　運作と称し、松田利次に関流の算学を学び、門人には小野寺利政などがいる。

菅原正夫（すがわら　まさお）
　明治35（1902）年1月東京に生まれ、第一高等学校、東京文理科大学、東京帝国大学、退官後、上智大学教授。専攻は整数論、理学博士。昭和45（1970）年11月9日没す、68歳。著書には『虚数乗法論』などとポアンカレとワイルの研究や思想に共鳴し翻訳書が多くある。

菅原正博（すがわら　まさひろ）
　昭和3（1928）年3月24日八戸市に生まれ、広島大学、のち名誉教授、広島工業大学教授。専門は位相数学、平成15（2003）年7月23日没す、75歳。著書には『位相への入門』『数学入門』『トポロジーの総合的研究』『知的集約型ファッション産業』『流通情報システム』などがある。

杉浦重武（すぎうら　しげたけ）
　大正9（1920）年生まれ、京都大学教授、のち名誉教授。専門は微分方程式論、平成17（2005）年8月27日没す、75歳。

杉浦徳次郎（すぎうら　とくじろう）
　明治3（1870）年生まれ、東京商科大学教授。著書には『幾何学教科書』『代数学教科書』『代数学捷径』『保険数学』などがある。

杉浦光夫（すぎうら　みつお）
　昭和3（1928）年9月10日愛知県に生まれ、大阪大学、東京大学教授、のち名誉教授、津田塾大学教授。専門は表現論、数学史研究にも尽力、理学博士。平成20（2008）年3月11日没す、79歳。著書には『解析入門』『解析演習』『ユニタリ表現入門』『リー群論』などがある。

杉　享二（すぎ　きょうじ）
　文政11（1828）年長崎に生まれ、蕃書調所に出仕、静岡学問所教師、のち会社社長。統計学の開拓者、大正6（1917）年12月4日没す、89歳。

杉田直孟（すぎた　なおたけ）

志摩鳥羽藩士。清九郎と称す。紀州藩士志野知郷、内田五観に関流の算学を学ぶ。天保6（1835）年11月伊雑宮へ算額を奉納。著書には『豁機算法』（天保5年刊）などがある。

杉ノ原保夫（すぎのはら　やすお）

昭和4（1929）年8月11日広島県福山に生まれ、成城大学教授、のち名誉教授。平成14（2002）年11月5日没す、73歳。著書には『線型代数』『積分Ⅰ・Ⅱ』などがある。

杉村欣次郎（すぎむら　きんじろう）

明治22（1889）年5月東京に生まれ、東京高等師範学校、東京文理科大学、埼玉大学、のち東京学芸大学教授、のち東京教育大学名誉教授、日本数学教育学会会長、のち名誉会長、昭和56（1981）年10月16日没す、92歳。著書には『詳解演習解析幾何学』『詳解演習三角法』『詳解演習微分学』『詳解演習積分学』『初等数学辞典』『射影幾何学』などがある。

杉村輝義（すぎむら　てるよし）

勇蔵と称し、潮田素琴に関流算学を学び、文化13（1816）年6月長生郡の本郷八幡神社へ算額を奉納。

杉山貞治（すぎやま　さだはる）

善左衛門と称し、善了と号す。門人に吉川長昌などがおり、著書には『算法発蒙集』（寛文10年刊）などがある。

村主恒郎（すぐり　つねお）

大正2（1913）年6月15日三重県に生まれ、九州大学教授、のち名誉教授。専門は幾何学、理学博士。昭和59（1984）年9月22没す、71歳。著書には『幾何光学』などがある。

助川昌昆（すけがわ　まさやす）

奥州船引村（田村市）の人。二作と称し、佐久間正清に最上流の算学を学び、文政4（1821）年4月三春の歌道之薬師堂へ算額を奉納。

鈴木一郎（すずき　いちろう）

明治33（1900）年生まれ、旧制第八高等学校、成蹊高等学校、のち成蹊大学教授。昭和60（1985）年1月13日没す、85歳。著書に『高等数学序論』『高等数学十講』『高等数学選要』『高等平面三角法』などがある。

鈴木　敏（すずき　さとし）

昭和5（1930）年6月24日名古屋市に生まれ、京都大学教授、専門は代数学。平成3（1991）年8月11日没す、61歳。著書に『線形代数学通論』などがある。

鈴木佐内（すずき　さない）

天童の蔵増村（天童市）の人。享和2（1802）年6月23日生まれ、最上流の和算家斉藤直善に学び、同門十哲の一人。明治12（1879）年8月23日没す、78歳。著書には『約術雑題』（嘉永6年）、『最上流天生法雑解』（嘉永7年）、『算術伝受帳』など

117

がある。

鈴木重量（すずき　しげかず）
　山形八日町（山形市）の人。今治と称し、鈴木重栄に最上流の算学を学ぶ。門人には宇治川竹松などがいる。

鈴木薫勝（すずき　しげかつ）
　上総上湯江村（君津市）の人。梅吉、のち宗左衛門と称し、鈴木重昌に関流算学を学び免許、安政3（1856）年8月君津の人見神社へ算額を奉納。門人には影山福盈、小熊重幸、鈴木応範、高橋重信などがいる。

鈴木重董（すずき　しげただ）
　上総武射郡牛熊（横芝町）の人。文化8（1811）年生まれ、貞次郎と称し、洋斎と号す。富田凸斎、鈴木宗邦に算学を学び、来遊した法道寺善に師事し研鑽。明治19（1886）年10月1日没す、76歳。

鈴木重次（すずき　しげつぐ）
　大阪の人。平三郎と称し、宅間流の和算を学ぶ。著書には『算法重宝記』（元禄7年）、『広益塵劫記』などがある。

鈴木重栄（すずき　しげひで）
　山形八日町（山形市）の人。文政13（1830）年生まれ、広吉、のち今介と称し、量軒と号し、飛脚を業として屋号を鈴広といった。高橋仲善に最上流の和算を学び、仙台の伊藤英輔について測量術を修め、明治3年地租改正で測量師となり、33（1900）年8月11日没す、71歳。山形寺町の円寿寺に埋葬、

釋賢度。門人に鈴木重量、玉川義一、水口静安などがおり、著書には『新神壁算法起源』『三先生追善献題辞』などがある。

鈴木重昌（すずき　しげまさ）
　文化9（1812）年江戸に生まれ、初め栄昌といい、治兵衛と称し、駅路軒と号す。川崎正行に宮城流の算学を、のち長谷川弘に関流の算学を学び、嘉永5年免許、天保6年帰郷し上総貞元村で家塾を開き子弟を教授。明治13（1880）年4月7日没す、69歳。妙音院鈴木善了観信士。門人には鮎川弥潔、斎藤善満、鈴木重善、鈴木彝豊、中山捷寛などがいる。

鈴木重良（すずき　しげよし）
　天保2（1831）年生まれ、鶴岡の大山にある椙尾神社の宮司。村田敬勝に最上流の算学を学び、明治27（1894）年没す、63歳。著書には『算法天正術』『算法術論概言』『算法蔅管術』などがある。

鈴木忠義（すずき　ただよし）
　白河藩士。助右衛門、東太夫と称し、会田安明に最上流の和算を学び、寛政元（1789）年閏6月芝愛宕山へ、3年正月白河の鹿島神社へ算額を奉納。著書には『算法廓如』『算法古今閲』などがある。

鈴木敏一（すずき　としかず）
　明治18（1885）年8月兵庫県に生まれ、保険会社で保険数学を研究、昭和34（1959）年没す、74歳。著書には『保険数学』などがある。

鈴木俊直（すずき　としなお）
　上総の人。丈介と称し、石富法に関流算学を学び、寛政元（1789）年10月市原の薬王寺へ算額を奉納。

鈴木直賢（すずき　なおかた）
　龍野藩士。幸助と称し、姫路、のち龍野に住み、脇坂侯に仕える。穂積與信に算学を学び中西流三代目。門人には鈴木直好などがいる。

鈴木直之（すずき　なおゆき）
　仙台の人。民平と称し、文政11（1828）年正月東都愛宕山へ算額を奉納。

鈴木直好（すずき　なおよし）
　播州龍野の人。新助と称し、父直賢に中西流の和算を学ぶ。著書には『算法五秘明解』（享保12年）などがあり、門人には有松正信、八木房信などがいる。

鈴木長利（すずき　ながとし）
　安政4（1857）年8月10日静岡に生まれ、攻玉社教授。著書には『新撰代数教科書』『代数教科書解式』『普通幾何教科書』などがある。

鈴木七緒（すずき　ななお）
　明治43（1910）年7月7日山梨県に生まれ、東京都立大学、のち成蹊大学教授、昭和55（1980）年2月21日没す、69歳。著書には『大学の数学』『一般教育の数学』『微分積分学』などがある。

鈴木誠政 → **日下　誠**（くさか　まこと）

鈴木八郎（すずき　はちろう）
　大正3（1914）年4月愛知県音羽町に生まれ、愛知教育大学教授、のち名誉教授、中部大学教授。専門は解析学、平成14（2002）年10月18日没す、88歳。

鈴木久男（すずき　ひさお）
　大正13（1924）年3月29日東京に生まれ、国士舘大学教授、のち名誉教授。珠算史研究学会名誉会長、税理士。コレクションを集めた「東京珠算史料館」を設立し館長、「そろばん博士」として知られ、平成17（2005）年9月12日没す、81歳。著書には『珠算の歴史』『計算機器発達史』『ものがたり珠算史』などがある。

鈴木政辰（すずき　まさとき）
　土御門家の都講。圓、央ともいい、録之丞と称し、初め平尾氏に、のち岩田好算、高久守静、馬場正統の門に和算を学ぶ。明治10（1877）年東京数学会社の創設に関与した。著書には『異形同術解義』（元治元年）、『算学通鑑』『数学秘訣』『方円数理』『容術新題』などがある。

鈴木通夫（すずき　みちお）
　大正15（1926）年10月2日千葉市に生まれ、東京教育大学、のちイリノイ大学教授、代数群最小単位である有限単純群の分類法を研究、平成10（1998）年5月31日没す、71歳。著書には『群論』『有限単純群』『高等代数学』などがある。

鈴木宗邦（すずき　むねくに）
　下総香取郡石成（多古町）の人。享和2（1802）年生まれ、利左衛門と称し、鳳谷と号す。剣持章行、来遊した法道寺善に算学を学び門弟に教授。明治2（1869）年6月21日没す、68歳。門人には鈴木重童などがいる。

鈴木安旦 → **会田安明**（あいだ　やすあき）

鈴木良茂（すずき　よししげ）
　順吉と称し、会田安明の門に入り、最上流の和算を学ぶ。著書には『算法側円周背術起源』（安政4年）、『算法百問詳解』（慶應2年）、『算法時習詳解』『算法天生法要覧』などがある。

鈴木頼之（すずき　よりゆき）
　常陸の人。随朝若水に和算を学ぶ。著書には『方意類弁』『輿梁録』などがある。

鈴村吉照（すずむら　よしてる）
　龍野中垣内（たつの市）の人。三良右衛門と称し、横山武平治に中西流の和算を学ぶ。門人には猪澤照光などがいる。

須田昌和（すだ　まさかず）
　明治31（1898）年宮城県桃生町に生まれ、順治郎と称し、雄水と号す。千葉胤和に関流算学を学び免許。

須田昌房（すだ　まさふさ）
　亀治と称し、昌永ともいい、江水と号す。渥美康房に関流の算学を学び、関流十一傳を称して、明治35年3月日高見神社（桃生町）に算額を奉納、昭和12（1937）年没す。

須田義正（すだ　よしまさ）
　篠山藩士。長左衛門と称し、皆川勝蔵に関流の算学を学ぶ。門人に久保木廣遜、高橋祥保などがいる。

数藤斧三郎（すどう　おのさぶろう）
　明治4（1871）年12月24日松江市に生まれ、第一高等学校教授。小野三郎と称し、短歌も善くした。大正4（1915）年8月21日没す、44歳。著書には『五城句集』『近世平面幾何学』（共著）などがある。
〈参照〉『数藤斧三郎君』（同遺稿出版会）

須藤利一（すどう　としいち）
　明治34（1901）年1月25日埼玉県に生まれ、東京大学教授、専門は図学、技術史で海事学者、民族研究者でもあり、「日本海事史学会」を設立し、昭和50（1975）年12月19日没す、74歳。著書には『沖縄の数学』『図学概論』『南島覚書』などがある。

須永通屋（すなが　つうおく）
　下野の人。太宗兵衛と称し、江戸の林多八郎に学び、陸奥信夫郡土湯で算学を教えた。享和2（1802）年7月15日没す。

洲之内源一郎（すのうち　げんいちろう）
　明治44（1911）年10月29日愛媛県に生まれ、東北大学教授、専門は実関数論でフーリエ級数論を研究、理学博士。著書に『大学教課数学概論』『代数幾何解析学』『応用

数学統計学』『函数論』『微分方程式』などがある。

洲之内治男（すのうち　はるお）

大正12（1923）年10月4日松山市に生まれ、専門は解析学及び応用数学、早稲田大学教授、のち名誉教授。平成7（1995）年8月16日没す、71歳。著書に『関数解析入門』『基礎線形代数』『基礎微分積分』『数値計算』『ルベーグ積分入門』などがある。

図森一道（ずもり　かずみち）

大八郎と称し、和算を学び、関流九伝を称す。門人には赤沼義方、中島茂永、平野経直、宮沢廣尊などがいる。

【せ】

清野信興（せいの　のぶおき）

前橋、のち姫路藩士。享保10（1725）5月1日前橋に生まれ、初め莫信といい、全五郎、金太夫、傳左衛門、のち助右衛門と称し、都山と号す。寛保2年田中菜に和算を学び、寛延2年藩主の転封によって姫路に移り、3年12月五十石御主殿御番入、宝暦6（1756）年9月八木房信に中西流の算学を学ぶ。7年6月姫路山正明寺に算額を奉納、安永5年自ら中西新流・清野流を称す。天明元年11月御金蔵本役、寛政5年3月隠居し、9（1797）年12月14日没す、73歳。清涼庵算外良応居士。姫路の景福寺に埋葬。著書に『鉤股適等省約図解』（宝暦5年）、『中西新流算学正負百首』（宝暦7年）、『九章名義』『算学一覧記』『中西流和算記』『中西新流算学大意』（安永6年）、『清野流打量秘訣』（安永8年）、『清野流打量秘訣余意』（安永9年）などがあり、門人には清野信順、安藤真己、内藤喜馬、渡辺直などがいる。

関　輝蕚（せき　きかく）

小諸の豪商。安永元（1772）年生まれ、定之丞、のち五大夫と称し、字を子萃といい、号を輝蕚。独学で和算を学び、のち藤田貞資に、更に江戸の神谷定令に入門し、高弟となり伝書を継承、信州佐久、小県地方に和算をひろめ、文化元年6月善光寺へ算額を奉納、9（1812）年2月10日没す、40歳。香臨斎花外輝蕚居士、宗心寺に埋葬。門人に竹内武信、上原信友などがおり、著書には『交等円累円廉術』『當流算法目録解』などがある。

関口　開（せきぐち　ひらき）

旧加賀藩士。天保13（1842）年6月30日金澤に生まれ、松原氏。安次郎、のち甚之丞と称し、のち関口家を継ぐ。瀧川秀蔵に算学を学び、戸倉伊八郎に洋学を修める。小・中・師範学校の教師、明治17（1884）年4月12日没す、43歳。著書には『新撰数学』『幾何初学』『算法窮理問答』『対数表』などがある。

〈参照〉『関口開先生小傳』（上山小三郎・田中鉄吉）

関口雷三（せきぐち　らいぞう）

明治17（1884）年6月3日石川県に生まれ、学習院高等科教授、昭和19（1944）年

没す、60歳。著書には『標準算術教科書』『標準代数学教科書』『微分積分学通論』『平面球面三角法演習』などがある。

関 重秀（せき　しげひで）

加賀藩士。貢秀ともいい、九郎兵衛と称し、五龍と号す。文政元年藩士の列に加えられ、近習番、改作奉行、学校横目を歴任。本多利明を師として今井兼庭の関流の和算を学び、千葉歳胤に天文学を学ぶ。著書には『騎士用本』（文化10年刊）、『極数定象大鈞』（文化14年刊）、『論語小講』（文政11年刊）などがある。

関 孝和（せき　たかかず）

幕臣、関流算学の祖。寛永17（1640）年生まれ、内山永明の子で関氏の養子。新助と称し、字を子豹といい、自由亭と号す。甲府府中藩主徳川綱重、綱豊に仕え勘定吟味役、綱豊が将軍世子となるにより従い、幕臣となって御納戸組頭。和算は高原吉種に学んだとも独学とも云う。筆算の代数学を考案し、方程式論、行列式論、幾何学などを研究、延宝2年『発微算法』を出版し頭角を現す。宝永5（1708）年10月24日没す、69歳。法行院宗達日心居士。牛込の浄輪寺に埋葬。門人に建部賢明、建部賢弘、荒木村英などがおり、著書には『解伏題之法』『方陣円攢』（天和3年）、『発微算法』（延宝2年刊）、『四余算法』（元禄10年）、『題術弁疑』（貞享2年）、『括要算法』『大成算経』など多数ある。

〈参照〉『関孝和』（平山諦、下平和夫）、『算聖関孝和の業績』（加藤平左衛門）、『関孝和全集』（大阪教育図書）

関田信貞（せきた　のぶさだ）

足利の人、兵吉と称す。文政6（1823）年11月神田明神へ算額を奉納。

関 常興（せき　つねおき）

羽後鹿角の人。関流算法の演段術を研究し、算学を伝えた。著書には『算法理解抄』などがある。

関 常純（せき　つねずみ）

享和元（1801）年生まれ、和算に通じ、明治5（1872）年没す、72歳。

関根彰信（せきね　あきのぶ）

新田藩士。久米と称し、安原千方に関流の算学を学び、安政5（1858）年秋上州世良多牛頭天王宮社へ算額を奉納。

関根宜明（せきね　のぶあき）

上野勢多郡の人。寛政6（1794）年生まれ、万平と称し、斎藤宜長に関流の算学を学び、前橋で門弟を教授。万延元（1860）年8月1日没す、67歳。

関 宗備（せき　むねとも）

南総の人。五郎右衛門と称し、野村貞処に関流の算学を学び、天保10（1839）年正月長生郡一宮の玉前神社へ算額を奉納。

関本有常（せきもと　ありつね）

常陽水戸の人。元貞といい、千葉胤秀、長谷川寛に関流算学を学び、関流八伝を称

す。天保2（1831）年に『関流算法当用歌車』を刊行。門人には仁平静教、坪山尚徳、若林質房などがいる。

関谷為則（せきや　ためのり）

信州の人。平七と称し、信陽と号す。長谷川寛に関流算学を学び綴術に長ず。著書には『関流綴術捷法』（文政11年）、『塵劫記図解大全』などがある。

瀬戸幸三（せと　こうぞう）

大正13（1924）年9月1日北海道小樽に生まれ、帯広畜産大学教授、のち名誉教授、釧路公立大学教授。専門は統計学、昭和63（1988）年9月4日没す、63歳。

千野乾弘（せんの　かたひろ）

讃岐高松の医家。元文5（1740）年生まれ、尚賢ともいい、字を玄長、翁渓、雲巣主人と号す。のち柳氏と改姓。菊池黄山に儒学を学び、兵法、暦算、医薬に通じ、算学では「千野算」を称す。安永5（1776）年正月28日没す、37歳。著書には『籌算指南』（明和4年刊）、『籌算平立方法』（明和5年刊）、『捷径算法』（明和6年）などがある。

千本福隆（せんぽん　よしたか）

嘉永7（1854）年5月24日生まれ、物理学者でもあり、東京高等師範学校教授、のち名誉教授、大正7（1918）年10月30日没す、65歳。著書には『初等代数学』『中学算術教科書』『中学代数教科書』『中学幾何学教科書』などがある。

【 そ 】

宗田義晏（そうだ　よしやす）

天明7（1787）年肥前松浦郡見借村の庄屋に生まれ、運平と称し、澗山と号す。長谷川数学道場に学び別伝免許を得、郷里で家塾愛日亭を開き教授、明治3（1870）年没す、84歳。著書には『算法通解』『算法芥問答』などがある。

曽根栄道（そね　えいどう）

大阪の人。又右衛門と称し、福田理軒に和算を学ぶ。師の口述を筆記して『西算速知』（安政3年）を編集。

曽根祐啓（そね　すけひろ）

上田藩士。享和3（1803）年3月21日斎藤家に生まれ、磯右衛門と称し、曽根武啓の養子。竹内武信に和算を学び、藩の倉方郡方勘定方。明治13（1880）年10月10日没す、78歳。妙光寺に埋葬。

園　正造（その　まさぞう）

明治19（1886）年1月1日京都に生まれ、抽象代数学が専門で京都大学教授、のち名誉教授、府立女専校長、西京大学（京都府立大学）初代学長を歴任。イデアル論の先駆的研究、理学博士、文化功労受賞。昭和44（1969）年11月24日没す、83歳。著書には『群論』『女子新算術』『中等教育新平面幾何』『方程式論』『高等教育数学概要』『高等教育代数学』『高等教育微分積分学』などがある。

━━ た 行 ━━

【た】

代島亮長（たいじま　すけなが）
　安永8（1779）年生まれ、武蔵大幡村の人で久兵衛と称し、初め富田氏、のち代島氏に改姓。上州板鼻の小野栄重に和算を学び、関流七伝を受け、用水の図を作成し忍藩に献上。文久3（1863）年7月24日没す、85歳。埼玉県大幡村の東善寺に埋葬。著書には『算用法伝』（寛政8年）、『算用帳』（享和4年）などがあり、門人に鈴木仙蔵などがいる。

高井計之助（たかい　けんのすけ）
　明治8（1875）年生まれ、日本大学教授、珠算史、和算史を研究。また稀覯本の収集家としても知られる。昭和9（1934）年8月24日没す、60歳。著書には『ソロバンの今昔』などがある。

高木金地（たかぎ　きんじ）
　大正13（1924）年10月29日生まれ、専門は経営工学、数理統計学、武蔵工業大学教授、のち名誉教授。平成11（1999）年11月7日没す、75歳。著書には『新しい抜取検査法の理論と実際』『統計的品質管理の基礎』などがある。

高木茂男（たかぎ　しげお）
　昭和7（1932）年生まれ、パズル研究者、平成13（2001）年4月9日没す、69歳。著書に『数学遊園地』『パズルの源流』『パズル百科』『三次元数学パズル』などがある。

高木重之（たかぎ　しげゆき）
　明治38（1905）年8月27日生まれ、岐阜大学、岐阜教育大学教授、のち名誉教授。平成7（1995）年4月22日没す、89歳。著書には『岐阜県の算額解説』などがある。

高木秀玄（たかぎ　しゅうげん）
　大正5（1916）年10月30日富山県に生まれ、専門は数理統計学、関西大学教授、昭和62（1987）年7月12日没す、70歳。著書に『教養統計学』『経済統計学講義』『計量経済学』『物価指数論史』などがある。

高木貞治（たかぎ　ていじ）
　明治8（1875）年4月21日岐阜県に生まれ、ドイツのヒルベルトらに学び、東京帝国大学教授、のち名誉教授、理学博士。フィールズ賞選考委員、「ガウス数体の虚数乗法論」で世界的に注目され、文化勲章を受章、昭和35（1960）年2月28日没す、84歳。多磨霊園葬。著書には『高等教育代数学』『新撰代数学』『広算術教科書』『初等整数論講義』『解析概論』『数学小景』『近世数学史談』など多くある。

高木　斎（たかぎ　ひとし）

　昭和17（1942）年9月10日生まれ、東北大学教授。平成8（1996）年5月6日没す、53歳。著書には『速習線形代数』『解析Ⅰ』などがある。

高木廣当（たかぎ　ひろまさ）

　越中富山の人。髙木屋吉兵衛、のち岩越吉兵衛と称し、中田高寛の門弟で、高木流算学の祖。著書には『菅笠問題改術』（文化6年）、『再益算梯』『冪式演段起源』などがあり、門人に高木允胤などがいる。

高木允胤（たかぎ　まさつぐ）

　越中富山の人。信英ともいい、久蔵、のち吉兵衛と称し、字を子若といい、静斎と号す。父廣当、のち天保10（1839）年内田五観に和算を学ぶ。著書に『測量地秘録』（文政6年）、『弧背真術之解』『真数八線表』『求球積之真述』などがあり、門人に岩田幸通、田中寿豊、田辺盛純、宮川孟弼などがいる。

高久守静（たかく　もりしず）

　文政4（1821）年生まれ、鎌次郎と称し、字を子秀といい、不及斎、慥斎と号す。馬場正統に和算を学び、四谷に家塾を開き、明治4年文部省より教科書編纂を委嘱され、明治16（1883）年6月10日没す、63歳。門人に小島則正、一場正義、加藤徳次郎などがおり、著書には『三角内隔斜容八円術』『慥斎集算法新論』（慶応3年）、『極数大成術』などがある。

高須　達（たかす　さとる）

　昭和6（1931）年1月12日生まれ、京都大学教授、のち名誉教授、専門は計算機科学。平成8（1996）年1月3日没す、64歳。著書には『電子計算機のプログラミング』『プロフラム合成論の研究』『論理設計概論』などがある。

高須鶴三郎（たかす　つるさぶろう）

　明治23（1890）年5月29日山口県に生まれ、旧姓太田といい、第七高等学校、東北大学、のち東海大学、横浜市立大学教授、専門は微分幾何学、理学博士、東北大学名誉教授。昭和47（1972）年12月31日没す、82歳。著書には『高等代数学』『高等微分積分学』『非ゆーくりっど幾何学』『近世綜合幾何学』『解析幾何学大意』『解析幾何学』などがある。

高瀬重次（たかせ　しげつぐ）

　榎並和澄に学んだ江戸前期の和算家。著書には『商立因帰集』（明暦3年刊）などがある。

高瀬信之（たかせ　のぶゆき）

　播州小野の人。恒右衛門と称し、藤田貞資に関流の算学を学び、寛政12（1800）年5月住吉大明神社に算額を奉納。

高田一正（たかだ　かずまさ）

　二本松藩士。要五郎と称し、渡辺一に最上流の算学を学び、寛政12（1800）年3月龍泉寺観音堂へ算額を奉納。

高地重栄（たかち　しげよし）
　下総中原村（岬町）の人。八左衛門と称し、弓削徳和に中西流の算学を学び、文化11（1814）年2月夷隅の飯縄寺へ算額を奉納。

高野一夫（たかの　かずお）
　大正8（1919）年8月5日越谷市に生まれ、電気通信大学教授、のち名誉教授、高崎商科短期大学副学長。専門は微分幾何学、応用数学、理学博士。平成14（2002）年1月30日没す、82歳。著書には『幾何の解法』『技術者のための微分方程式』『コーエンの微分方程式』『社会人の数学』『速算術』などがある。

高野金作（たかの　きんさく）
　大正4（1915）年2月11日宮崎県に生まれ、文部省統計数理研究所勤務、昭和33（1958）年8月6日没す、43歳。著書に『三角函数及び応用』などがある。

高野隆礼（たかの　たかのり）
　越後田尻村の人。天保5（1834）年生まれ、駒蔵と称し、字を有方といい、士峰と号す。代々近隣十二村の代官格、村山保信に和算を学ぶ。明治後は教育職につき、明治20（1887）年10月没す、54歳。著書には『通機算法』（文久3年刊）などがある。

高橋　旭（たかはし　あさひ）
　上州高崎の人。簡斎と号し、斎藤宜義に算学を学び、関流八伝を称す。安政7（1860）年正月上州総社明神神社へ算額を奉納。門人には伊与部善蔵、小澤俊斎などがいる。

高橋積胤（たかはし　あつたね）
　圓三郎と称し、最上流の和算を学び、門人に佐久間行正などがいる。

高橋　謙　→　小樽　謙（こぐれ　けん）

高橋重賢（たかはし　しげかた）
　佐倉藩士。波左衛門と称し、岩田次言に関流の算学を学び、文化13（1816）年孟夏成田新勝寺へ算額を奉納。

高橋　茂（たかはし　しげる）
　大正13（1924）年10月26日生まれ、金沢大学教授、のち名誉教授。専門は応用数学、平成11（1999）年3月11日没す、74歳。

高橋進一（たかはし　しんいち）
　明治39（1906）年9月17日滋賀県に生まれ、名古屋工業専門学校、名古屋工業大学教授。専門は応用数学、理学博士。昭和35（1960）年4月5日没す、54歳。著書には『応用微分積分学』『初等複素函数論』『近代工業数学』『工業技術数学』『生活の数理』などがある。

高橋　秀（たかはし　すぐる）
　米沢の人で藤助と称す。内田五観に和算を学ぶ。著書には『羽州山形鳥海月山額題算法』（文政13年）、『斎藤尚仲門人額題解』（天保元年）などがある。

高橋健人（たかはし　たけひと）

大正6（1917）年群馬県に生まれ、立教大学教授、同大学学長、名誉教授。専門は応用数学、理学博士。平成19（2007）年5月17日没す、89歳。著書には『教養基礎数学』『差分方程式』『物理数学』などがある。

高橋龍夫 → **河田龍夫**（かわだ　たつお）

高橋利美（たかはし　としみ）
栃木芳賀郡飯貝村（真岡市）の人。天保14（1843）年生まれ、友蔵と称し、関流の広瀬国治、のち仁平静教に和算を学び、明治9年真岡の熊野神社、大前神社に算額を奉納、35（1902）年4月21日没す、59歳。

高橋知足（たかはし　ともたり）
長岡藩士。吉太郎、のち丈右衛門と称し、太田正儀に和算を学ぶ。著書には『解義』『算顆五十問』などがある。

高橋豊夫（たかはし　とよお）
文久元（1861）年生まれ、第二高等学校、のち広島高等師範学校教授、昭和19（1944）年没す、83歳。著書には『幾何学初歩』『代数学教科書』『平面幾何学教科書』『平面三角法教科書』などがある。

高橋仲善（たかはし　なかよし）
上山藩士。寛政11（1799）年山形に生まれ、甚五郎、のち吉右衛門と称す。江戸の辻正賢に関流の算学を学び、更に山形に来訪の最上流の斎藤尚仲に入門し、その弟子を引き継ぐ、弘化2年算術師範役として上山藩に召し抱えられ、嘉永7（1854）年7月10日没す、56歳。釋精道、山形の円寿寺に埋葬。著書に『算法天生法』『天生法用術』『得諸角甲斜算顆術』などがあり、門人には後藤安次、斎藤尚善、鈴木重栄、新谷可明、橋本守善などがいる。

高橋規行（たかはし　のりゆき）
半治と称し、南獄と号す。高橋満貞に和算を学び、関流九伝を称す。門人に菊地嶽西などがいる。

高橋秀俊（たかはし　ひでとし）
大正4（1915）年1月15日東京に生まれ、東京大学教授、のち名誉教授、物理学者。パラメトロン電子計算機PC－1を完成、昭和60（1985）年6月30日没す、70歳。著書には『経営数学』『数理と現象』『コンピューターへの道』『パラメトロン計算機』『線形分析定数系論』などがある。

高橋英昌（たかはし　ひでまさ）
一関の人。良輔と称し、千葉胤道に和算を学ぶ。著書には『算法傍斜通撰』『半梯側円』などがある。

高橋秀幸（たかはし　ひでゆき）
仙台の人。文蔵と称し、菊池長良に和算を学ぶ。著書には『算学階梯新法』（弘化年間）などがある。

高橋道貞（たかはし　みちさだ）
陸中東和賀郡藤根村（和賀町）の人。半兵衛と称し、千葉胤規に和算を学ぶ。門人には高橋貞明、高橋道明、伊藤常貞、小原

貞由、小原道安などがいる。

高橋満貞（たかはし　みつさだ）
　文化4（1807）年生まれ、半兵衛と称し、南谷と号す。千葉胤秀に算学を学び、関流八伝を称す。明治18（1885）年没す、78歳。門人に高橋規行、桂貞信、英道長、榊嶽水、渡辺道貞などがいる。

高橋陸男（たかはし　むつお）
　大正4（1915）年7月11日鹿児島県に生まれ、大阪教育大学教授、のち学長、名誉教授。専門は代数学。平成9（1997）年8月5日没す、82歳。

高橋保永（たかはし　やすなが）
　江戸で和算を教授。著書には『勝手経済録』『経済録』などがある。

高橋至時（たかはし　よしとき）
　幕臣。明和元（1764）年11月30日大阪に生まれ、作左衛門と称し、字を子春といい、東岡、梅軒と号す。井上筑後守の大阪砲隊組に所属。宅間流松岡能一に算学を、のち麻田剛立に入門し天文暦算を学ぶ。寛政7年11月天文方になり、享和4（1804）年正月5日没す、41歳。浅草の源空寺に埋葬。著書に『算法列子術』『列子図解』（天明6年）、『冊補授時暦交食法』（寛政元年）などがあり、門人には伊能忠敬などがいる。

高橋善道（たかはし　よしみち）
　幕臣。織之助と称し、九岡信道に関流の和算を学び、元治元年12月勘定組頭（30俵二人扶持）、慶応元（1865）年10月隠居。著書には『算話拾澤集』（文化7年）などがある。

高橋義泰（たかはし　よしやす）
　旧佐倉藩士。天保4（1833）年生まれ、卯之助と称し、渡邊宗平、内田五観に暦算を、長崎で蘭学を学ぶ。維新後は天文台に奉職し、明治35（1902）年1月26日没す、70歳。門人に鏡光照などがおり、著書には『新訳弧三角術』（安政2年）、『赤極出地測量術』（万延元年）などがある。

鷹羽真一（たかは　しんいち）
　勘四郎と称し、摂津西宮に住み、武田流の和算を学ぶ。著書には『算法捷径初編』（弘化3年刊）などがある。

高原吉種（たかはら　よしたね）
　庄左衛門と称し、一元と号す。毛利重能に算学を学び高弟。門人には石川兼政、磯村吉徳、関孝和などがいる。

高見　清（たかみ　きよし）
　明治41（1908）年10月25日生まれ、陸軍士官学校教官、早稲田大学、のち日本工業大学教授。昭和63（1988）年11月16日没す、80歳。著書に『新しい抜取検査法の理論と実際』『統計的品質管理の基礎』などがある。

田上恭譲（たがみ　やすのり）
　幕臣。寛蔵と称し、元治元（1864）年9月御勘定方より代官となる。著書には『割

円八線表起源』（嘉永3年）などがある。

多賀谷経貞 (たがや　つねさだ)

宇都宮の人で清兵衛と称し、初学者のために様々な和算の解法を集め、『方円秘見集』（寛文7年刊）を著した。

多賀谷元陳 (たがや　もとのぶ)

名古屋の人で京都に住む。初め不破氏、仙九郎と称し、環中仙と号す。初心者用の算術手引き書を著す。著書には『初心算法早伝授』（享保12年刊）、『当世影絵姿鏡』（享保15年）、『唐土秘事の海』（享保18年刊）などがある。

高山重邦 (たかやま　しげくに)

延宝8（1680）年東平井村（藤岡市）に生まれ、万右衛門と称す。宝暦4（1754）年4月1日没す、75歳。宇寛了宙居士。著書には『算書』などがある。

高山忠直 (たかやま　ただなお)

幕臣。宝暦12（1762）年生まれ、渥美忠清の次男で高山佐信の養子。久次郎、のち弥十郎と称し、忠道ともいい、字を圭璋、有鄰と号す。天明8年将軍家斉に謁し、文政2年7月勘定組頭。古川氏清に和算を学ぶ。天保6（1835）年没す、74歳。著書には『啓蒙算経』（寛政5年）、『算法俳発』（寛政11年～文化2年）、『算闘』（文化2年）などがある。

高山光重 (たかやま　みつしげ)

幕臣。兵四郎と称し、小野栄重に和算を学び、文化11（1814）年上州山名八幡宮（高崎市）に奉額。著書には『天文暦数学被仰付より之留』などがある。

滝川有久 (たきがわ　ありはる)

金沢藩士。天明7（1787）年生まれ、新平と称し、字を子龍といい、規矩亭、崇山と号す。神谷定令に関流、馬淵文邸に三池流、会田安明に最上流の算学を学び、文政2年父有中の跡を継ぎ算用者となり、犀川算聖をいわれ、規矩流、瀧川流と称した。天保15（1844）年9月13日没す、58歳。門人に瀧川友直、瀧川質直などがおり、著書には『算術要法五箇条法則』（文政7年）、『神壁算法別術』（文政12年）、『未詳算法』（文政7年～天保12年）などがある。

滝川質直 (たきがわ　かたなお)

文政5（1822）年生まれ、善蔵と称し、字を子達という。父有久に和算を学び、兄友直の子の師範代をつとめ、明治13（1880）年11月11日没す、59歳。門人に関口開などがおり、著書には『改正額題雙鉤招差』などがある。

滝川友直 (たきがわ　ともなお)

金沢藩士。文化13（1816）年生まれ、秀蔵と称し、字を子益、規矩亭（二世）と号す。父有久に和算を学び、跡を継ぎ藩の算用場に勤め、子弟に算学を教授。文久2（1862）年没す、47歳。著書には『規矩亭免許状扣』などがある。

滝沢精二 (たきざわ　せいじ)

大正14（1925）年9月6日長野に生まれ、京都大学、のち名誉教授、倉敷芸術科学大学教授。専門は微分幾何学、平成8（1996）年10月13日没す、71歳。著書には『幾何学入門』『最新代数学と幾何学』『多様体』『微分積分学』などがある。

田口信武（たぐち　のぶたけ）
　文政9（1826）年生まれ、上州笛木新町に住み、文五郎と称し、斎藤宜義、桜沢英秀に和算を学び、関流八伝を称す。安政3年春上州一宮嶽山へ算額を奉納。明治26（1893）年没す、67歳。門人には卜部房澄、大野恒佐、関田義満などがいる。

宅間能清（たくま　よしきよ）
　大阪の人。源左衛門と称し、宅間流という一派を興し、宝永・正徳年間に活躍。著書には『立円或問』（元文3年）などがあり、門人には阿座見俊次、鎌田俊清などがいる。

竹入維徳
　→ **石川維徳**（いしかわ　これのり）

竹内　啓（たけうち　あきら）
　昭和7（1932）年4月26日兵庫県に生まれ、東京大学、山口大学、岩手大学、日本大学教授、のち東京大学名誉教授。獣医師免許審議会会長などをつとめ、平成16（2004）年7月12日没す、72歳。著書には『数理統計学』『線形数学』『非線形計画法』『確率分布と統計解析』『統計学辞典』などがある。

竹内清承（たけうち　きよつぐ）
　弘前藩士。甚左衛門と称し、手廻小姓組近習小姓。高屋定助、吉和靭負、高橋至時に暦学を学び、寛政8年藩校稽古館初代天文学頭、文化6年物頭代、のち郡奉行兼勘定奉行、二百石。天保5（1834）年7月4日没す。弘前の本行寺に埋葬。著書には『九章門帰除術』（寛政7年）などがある。

竹内重信（たけうち　しげのぶ）
　上田藩士。文政13（1830）年6月21日信濃山田村（上田市）に生まれ、善次郎と称し、黄洲と号す。父武信に和算を学び、嘉永2年2月家督を継ぎ、藩の数学寮の教頭となり研究をつとめ、明治23（1890）年10月11日没す、61歳。上田の呈蓮寺に埋葬。著書には『勉強録』（嘉永2年）、『算法瑚璉解義』などがある。

竹内武信（たけうち　たけのぶ）
　上田藩士。天明4（1784）年6月14日信州山田村に生まれ、熊蔵、のち善吾と称し、字を子厚といい、城山、尚綱斎と号す。関輝蕚に関流の算学を、更に山口清直に規矩術を、江戸の篠原善富に天文暦算を学ぶ。文化8年組外御徒士格勘定方、12年中小姓張元役十石十人扶持、嘉永6（1853）年9月25日没す、70歳。口徳院今誉一道居士。上田の呈蓮寺に埋葬。著書に『十字環正解』（文政8年）、『規矩外伝』（文政13年）、『地方畳水録』（天保2年）などがあり、門人には竹内重信、竹内武治、上原道英、小林忠良、植村重遠、曽根祐啓などがいる。

竹内度経（たけうち　ただつね）

　天保3（1832）年信濃大倉村（豊野町）に生まれ、倭三郎と称す。祖父竹内度道に関流の算学を学び免許。慶應元年10月渋温泉医王殿へ算額を奉納、明治14（1881）年没す、49歳。

竹内度道（たけうち　ただみち）

　安永9（1780）年信州大倉村（豊野町）に生まれ、善五郎、坦、平と称し、城山と号す。江戸の藤田貞資に関流の算学を学び、免許を得て帰郷し、多くの門弟を教授、天保11（1840）年正月25日没す、61歳。著書に『善光寺奉納算法再記』（文化7年）、『関流幼少記』（文化10年）などがあり、門人には石井忠重、川口義訓、竹内度径、原蘭秀、山下宣満などがいる。

竹内豊矩（たけうち　とよのり）

　上総の人。矢田氏、要という。著書には『一線標』（天保5年）などがある。

竹内修敬（たけうち　のぶよし）

　名古屋藩士。文化12（1815）年生まれ、安吉、のち藤左衛門と称し、字を子準といい、思斎、成数堂と号す。小川定澄に算額を学び、更に天保11年江戸の内田五観に入門、関流七伝を受ける。明治2年藩校明倫堂の算学教授七石二人扶持、のち小学校算術教師、明治7（1874）年6月10日没す、60歳。著書に『算法浅問抄正邪弁』（天保11年）、『算法円理括発』（嘉永4年）、『開化新撰日用算法』（明治6年）などがあり、門人には松岡愿、太田嘉重、加藤宏幸、寺西起儀、吉田正寛などがいる。

竹内　勝（たけうち　まさる）

　昭和7（1932）年1月12日生まれ、大阪大学教授、のち名誉教授。専門は微分幾何学、平成13（2001）年1月8日没す、68歳。著書には『現代の球関数』『幾何学』などがある。

竹内芳男（たけうち　よしお）

　大正11（1922）年4月21日茨城県取手に生まれ、都立赤城台高校教諭、山形大学教授、のち名誉教授。専門は数学教育、平成11（1999）年10月25日没す、77歳。著書には『問題を生かす授業』などがある。

武隈良一（たけくま　りょういち）

　明治45（1912）年2月29日魚津市に生まれ、小樽商科大学教授、のち名誉教授、専修大学教授。専門は整数論、平成5（1993）年4月26日没す、81歳。著書には『偶然の数学』『二次体の整数論』『数学史』『ディオファンタス近似論』などがある。

竹越豊延（たけこし　とよのぶ）

　信濃新町宿の人で常陸太田男女豆ヶ井村に住む。権左衛門と称し、滅水、知隣斎と号す。神谷定令に算学を学び、関流六伝を称す。文政10（1827）年10月6日没す。賢量聡翁居士。門人には板橋隆朝、武津盈永、中村孝景などがいる。

竹田　清（たけだ　きよし）

　明治33（1900）年9月27日東京に生まれ、

武蔵工業大学、東海大学教授、専門は代数学で特に群論、理学博士。昭和60（1985）年6月12日没す、85歳。著書には『数学総論』『有限群論』『不変式論』などがある。

武田楠雄（たけだ　くすお）

明治42（1909）年生まれ、工学院大学教授、専門は東洋数学史。昭和42（1967）年6月4日没す、58歳。著書には『維新と科学』『技術者のための微分積分学』（翻訳本）などがある。

武田定周（たけだ　さだちか）

羽前山形宮町（山形市）の人。量左衛門と称し、日下誠、和田寧、内田五観に学び、文政13（1830）年芝の愛宕山に算額を奉納。著書には『日門掲示録詳解』（文政12年）、『容題拾解』などがある。

武田定恒（たけだ　さだつね）

嘉永元（1848）年生まれ、徳治と称し、山形の鉄砲町に住む。茂木安英に最上流の算学を学び免許、明治4（1871）年没す、24歳。門人には坪沼尚秀、山口吉勝などがいる。

武田定則（たけだ　さだのり）

弘前の人、毛利氏。恵助、謙蔵と称し、数斎、数遊堂、数理堂と号す。内田五観に入門、のち武田真元の養嗣子となり家学を継ぎ、数理研究舎を開き子弟を教授。明治39（1906）年没す。著書には『算法真元術追加』（慶應元年）、『幾何学初歩』『三学題林』『珠算必要論』などがあり、門人には澤池幸恒などがいる。

武田真元（たけだ　しんげん）

安永9（1789）年堺に生まれ、道修町の淀屋橋に住む。篤之進、徳之進、主計、のち主計正と称し、字を子字といい、真空堂、無量斎、参伍、運施斎と号す。坂正永、村井宗矩、間重富に天文暦算を学び、正永の遺書及び最上流の書を受けて、武田流（真元流）を興す。弘化3（1846）年12月26日没す、57歳。大坂天王寺の光明寺に埋葬。著書に『階梯算法』（文政元年）、『算法便覧』（文政7年刊）、『教授録』（天保2年）、『真元算法』（弘化2年刊）、『摘要算法』（弘化3年刊）などがあり、門人には武田真則、竺真應、内藤真矩、福田金塘、岡田忠貴、山崎真辰などがいる。

武田済美（たけだ　せいび）

長崎の人。惕四郎、要四郎と称し、字を子世といい、青谿と号す。久留米の入江修敬に和算を学ぶ。著書には『闡微算法』（寛延3年刊）、『阿来算法』（寛政10年）などがある。

武田真興（たけだ　まさおき）

大阪の人。佐一郎と称し、武田真元に和算を学ぶ。著書には『古今算盤円理図解』などがある。

武田真則（たけだ　まさのり）

大阪の人。武田真元の子で多則ともいい、篤之丞と称し、父及び和田寧に和算を学ぶ。著書には『真元算法』（天保15年）などが

ある。

武田保勝（たけだ　やすかつ）

仙台の人。寛政9（1797）年生まれ、司馬と称す。天文学を秋保盛弁に、和算を松木清直に学ぶ。嘉永6（1853）年9月4日没す、57歳。仙台の東昌寺に埋葬。著書には『平方零約術附録』（文政13年）、『新暦交蝕規範』（天保8年）、『算法側円全書』『数理探玄』などがあり、門人に伊藤隷尾、黒須利庸、志村恒憲、村田明哲などがいる。

竹中定富（たけなか　さだとみ）

古川氏清に至誠賛化流の算学を学ぶ。門人に木村尚寿などがおり、著書には『算題集』などがある。

竹中信平（たけなか　しんぺい）

涌谷と号す。著書に『西算雑題百種』（明治7年）などがある。

竹中直温（たけなか　なおはる）

尾張の人。友右衛門と称し、永田敏昌に関流の算学を学び、天保5（1834）年10月尾張大須観音へ算額を奉納。

竹貫登代多（たけぬき　とよた）

安政3（1856）年8月川越に生まれ、明治8年家督を継ぎ、宮沢熊五郎に測量術と算術を、のち金子精一に洋算を学び、更に攻玉社にて数学、英語を修学し、11年芝の赤楽塾の数学教師、19年攻玉社に就職、のち武蔵高等学校教授、昭和6（1931）年4月14日没す、75歳。著書には『数学講義録』『数学世界算術』『数学世界代数』『数学世界幾何』などがある。

竹内端三（たけのうち　たんぞう）

明治20（1887）年6月東京に生まれ、第五高等学校、第八高等学校、第一高等学校、東京帝国大学教授、のち名誉教授。虚数乗法に関するクロネッカーの問題を解決し、理学博士。昭和20（1945）年8月7日没す、58歳。著書には『高等微分学』『高等積分論』『極限論』『函数論』『楕円函数論』『積分方程式』などがある。

武野貞実（たけの　さだざね）

豊後日出藩士。宝暦11（1761）年生まれ、小三郎、儀兵衛、のち算助と称す。天明4年二宮兼善に入門し和算を学び、藩士を教授し、天保12（1841）年6月22日没す、81歳。保昌院釈可量。著書には『算法雑記』などがある。

武野貞孝（たけの　さだたか）

豊後日出藩士。享保8（1723）年生まれ、儀兵衛と称し、計量と号す。和算に長じ、藩主木下俊胤に認められ郡奉行、安永8（1779）年3月17日没す、57歳。法名を釈浄西。著書には『算法思唯集』などがある。

竹林忠重（たけばやし　ただしげ）

大阪の人。松之助、袰之亮と称し、福田金塘に和算を学ぶ。著書には『算学速成』（天保7年刊）、『鉤股大全集』『算法鉤股大全解』などがある。

竹林忠喜（たけばやし　ただよし）

大阪の人。忠漸ともいい、兼吾と称し、貫行斎と号す。福田金塘に和算を学ぶ。著書には『算題雑解前集』（天保14年刊）、『算題雑解後集』『算法諸招差手引』などがある。

建部賢明（たけべ　かたあき）

幕臣。万治4（1661）年正月26日生まれ、建部直恒の次男で建部賢隆の養嗣子。隼之助と称し、元禄元年12月養家を継ぎ、6年納戸番。関孝和の門に学び、算書の集大成をする。正徳6（1716）年閏2月21日没す、56歳。法名全清。江戸小日向の龍興寺に埋葬。著書には『建部氏伝記』（正徳5年）、『探円数』などがある。

建部賢弘（たけべ　かたひろ）

幕臣。寛文4（1664）年6月直恒の三男、江戸に生まれ、源右衛門、源之進、のち彦次郎と称し、賢秀、賢行ともいい、不休と号す。延宝4年関孝和に入門し和算を学ぶ。宝永4年5月西城御納戸番士、6年2月二の丸御留守居三百俵、享保17年3月廣敷用人、18年12月致仕し、元文4（1739）年7月20日没す、76歳。安山道全居士。江戸小日向の龍興寺に埋葬。著書には『研幾算法』（天和3年刊）、『発微算法演段諺解』（貞享2年刊）、『算学啓蒙諺解大成』（元禄3年刊）、『綴術算経』（享保7年）、『不休綴術』などがあり、門人には中根元圭、小池桃洞、池部清真などがいる。

建部賢之（たけべ　かたゆき）

幕臣。承応3（1654）年生まれ、三四郎、のち兵庫と称し、賢基、賢雄ともいい、関孝和の門に学ぶ。寛文7年将軍家綱に初目見し、小十人組頭、富士見宝蔵番頭をつとめ、享保8（1723）年致仕し、8月17日没す、70歳。著書には『算法格式』などがある。

竹村　弘（たけむら　ひろし）

明治44（1911）年11月8日生まれ、奈良教育大学教授、のち名誉教授。平成10（1998）年5月23日没す、86歳。著書には『数学学習図鑑』『中学数学の基本』などがある。

竹村好博（たけむら　よしひろ）

但馬出石藩士。喜平太、啓介、のち次郎右衛門と称し、字を子学という。内田五観に和算を学ぶ。明治19（1886）年没す。著書に『対数表精解』（安政元年）、『地球経度量数表』（安政5年）、『算法円理秤平術解』『点鼠雑題』などがあり、門人には奥田秀貫などがいる。

竹本二郎（たけもと　じろう）

大正3（1914）年3月生まれ、静岡大学教授、のち名誉教授。専門は統計学、平成16（2004）年12月21日没す、90歳。著書には『パソコンで描くリサージュ図形』などがある。

田沢正忠（たざわ　まさただ）

明治41（1908）年生まれ、久留米高等工業学校教授、昭和25（1950）年没す、42歳。

著書には『数学解析演習微分積分学篇』などがある。

田澤昌永（たざわ　まさなが）
　天保9（1838）年江戸で生まれ、静岡に住み、静岡中学校に奉職。著書には『代数学初歩』（明治8年）、『筆算題叢』（共著）などがある。

丹治重治（たぢひ　しげはる）
　岩代信夫郡金沢村（福島市）の人。天保7（1836）年8月1日生まれ、賜ともいい、久女之介、粂之助、のち庄作（昌作）と称し、字を子通、明斎、五嶽と号す。安達の野地豊成に、のち最上流渡辺一の門弟で二本松藩士宍戸政彝に和算を学び、安政4年印可免許、四伝を称す。7年正月御山黒沼神社へ算額を奉納、明治42（1909）年10月19日没す、74歳。博算院貫翁明斎子通大居士、福島市の永仁寺に埋葬。著書には『改正算法』（安政4年）、『算法円理』（安政7年）、『全解算法』（慶應元年）、『算法還累術』などがあり、門人には尾形貞蔵などがいる。

田島一郎（たじま　いちろう）
　大正元（1912）年9月29日富山県に生まれ、慶應義塾大学教授、洗足学園大学理事。『高数研究』を編集、日本数学教育学会会長をつとめ、昭和60（1985）年4月4日没す、72歳。著書には『整数論』『線形代数』『イプシロン－デルタ』『解析入門』などがある。

田島　基（たじま　もとい）
　筑前の人。内田五観に和算を学ぶ。著書には『乗除八線掌中対数表』（弘化5年）、『帰一堂余算』『三斜容円術』などがある。

多田弘武（ただ　ひろたけ）
　讃岐の人。字を文先といい、松園、太嶽と号す。遠藤政安に和算を学ぶ。著書に『勾股捷径』（安永2年）、『数学松社編』（安永3年）、『評林』（安永5年）などがあり、門人には白井尹久、木村兼長、稲毛義卿などがいる。

立岩敬徳（たちいわ　たかのり）
　宇都宮の人。関流長谷川の門下で伏題免許、量地術（測量術）も免許。

伊達木稔（だてぎ　みのる）
　明治11（1878）年生まれ、旧姓黒田といい、東京高等師範学校教授、大正11（1922）年没す、44歳。著書に『数学教授ノ新思潮』『幾何学教科書』などがある。

伊達宗恭（だて　むねやす）
　広助と称し、佐藤一清に最上流の算学を学ぶ。著書には『算法円理一問解』などがある。

田中在政（たなか　ありまさ）
　信濃阿智村の人。文政2（1819）年生まれ、静窓庵と号す。斎藤保定に関流の算学を学び、天保9年向関天満宮へ算額を奉納、明治8（1875）年没す、55歳。

田中謙輔（たなか　けんすけ）
　昭和8（1933）年7月30日新潟県加茂に生まれ、新潟大学教授、のち名誉教授、新潟工科大学教授。専門は情報数学、平成12（2000）年6月18日没す、66歳。著書には『凸解析と最適化理論』などがある。

田中穣二（たなか　じょうじ）
　昭和4（1929）年生まれ、法政大学教授、専門は統計学、昭和62（1987）年9月1日没す、58歳。著書には『科学計算のプログラム』などがある。

田中正平（たなか　しょうへい）
　文久2（1862）年生まれ、物理学者で東京大学予備門教授。世界で初めて純正調オルガンの試作に成功、昭和20（1945）年10月16日没す、84歳。著書には『新考案乗除筆算法』『新式乗除速算表』『日本和声の基礎』などがある。

田中　瓚（たなか　すすむ）
　京都の人。宝永7（1710）年2月20日生まれ、与三郎と称し、字を文瑟といい、大観と号す。田中由真の子で、父を早く亡くし父の門人の川田申易、中根元圭に暦算を学ぶ。享保20（1735）年11月9日没す、26歳。著書には『月出算法解』（享保20年）、『暦学指要』『天学指要』などがある。

田中清相（たなか　せいすけ）
　津久見義年の門人で『算学津梁』（明和7年刊）を校訂。

田中高長（たなか　たかなが）
　甚蔵と称し、和算に長じ、『曲尺捷巡』を校訂。

田中為政（たなか　ためまさ）
　上州安中の人。算学に長じ、和歌もよくした。著書に『求積極数解』（天保15年）などがある。

田中明雄（たなか　てるお）
　明治37（1904）年3月22日岡山県に生まれ、東京商船大学、のち日本大学教授、専門は応用数学。平成元（1989）年11月15日没す、85歳。著書には『応用数学』『多変数の微積分』『微分積分の基礎』などがある。

田中矢徳（たなか　なおのり）
　嘉永6（1853）年3月静岡県浜名に生まれ、高等師範学校、攻玉社教授。明治23年『数学報知』を創刊。著書には『初等代数学』『幾何学講義』『珠算教科書』『高等算術教科書』などがある。

田中永貞
　→ **彦坂範善**（ひこさか　のりよし）

田中誠美（たなか　のぶよし）
　嶺南と号す。暦算に長じ、著書に『天時明解』（享和2年）、『春秋長暦考』などがある。

田中正夫（たなか　まさお）
　明治28（1895）年2月8日兵庫県に生ま

れ、第一高等学校、東京大学、のち聖心女子大学教授、専門は代数学。昭和51（1976）年10月10日没す、81歳。著書には『高等代数学』『行列式概要』『高等微分積分学』『空間解析幾何学』『ユークリッドの本』などがある。

田中昌言（たなか　まさとき）

　武蔵忍藩士。享和2（1802）年生まれ、千村ともいい、富五郎と称し、算翁、方円堂、玉廼屋と号す。古川氏清に算学を学ぶ。嘉永6年藩の算術師範、のち藩校培根堂、国学館で教えた。明治6（1873）年6月7日没す、72歳。門人には吉田庸徳などがいる。

田中政均（たなか　まさとし）

　和泉堺の人。享保13（1728）年6月中嶋慈玄の三男に生まれ、医師田中仙養の養子。万春と称し、字を子直といい、芳洲、弄叟と号す。和算に通じ、寛政9（1797）年2月13日没す、70歳。成美斎復圭居士。著書には『勾股泒原』（安永8年刊）、『建安率原』『左伝系譜』などがあり、門人には岩本梧友などがいる。

田中政信（たなか　まさのぶ）

　姫路延末の人。文化6（1809）年生まれ、常次郎と称し、植田素顕に中西流の算学を学び、中西再新流を称す。明治13（1880）年2月6日没す、71歳。門人には大塚義高、白髪信明、三浦徳弐などがいる。

田中　穣（たなか　みのる）

明治42（1909）年東京に生まれ、学習院大学、のち名誉教授、専門は整数論。平成5（1993）年10月14日没す、84歳。

田中保房（たなか　やすふさ）

　明治28（1895）年1月15日新潟県に生まれ、第二高等学校、東北大学教授、のち名誉教授。昭和58（1983）年9月2日没す、88歳。著書には『座標幾何学』『高等教育数学』などがある。

田中由真（たなか　よしざね）

　京都の人。慶安4（1651）年生まれ、吉実、正利ともいい、十郎兵衛と称し、京都椹木町に住み、橋本吉隆に師事して算学を究め、江戸の関孝和に対して京都を代表した。享保4（1719）年10月21日没す、69歳。京都黒谷に埋葬。著書に『算法明解』（延宝6年）、『陰陽率術』『授時暦経算法』『筆算除乗術』などがあり、門人には佐治一平、田中讚、安藤吉治、安井秀近、伊藤祐将などがいる。

田中義喬（たなか　よしたか）

　定次郎と称し、会田安明に最上流の算学を学び、文化4（1807）年吉備津彦神社に算額を奉納。

田中可然（たなか　よしのり）

　天保3（1832）年生まれ、広島藩校の数学教授、航海測量士、大正13（1924）年12月13日没す、92歳。

田中善正（たなか　よしまさ）

出羽庄内大山（鶴岡市）の人。明和9（1772）年8月17日生まれ、伊勢松、のち一郎と称し、字を万春といい、源子、中一道人、東西逸人、松羅山人、白雲山人などと号す。伯父田中朝陽に和漢学を学び天文暦算に長じ、文政5（1822）年7月18日没す、51歳。著書には『恢国編』（文化元年）、『温海雑稿』（文政2年）、『測量雑記』などがある。

田中佳政（たなか　よしまさ）
　津軽藩士。唯五郎、十右衛門と称し、のち山野元命という。勘定奉行、諸手足軽頭、用人をつとめ、高照神社の祭主、その神学を教授、兵学、算学にも精通し、享保8（1723）年没す。著書には『数学端記』（元禄10年）、『事予録』などがある。

田辺清之（たなべ　きよゆき）
　相州小田原の人。浅右衛門と称し、藤田貞資に関流の算学を学び、天明5年9月松原神社へ算額を奉納、寛政7（1795）年3月1日没す。智現了明上座。

谷川善右衛門（たにかわ　ぜんえもん）
　大阪の人。堂島新地四丁目に住み、和算に通じた。著書には『小割塵劫』（元文元年）などがある。

谷口富三郎（たにぐち　とみさぶろう）
　大正3（1914）年3月13日神奈川県に生まれ、北海道第一師範学校、北海道教育大学教授、のち名誉教授。専門は数学教育、平成12（2000）年6月18日没す、86歳。

谷口安宅（たにぐち　やすいえ）
　丹波篠山藩士。平助と称し、御手洗鉄砲組頭。文武両道に通じ、上田精兵衛に関流の算学を学び、子弟を教授。著書には『偶角總術』『垜積術』『容円術』などがある。

谷　松茂（たに　まつしげ）
　美濃大垣の人。寛政12（1800）年生まれ、次郎八と称し、字を士好といい、幽斎と号す。屋号を刷木屋といい、代々美濃大垣で印刷彫刻を業とする。水野政和、北川孟虎に算学を学び、関流八傳を称す。天保12（1841）年10月3日没す、42歳。大道虚玄信士。著書に『綴術新意』（文政10年）、『幽斎算約初編』（天保2年）、『幽斎一派額面題』（天保11年）、『谷子算法』などがあり、門人には清水政英、土屋信義、土屋信篤、土方與貞などがいる。

谷　以燕（たに　もちやす）
　備中の人。安永3（1774）年生まれ、東平と称し、竜岡と号す。宅間流松岡能一に和算を、麻田剛立に暦学を学ぶ。文政7（1824）年没す、51歳。著書に『起術解』（文化2年）、『精要算法築山題起元』（文政5年）、『算法浅題解』『日食校算稿』などがあり、門人には小野以正などがいる。

谷山　豊（たにやま　ゆたか）
　昭和2（1927）年生まれ、東京大学助教授、代数的整数論を研究し、33（1958）年11月17日若くして没す、31歳。著書には『現代数学講座』『近代的整数論』などがある。

田原忠継（たはら　ただつぐ）

信州三才村（松本市）の人。安永5（1776）年生まれ、小野右衛門と称し、吉田玄魁堂に宅間流の算額を学び免許、安政2（1855）年没す、80歳。門人には加藤路政、藤澤路清、藤澤常勝、宮澤定賢などがいる。

田原嘉明（たはら　よしあき）

和泉堺の人。天正2（1574）年生まれ、仁右衛門と称し、初め坂宇右衛門重春といい、和歌、狂歌もよくした。著書には『新刊算法起』（承応元年刊）などがある。

田部井安勝（たべい　やすかつ）

栃木足利郡名草村（足利市）の人。沢七と称し、会田安明に最上流の和算を学び、享和元年4月一瓶塚稲荷神社、4年3月足利の大日堂に算額を奉納、文政12（1829）年正月朔日没す。算誉円術居士。

田村一郎（たむら　いちろう）

大正15（1926）年10月23日東京に生まれ、東京大学、のち東京電機大学、専門は位相幾何学。奇数次元球面上の余次元一の葉層構造の存在定理は有名、東京大学名誉教授、平成3（1991）年2月21日没す、64歳。著書には『トポロジー』『微分位相幾何学』などがある。

田村豊矩（たむら　とよのり）

関流和算をよくした。著書には『解題雑録』などがある。

田村正知（たむら　まさとも）

文化12（1815）年信州牟礼（牟礼村）に生まれ、与兵衛と称し、玄賞堂と号す。明治10年10月神明宮に算額を奉納、19（1886）年没す、71歳。

田村亮二（たむら　りょうじ）

大正9（1920）年生まれ、熊本大学教授、専門は統計数学、昭和55（1980）年11月13日没す、60歳。

玉村章枝（たまむら　あきえ）

昭和20（1945）年1月24日香川県に生まれ、岡山理科大学教授、専門は位相数学。平成15（2003）年11月5日没す、58歳。

溜谷要斎（ためたに　ようさい）

長谷川弘に算学を学び、関流八伝を称す。明治14（1881）年1月加須の天神社へ算額を奉納。

田盛秀登（たもり　ひでと）

明治44（1911）年9月1日広島県に生まれ、広島大学教授、のち名誉教授。専門は数学教育、平成元（1989）年2月16日没す、77歳。著書には『数と計算の指導』などがある。

丹　茂致（たん　しげむね）

米沢藩士。東秀幸に中西流の算学を学び免許。文化12年懸入御用掛、14（1817）年家督を継ぎ、天保14年仲ケ間筆頭、弘化元年玉川口御番所勤務一人半扶持四石五斗。

淡中忠郎（たんなか　ただお）

明治41（1908）年12月27日松山市に生まれ、東北帝国大学、東北学院大学教授、のち名誉教授。専門は代数学及び整数論、位相群に関する淡中の双対定理は有名、理学博士。昭和61（1986）年10月25日没す、77歳。著書には『統計学の理論と応用』『代数学新講』『位相群論』『数学の学校』『双対原理』などがある。

丹野清晴（たんの　きよはる）

　仙台の人。寛政4（1792）年生まれ、弥三郎と称し、遠藤清寅に関流の和算を学び、慶応3年8月鎮守八幡社に算額を奉納、4（1868）年8月5日没す、75歳。千尋院善因寛孝居士。

丹野九内直信

　→　**橋本直信**（はしもと　なおのぶ）

丹野光仲（たんの　みつなか）

　三之助と称し、初め政高、伊藤三左衛門といい、斎野堂と号す。明治13（1880）年佐久間に入門し最上流の和算を学び、農民に算学を広める。

壇　益昌（だん　えきしょう）

　柳河藩士。堪左衛門と称し、古川氏清（三和一致流）つまり至誠賛化流和算を相伝。著書には『算術学抜問答』『雑問解』などがある。

【ち】

千喜良英二（ちぎら　えいじ）

昭和2（1927）年盛岡市に生まれ、山形県立米澤女子短期大学教授、のち名誉教授、日本数学史学会会員、山形県和算研究会顧問、平成15（2003）年11月19日没す、76歳。著書には『米澤の和算』『和算の里』などがある。

千葉武悦（ちば　たけえつ）

　浪華の人。五兵衛と称し、金城、貫珠斎と号し、福田金塘に和算を学ぶ。著書には『算題雑解前集』（天保14年刊）、『算法道標』（弘化2年刊）などがある。

千葉胤定（ちば　たねさだ）

　治三郎と称し、千葉胤秀に算学を学び、関流九伝を称す。門人には阿部則定、石川保良、菅原良定などがいる。

千葉胤直（ちば　たねなお）

　武左衛門と称し、千葉胤秀に算学を学び、関流八伝を称す。門人には荒谷富謙、及川政虎、斎藤光重、鳥羽教家などがいる。

千葉胤規（ちば　たねのり）

　天保9（1838）年生まれ、六郎と称し、磐水、艮山と号す。胤道の長子で父に算学を学び、長谷川数学道場にて別伝免許、関流九傳を継ぐ。大正2（1913）年没す、76歳。著書に『数学手引歌』『和算独学』などがあり、門人には小野寺定家、葛西正規などがいる。

千葉胤秀（ちば　たねひで）

　一関藩士。安永4（1775）年陸中流郷の

農家に生まれ、雄七と称し、流峯と号す。算学は梶山次俊に学び、文政元年江戸に出て長谷川寛に師事し、帰京後多くの門弟を教授、11年藩の算術師範役、関流七傳を称し、嘉永2（1849）年2月4日没す、75歳。一関の祥雲寺に埋葬。関量院数観流峯居士。著書に『天元定例』（文政5年）、『算法新書』（天保2年刊）、『綴術略法』などがあり、門人には千葉胤道、千葉胤英、千葉胤雪、千葉成胤、安倍保定、伊藤方円、及川秀之、及川常方、小野寺道明、佐藤直方、菅原実春、山田業喜、吉田武矩など多くいる。

千葉胤英（ちば　たねふさ）

一関藩士。文政2（1819）年千葉胤秀の次男に生まれ、織之進、のち善右衛門と称し、得一斎環水と号す。父に算学を学び、長谷川数学道場の別伝免許を得て助教、天保5年12月一関神明社に算額を、9年3月には吾勝神社に奉納、11年士班に列し、弘化元年数学師範役で検田係を兼務、嘉永2年長谷川弘より皆伝、関流系統八伝を称し、明治16（1883）年3月19日没す、65歳。著書に『算法鉤垂術』（嘉永2年）、『羽州角館神壁算法』『対換門』などがあり、門人には千葉常一、千葉胤良、石黒直愿、菊地英久、菅原実良などがいる。

千葉胤道（ちば　たねみち）

文化12（1815）年生まれ、六郎、のち雄七と称し、流山（流南とも）と号す。胤秀の長子で父に算学を学び、関流を継承して一関で数学道場を開き教授。明治元（1868）年没す、44歳。著書に『因解百好式』『開商点兵算法解義』『本朝算鑑抜書解義』などがあり、門人には千葉胤規、千葉胤和、阿部重道、荒谷富謙、角田道友、佐々木秀房などがいる。

千葉胤雪（ちば　たねゆき）

文化5（1808）年生まれ、胤行ともいい、倉松と称し、千葉胤秀に算学を学び、関流八伝を称す。明治25（1892）年没す、85歳。門人には小野寺胤員、佐藤信房、菅原実茂、吉田富満などがいる。

千葉胤良（ちば　たねよし）

嘉永2（1849）年生まれ、善二と称し、得一斎と号す。千葉胤英に算学を学び、昭和11（1936）年没す、87歳。

千葉常一（ちば　つねかず）

天保15（1844）年生まれ、量七、のち善右衛門と称し、淡水と号す。父胤英に算学を学び、明治元（1868）年9月15日没す、25歳。著書には『両七算法』（慶應元年）、『精要算法巻下解義』『探索算法淡水問答』『方陣術別伝』などがある。

千葉桃三（ちば　とうぞう）

大阪の人。字を子常といい、壷中陰者と号す。医を業とし、入江修敬に関流算学を学び皆伝、のち江戸に住み和算を教授。寛政6（1794）年没す。著書には『算法少女』（安永4年刊）などがある。

千葉歳胤（ちば　としたね）

141

幕士。正徳3（1713）年武州虎秀村（東吾野村）に生まれ、初め浅見氏、助之進、陽生と称し、幸田親盈に算学を学び、医を業とす。寛政元（1789）年3月6日没す、77歳。乾道陽生居士。著書に『大織天文地理考』（宝暦9年）、『蝕算括法率』（明和3年）、『皇倭通暦蝕考』（明和5年刊）などがあり、門人には篠山光官などがいる。

中条澄清（ちゅうじょう　すみきよ）

讃岐の人。嘉永2（1849）年生まれ、洋算を父澄清、福田理軒に学び、「数理舎」を設立し、『数理会堂』を創刊、明治30（1897）年没す、48歳。著書には『比例新法』『算学教授書』『心算代数学』『幾何画法』などがある。

【つ】

塚越金重（つかこし　かねしげ）

清三郎と称し、小濱堯知に算学を学び、文化4（1807）年月武州久伊豆神社へ算額を奉納。

塚田義智（つかだ　よしとも）

栃木寒川村（小山市）の人。名主をつとめ、五右衛門と称し、宗川と号す。上原子盈に算法を学び、江戸に出て更に研鑽し、安政6（1859）年没す、62歳。

塚原十郎右衛門（つかはら　じゅうろうえもん）

姫路の人。真表と号し、清野信興に和算を学ぶ。著書には『清野流打量秘訣』（安永8年）、『清野流打量秘訣附録』『清野流打量秘訣余意』（安永9年）などがある。

塚本明毅（つかもと　あきたけ）

天保4（1833）年10月14日江戸に生まれ、金太郎、桓輔と称し、寧海と号す。嘉永6年昌平黌学問所教授世話心得、安政2年長崎海軍伝習所に入所、5年築地軍艦操練所教授、文久2年小笠原諸島を測量、慶應4年軍艦頭並陸軍用取扱、明治3年沼津兵学校頭取、5年陸軍少丞補、陸軍兵学校大教授、10年修史館一等編修官となり、18（1885）年2月5日没す、53歳。大恪院筒誉寧楽居士。著書には『筆算訓蒙』『日本地理撮要』などがある。

月出常房（つきで　つねふさ）

伊豆月ケ瀬（伊豆市）の人。著書には『鉤股勾配』（安政元年刊）などがある。

津久井義年（つくい　よしとし）

笠間藩士。享保10（1725）年生まれ、津衛門、郡右衛門、のち武兵衛と称し、津久間清裕に算学を学ぶ。寛保3年2月中小姓廿人扶持召出、延享2年11月亡父跡式七十石代官本役、宝暦8年支配役出精と算術指南の儀にて代官組頭、天明元年6月番頭格九十石、4年7月旗奉行格百石となり、7（1787）年5月22日没す、63歳。門人に大塚正方、田中清柏、甲斐義蕃などがいる。

辻　正賢（つじ　まさかた）

三作、のち嘉左衛門と称し、蠖斎と号す。江戸下谷金杉に住み、神谷定令に関流の和

算を学び、寛政8年市ヶ谷の茶木稲荷社に算額を奉納、文化元年下総の銚子に移り和算を教授、4年に山形七日町に赴いて教授、文政6（1823）年2月山形に没す。著書に『雑題三十九好』などがあり、門人には明石正久、郷一重、田中則辰などがいる。

辻　正次（つじ　まさつぐ）

明治27（1894）年7月21日三重県に生まれ、第一高等学校、東京帝国大学、のち立教大学、日本大学教授。専門は関数論、理学博士。東京大学名誉教授、日本数学会委員長をつとめ、昭和35（1960）年3月6日没す、65歳。著書には『集合論』『函数論』『実変数函数論』『複素函数論』などがある。

辻　昌長（つじ　まさなが）

江戸に住み、和算に通じる。著書には『算法定率集』（正徳4年）などがある。

都筑俊郎（つずく　としろう）

昭和4（1929）年10月30日長野県に生まれ、北海道大学教授、のち名誉教授。専門は代数、幾何学、平成14（2002）年9月16日没す、72歳。著書には『群論への入門』『代数的組み合せ論の研究』『有限群と有限幾何』などがある。

津田宜義 → 秋田義一（あきた　よしかず）

土屋温斎（つちや　おんさい）

文政6（1823）年豊後大岩屋（真玉町）に生まれ、万次郎、のち弥兵衛と称し、温斎と号す。江戸に出て商業に従事。天野栄親に算法を学び、のち洋算を修め、明治初年に延岡藩校広業館に聘され、のち再び上京し、明治11年東京日本橋浜町に和算専門の豊國学校を開校し、23（1890）年5月7日没す、68歳。著書には『鉤股弦起源』などがある。

土屋信篤（つちや　のぶあつ）

高田の人。武三郎と称し、谷松茂に和算を学び、関流九傳を称す。著書には『奉備幽斎谷先生霊前』（天保14年）などがある。

土屋信義（つちや　のぶよし）

高田の人。恭二郎と称し、谷松茂に関流算学を学ぶ。著書に『土屋氏割術』などがあり、門人には土屋信朝、井口正晨などがいる。

土屋附明（つちや　ふめい）

須坂藩士。天保2（1831）年生まれ、金生と称し、算学を父愛親に学び、小姓、のち御側役、明治維新となり伊那県に出仕。明治25（1892）年没す、62歳。著書には『算則解義』『算法浅問拙解』などがある。

土屋愛親（つちや　よしちか）

須坂藩士。寛政10（1798）年生まれ、親敬ともいい、修蔵と称し、蕉園と号す。郡奉行をつとめた。江戸に出て算学を、幕府天文方で天文学を学び、のち法道寺善に師事、関流八伝を称す。明治15（1882）年1月30日没す、85歳。著書に『算方開薀附録解義』（文久元年）、『筆算速成』（慶応3

年)、『算法助術拾遺』『土屋修蔵雑解』などがあり、門人には町田公達、湯原惣治などがいる。

都築利長（つづき　としなが）
　埼玉の種足村（騎西町）の人。菊蔵と称し、都築利治に算学を学び皆伝し、関流九傳を称す。門人には福田谷治などがいる。

都築利治（つづき　としはる）
　嘉永4（1851）年埼玉郡種足村（騎西町）に生まれ、源右衛門と称し、長谷川弘に学び、関流八傳皆伝算師を称す。大正14（1925）年5月没す、75歳。門人には都築利長、加藤清満、松村利輝、長谷川利辰、田村治重、堀越利佐などがいる。

堤　量水（つつみ　りょうすい）
　彦根藩士。宗平と称し、字を子厚といい、量水は雅号。算学に通じ、著書には『算学初例』（天保2年）、『解象算法初篇』（天保8年）などがある。

坪井照男（つぼい　てるお）
　大正7（1918）年3月6日群馬県館林に生まれ、埼玉大学教授、のち名誉教授、足利大学教授。専門は関数論、平成2（1990）年8月22日没す、72歳。

坪川常通（つぼかわ　つねみち）
　加賀大聖寺藩士。文政6（1823）年坪川四郎兵衛の子に生まれ、直作、のち与右衛門、文八と称し、字を栄卿といい、得夫斎と号す。天保14年坪川十治の養子、翌年御

徒組、足軽頭指引役、算用場小算用役などを歴任。算用吏山口知貞に関流の算学を学ぶ。維新後は会計寮筆生、司民局司計掛などに勤め和算を教授。明治22（1889）年没す、67歳。著書には『帰源推歩』『点竄解勾股玄一百題』『神氏一百題』『久氏三百解』などがある。

坪光松二（つぼこう　まつじ）
　明治43（1910）年1月2日石川県に生まれ、大阪大学教授、のち名誉教授、関西学院大学教授。専門は微分幾何学、理学博士。平成4（1992）年8月27日没す、82歳。著書には『応用数学汎論』『代数と幾何』などがある。

妻野重供（つまの　しげとも）
　大阪の人。佳助と称し、宅間流算学五世という。天明3（1783）年春長野の善光寺へ算額を奉納。門人には石井資美などがいる。

津村善郎（つむら　よしろう）
　明治45（1912）年7月12日和歌山市に生まれ、静岡高等学校、愛知大学、のち東京理科大学教授。専門は統計学、理学博士。平成8（1996）年4月8日没す、83歳。著書には『社会統計入門』『標本調査法』などがある。

津山三郎（つやま　さぶろう）
　明治16（1883）年生まれ、広島高等師範学校教授、昭和33（1958）年没す、75歳。著書には『中等教育数学教科書』『中等教

育改訂女子算術』『師範教育数学教科書』などがある。

鶴峯戊申（つるみね　しげのぶ）
　天明8（1788）年7月22日豊後臼杵に生まれ、和左治、左京、のち彦一郎と称し、字を世霊、季尼といい、皐屋、中橋、皇舎、海西、究理塾と号す。父宜綱に和漢の学を学び、臼杵藩儒武藤吉紀に師事、文化元年上京し、綾小路俊資に和歌を、山田以文などに国学を学ぶ。のち大阪などに住み講説を業とし、天保3年江戸に移住し私塾究理塾を開いて、内田五観、寺門静軒、権田直助らを教え、9年海鷗社開いて、立原杏所、赤井東海、安積艮斎らと交わる。安政3年水戸藩の和書編集所に出仕、6（1859）年8月24日没す、72歳。秀山院寶林居士。小石川の善光寺に埋葬。著書には『帰乗捷法』（文政9年）、『極西算法』『見盤口受』『算法新式』『新式算盤』（文化9年刊）、『新式早算九九ノ札』（嘉永7年）、『籌算捷法初編』（文化9年）、『量地規矩術』などがある。

鶴見正直（つるみ　まさなお）
　喜作と称し、丸山良玄に和算の学び、寛政3（1791）年10月越後村上羽黒山へ算額を奉納。

【て】

手島清春（てじま　きよはる）
　喜八郎と称し、関流七傳という。門人には澤田理則、加藤重信などがいる。

手塚紀興（てつか　のりおき）
　弥一右衛門と称し、光鷹と号す。和算を志し、天文暦算を修め、のち江戸の出て独学で、手塚流算法を開く。延享3（1746）年4月没す。一応道言居士。会津若松の栄岸寺に埋葬。著書には『算法私用』『算法提要集』などがある。

寺内良弼
　→　**松永良弼**（まつなが　よしすけ）

寺尾知若（てらお　ちじゃく）
　加賀の人。名を克灼、のち川崎氏。瀧川有又に和算を学ぶ。著書には『立円五十問答術集』などがある。

寺尾　寿（てらお　ひさし）
　安政2（1855）年9月福岡藩士の子に生まれ、天文学者。数学と天文学を学び、東京帝国大学教授、東京物理学校（東京理科大学）初代校長。楕円関数論やテータ関数の理論を初めて大学で講義。明治21年東京天文台初代所長、41年日本天文学会会長となり、大正12（1923）年8月6日没す、69歳。著書には『算術教科書』『中等教育算術教科書』『対数及函数表』などがある。

寺阪英孝（てらさか　ひでたか）
　明治37（1904）年1月27日東京に生まれ、大阪大学教授、のち東京女子大学、上智大学教授、理学博士。幾何学を専門とし、日本のトポロジー研究の先達の一人、大阪大学名誉教授、平成8（1996）年4月3日没す、92歳。著書には『射影幾何学の基礎』

『現代数学小事典』『幾何とその構造』『非ユークリッド幾何の世界』などがある。

寺沢寛一（てらさわ　かんいち）

　明治15（1882）年7月15日米沢に生まれ、東京帝国大学、のち電気通信大学教授、初代学長。数理物理学者で弾性力学、流体力学を研究、理学博士、東京大学名誉教授。昭和44（1969）年2月5日没す、86歳。著書には『微分学講義』『積分学講義』『自然科学者のための数学概論』『力学概論』『物理学』などがある。

寺島陳玄（てらしま　ちんげん）

　信州鬼無里村（長野市）の人。延享3（1746）年生まれ、半右衛門と称し、北星と号す。山田勝吉に宮城流の和算を学び、安永5年信州戸隠山中院権現堂へ算額を奉納、文政元（1818）年9月3日没す、73歳。門人には寺島宗伴などがいる。

寺島宗伴（てらしま　むねとも）

　寛政6（1794）年信濃鬼無理村（長野市）に生まれ、数右衛門と称し、北明と号す。叔父の寺島陳玄に宮城流の和算を、のち梅津藩町田正記に最上流を学び免許、明治17（1884）年2月2日没す、91歳。教翁院安窓是心居士。著書に『算法天元算題花』『当用算記録』『算法続浅問答』などがあり、門人には加藤五乾、小林重賢、戸谷重季、戸谷綱光、宮下傳仲などがいる。

寺村周太郎（てらむら　しゅうたろう）

　明治35（1902）年5月3日彦根市に生まれ、長浜北高等学校教諭、方陣について研究、昭和55（1980）年4月24日没す、78歳。著書には『魔法陣』（5冊）などがある。

寺本　英（てらもと　えい）

　大正14（1925）年2月15日松江市に生まれ、京都大学、龍谷大学、のち兵庫大学教授、専門は生物物理学で数理生物学を開拓。京都大学名誉教授、平成8（1996）年2月7日没す、70歳。著書には『ランダムな現象の数学』『無限・カオス・ゆらぎ』などがある。

照山貞信（てるやま　さだのぶ）

　安永6（1777）年筑前寺山に生まれ、平八、のち甚右衛門と称し、三思亭と号す。原田君煕に関流の算学を学び皆伝。測量、暦学にも通じ教えた。嘉永2（1849）年11月24日没す、72歳。著書に『原田君先生追善算題解』（天保6年）、『月食捷径』（弘化4年）、『開式省品秘解』『太宰府額解義』などがあり、門人には照山治綱、永長知棟などがいる。

【と】

戸板保佑（といた　やすすけ）

　仙台藩士。宝永5（1708）年正月27日生まれ、多々良重豊ともいい、善太郎と称し、字を植、茂蕃、号を格九、取轡、黄海、統天斎。享保9年2月中西流算術を青木長由に、天文暦算を遠藤盛俊に学び印可。宝暦5年6月山路主住に関流算術を学び、一子相伝を受け、8年2月帰国し150石、9年

9月大崎神社に算額を奉納、天明4（1784）年9月7日没す、77歳。英光院徳翁良雄居士。仙台の江巌寺に埋葬。著書に『御伽買合算』（明和2年）、『奇偶段数考』（宝暦6年）、『九数総術』（明和8年）、『五行占算法』（明和5年）、『関算雑書』（安永6年）、『零約本術解』（安永7年）などがあり、門人には飯澤高虎、船山佐清、藤廣則、加茂義明、戸板保古などがいる。

東郷重明（とうごう　しげあき）

大正11（1922）年2月10日兵庫県河西に生まれ、広島大学、のち名誉教授。専門は代数学、イリノイ大学客員教授。昭和63（1988）年6月7日没す、66歳。著書には『代数入門』『無限次元リー代数』『リー代数』などがある。

藤　廣則（とう　ひろのり）

仙台藩士。寛延元（1748）年生まれ、彦五郎と称し、遠藤定孝の子で藤廣次の養子。蒼海、藤岱、宗長、太朝、九覧、五岱斎と号す。戸板保佑に天文暦算を学び、安永元年大番士。文化4（1807）年12月25日没す、60歳。徳雲軒中岳全興居士。仙台の資福寺に埋葬。著書に『算法通等輯解』（明和5年）、『関流要法捷解』『天文測量志』などがあり、門人には今野信全、遠藤清寅などがいる。

東福寺昌保（とうふくじ　まさやす）

松代藩士。文政4（1821）年川中島下氷飽村に生まれ、泰作と称し、池田定見、町田正記に最上流の算学を学び、天保13年3月信州清水寺観音堂へ算額を奉納、藩内の山野を測量し地図を作製、明治34（1901）年12月31日没す、81歳。

問谷　力（とうや　ちから）

明治30（1897）年生まれ、山口高等学校、のち東京文理科大学教授、昭和40（1965）年没す、68歳。著書には『数学公式便覧』『師範数学』『高等数学提要』（共著）などがある。

遠木幸成（とおき　ゆきなり）

大正2（1913）年3月31日広島県安浦町に生まれ、大阪大学教授、のち名誉教授。専門は関数論、平成4（1992）年1月28日没す、78歳。著書には『解析概論』『函数論』などがある。

遠山　啓（とおやま　ひらく）

明治42（1909）年8月21日熊本県に生まれ、東京工業大学教授、のち名誉教授。代数関数論を研究、理学博士。数学教育協議会を結成、水道方式による計算体系を提唱、昭和48年教育誌「ひと」を創刊し、真学塾を開く。昭和54（1979）年9月11日没す、70歳。著書には『行列論』『新しい数学教室』『現代数学教育事典』『現代数学教育講座』『現代化数学教育法事典』『水道方式の授業展開』『関数を考える』などがある。

〈参照〉『遠山啓著作集』（太郎次郎社）

富樫　栄（とがし　さかえ）

昭和7（1932）年2月27日北海道に生まれ、千葉工業大学教授、専門は応用数学、

平成11（1999）年6月19日没す、67歳。著書には『微分積分学』『やさしい微分方程式』『理工系複素解析学』などがある。

徳久知弘（とくひさ　ともひろ）
　宇和島藩士。定之助と称し、伯毅と号す。徳久知章、のち内田五観に和算を学ぶ。著書には『弧三角通』（弘化3年）、『量地三角術用法解』『十字環積解』などがある。

戸田　清（とだ　きよし）
　明治35（1902）年7月8日岡山市に生まれ、広島高等師範学校、広島大学教授、のち日本大学教授、広島大学名誉教授。全国大学数学教育会長などを歴任し、中・高等学校数学教育の第一人者として活躍し、平成13（2001）年9月19日没す、99歳。著書には『射影幾何要論』『教師の数学』『数学科教育法総論』『自主学習の数学』などがある。

十時東生（ととき　はるお）
　昭和9（1934）年12月9日柳川市に生まれ、広島大学教授、専門は確率論で確率論的時間変換について研究。平成3（1991）年6月25日没す、56歳。著書には『エルゴード理論入門』『確率論の総合的研究』などがある。

戸根木貞一（とねき　さだいち）
　埼玉の熊谷に住み、與右衛門と称し、格斎と号す。和算に通じ、関流七伝を称す。門人には内田住延などがいる。

外岡慶之助（とのおか　けいのすけ）
　明治45（1912）年1月8日岩手県に生まれ、岩手大学、北海道大学教授、専門は微分幾何学、理学博士。

富井甚吉（とみい　じんきち）
　中西流の算学を有松諦治に学び、明治8（1875）年11月龍野神社に算額を奉納。

富田篤忠（とみた　あつただ）
　高崎藩士。又五郎と称し、小野栄重に関流の算学を学び、文政11（1828）年10月上州梁瀬城山稲荷社へ算額を奉納。

富田偵真（とみた　つなまさ）
　豊橋藩士。太内と称し、小池是知に和算を学び免許。門人には市川光直、池谷正行、平山季成などがいる。

富田凸斎（とみた　てっさい）
　享和2（1802）年信濃松本に生まれ、上総武射郡殿辺田村に住み、近郷の人に儒学や算学を教え、万延元（1860）年6月7日没す、59歳。

富永久雄（とみなが　ひさお）
　昭和2（1927）年10月31日北海道に生まれ、岡山大学教授、のち名誉教授、岡山商科大学教授。専門は代数学、平成6（1994）年2月23日没す、66歳。

富山国之助（とみやま　くにのすけ）
　明治30（1897）年2月7日栃木県に生まれ、東京工業大学、のち東京薬科大学、芝

浦工業大学教授。昭和48（1973）年2月11日没す、76歳。著書には『実用高等数学初歩』『初歩の幾何学』『初歩の工業数学』『初歩の代数学』『微分方程式』などがある。

友近　晋（ともちか　すすむ）
　明治36（1903）年4月11日松山市に生まれ、大阪帝国大学、京都帝国大学教授。専門は流体力学、航空力学、理学博士。昭和39（1964）年12月9日没す、61歳。著書には『数理物理学研究』『楕円函数論』『ベクトル解析』『流体力学』などがある。

友野則祐（ともの　のりすけ）
　備前上道郡東川原村（岡山市）の人。文化8（1811）年8月9日生まれ、寿吉、のち重吉と称し、則裕ともいう。天保2年より片山金弥に算学を学び、9年岡山西山下に槐南学舎を起して子弟を教授、10年岡山藩に仕え、閑谷黌の教授、明治3年藩学校の文学三等教授として数学を教え、25（1892）年9月28日没す、82歳。随導院則祐日象居士。著書に『算法問答図解』（天保12年）、『算学道案内百十艸』『算道秘事』などがあり、門人には内田孝顕などがいる。

外山瀰良（とやま　はんりょう）
　信濃芋川村（飯綱町）の人。寛政3（1791）年生まれ、与五兵衛と称し、竹内度道に関流算学を学び高弟、文久3（1863）年没す、72歳。門人には堀越道謙などがいる。

豊島　慎（とよしま　まこと）
　伊勢の人。永田平助と称し、字を正美といい、雲淵と号す。江戸に住み、関流の算学を学び、天文にも通ず。著書に『算通』『探原算法』などがおり、門人には籐良顕などがいる。

豊島之辰（とよしま　ゆきたつ）
　寿計斎と号す。著書には『早道算用集』（明和4年）、『算法闕疑抄拾遺』などがあり、門人に宇野貴信などがいる。

豊田勝義（とよた　かつよし）
　伊勢津藩士。文化14（1817）年6月10日生まれ、伊三郎と称し、有年と号す。村田恒光に算学を学び、伊賀上野詰。西洋算法にも通じ、明治10（1877）年6月28日没す、61歳。伊勢津市の龍津寺に埋葬。著書には『算法楕円解』（天保13年刊）、『点竄初学解』『豊田算題集』『小学新撰算法』（明治9年）などがある。

豊田浩七（とよた　こうしち）
　明治41（1908）年6月21日山形県に生まれ、横浜国立大学教授、のち名誉教授。専門は代数学で特にリー群を研究、理学博士。昭和62（1987）年11月1日没す、79歳。著書には『新制数学ノ基礎』『初等微分方程式』『進学適性検査の研究』などがある。

豊田照明（とよた　てるあき）
　安政5（1858）年京都風早町で寺子屋極籌堂を開き、読方・算術を教授。著書には『当流算法初伝抜萃精解』などがある。

豊由照泰（とよよし　てるやす）

　京都の人。文化12（1815）年生まれ、照親ともいい、仏光寺油小路東に住み、僧侶。字を伯敬といい、東皇、芝堂、周斎と号し、和算塾を開き、のち小学校の教員。明治20（1887）年没す、72歳。門人に葉山照孝、菊池照之などがおり、著書には『改正階梯』『直術見要』『鉤題算法』『三木流算書』『諸約術改正百問』などがある。

な 行

【 な 】

内藤貞久（ないとう　さだひさ）
　水戸藩士。安永元（1772）年雨宮于政の次男に生まれ、初め于綱、貞政といい、寅之介、のち小左衛門と称し、子恒と字す。天明3年7月内藤貞泰の養子、寛政2年正月歩行士、6月史館雇、享和2年正月小十人組、文化10年12月土蔵番、14年2月奥方番、文政2年9月新番組、天保2年5月再び奥方番。小沢蘭江に、のち岡崎義章、山路徳風に関流の算学を学ぶ。9（1838）年4月17日没す、67歳。著書には『宣明暦草』などがある。

内藤忠辰（ないとう　ただとき）
　江戸の人。初め石尾茂之助昌相と称し、久保寺正久に算学を学ぶ。著書には『三浦氏算題集』（文政7年）などがある。

内藤政氏（ないとう　まさうじ）
　唐津藩士、のち山形藩士。文化7（1810）年正月11日生まれ、政次郎と称し、温和軒と号す。文化14年藩主転封と共に浜松へ、弘化2年藩主転封により山形へ移る。原田能興に関流の和算を学び、嘉永元年免許、5年藩の算術師範となり勘定奉行も兼ね、また家塾を開き教授、明治14（1881）年4月28日没す、72歳。山形の宝林寺に埋葬。著書には『算学好問』『内藤政次郎草稿』などがある。

内藤正賢 → **成毛正賢**（なりけ　まさかた）

内藤真矩（ないとう　まさのり）
　備中倉敷の人。寛政8（1796）年生まれ、定次郎と称し、穿窓軒と号す。角屋正信の次男で叔父の家を継ぎ油売商を営む。小野以正に算学を学び、文政8年商用で大阪に出て、武田真元に学び、郷里の倉敷で門人に教え、明治3（1870）年7月14日没す、75歳。著書に『新撰査表算』（安政3年刊）、『論査表算』『算術九章名義』などがあり、門人には阿部富則、佐々木買邨、内藤福矩、難波廣寛などがいる。

永井　治（ながい　おさむ）
　大正14（1925）年10月8日大阪府に生まれ、大阪大学教授、のち名誉教授。専門は代数学、平成10（1998）年9月8日没す、72歳。著書には『線形代数学』（共著）などがある。

中井純之（なかい　すみゆき）
　文化6（1809）年10月2日生まれ、知恩寺の寺侍士、小松純斎に関流の算学を学び免許、明治24（1891）年1月2日没す、82歳。門人には奥村兼義などがいる。

永井種次郎（ながい　たねじろう）
　明治28（1895）年生まれ、旅順工業大学、大阪大学教授、昭和36（1961）年没す、66歳。

永井珠夫（ながい　たまお）
　昭和4（1929）年3月6日札幌市に生まれ、北海道大学教授、のち名誉教授。専門は代数、微分幾何学、平成13（2001）年3月21日没す、72歳。著書には『微分学コンパニオン』などがある。

中井直正（なかい　なおまさ）
　播州東保田（中町）の人。善兵衛と称し、中西流の算学を長谷川義一に学び、明治11（1878）年10月太子寺に算額を奉納。門人には太田頼正、小田正清、尾田義光などがいる。

永井徳資（ながい　のりつぐ）
　上野（群馬）の人。文政4（1821）年生まれ、幼名を玉喜といい、湯長谷藩医永井素庵の養子となり、藩医を継ぎ、傍ら関流算学を教えて、明治16（1883）年没す、63歳。

中井方明（なかい　まさあき）
　大阪の人。天明2（1782）年生まれ、帯刀と称し、日新堂と号す。商家に生まれたが、父母を早く失い、家産散佚し、寛政10年京都に出て安倍家に入門、また河野通礼に学び、天文暦算を修めて大阪に帰り家塾を開く。文政13（1830）年閏3月15日没す、49歳。釋善証。大阪天王寺の一心寺に埋葬。著書には『算学起源集』などがある。

中井喜和（なかい　よしかず）
　大正9（1920）年2月12日京都市に生まれ、大阪大学教授、のち名誉教授、専門は代数幾何学、平成3（1991）年12月15日没す、71歳。著書には『可換環と微分』『空間構造の多様性の研究』『代数多様体の総合的研究』などがある。

中江龍夫（なかえ　たつお）
　大正元（1912）年10月京都に生まれ、京都大学教授、のち名誉教授、専門は微分幾何学。平成15（2003）年2月20日没す、90歳。著書には『数学通論』『位相数学序論』などがある。

永岡良周（なかおか　よしちか）
　園右衛門と称し、小林忠良に関流の算学を学び、天保14（1843）年春小諸の布引観音堂へ算額を奉納。

永長知棟（なかおさ　ともむね）
　文化3（1806）年生まれ、良助と称し、照山貞信に関流の算学を学び、文政3年免許、安政5（1858）年11月22日没す、53歳。釋速証信士。

中尾斎政（なかお　なりまさ）
　安芸の人。甫と称し、自圭と号す。藤井直好に和算を学ぶ。著書には『算学便蒙』（元文3年）などがある。

長尾景福（ながお　かげとみ）

延岡藩士。与一、のち伯介と称す。山本与一兵衛の子で、長尾氏の養嗣子。『塵劫記』などの算書により独学し、天保10（1839）年算術取扱となり学寮で教授、久しく衰退していた藩内での数学を再興。著書には『七十二侯品物解』『至道勧学論』（文化6年）などがある。

中川　元（なかがわ　げん）

明治36（1903）年4月2日宮城県に生まれ、中央大学教授、平成5（1993）年8月13日没す、90歳。著書には『基礎としての工業力学』『社会科学のための数学概論』『自然科学のための数学汎論』（共著）などがある。

中川銓吉（なかがわ　せんきち）

明治9（1876）年7月金沢市に生まれ、第二高等学校、東京高等師範学校、帝国大学理科大学教授、専門は幾何学、理学博士、東京大学名誉教授。昭和17（1942）年9月3日没す、67歳。著書には『平面解析幾何学』『最新代数』『新編女子算術教授資料』『近世綜合幾何学演習』などがある。

中川　正（なかがわ　ただし）

昭和3（1928）年3月2日北海道函館に生まれ、函館東高等学校教諭、北海道教育大学教授、のち名誉教授。専門は数学教育、平成10（1998）年9月20日没す、70歳。著書には『算数科教育』（共著）などがある。

中川将行（なかがわ　まさゆき）

嘉永元（1848）年生まれ、錠蔵と称す。

慶応2年御持小筒組、4年小筒組差図役下役並、明治4年海軍兵学寮十二等出仕、16年海軍兵学寮五等教官、29年海軍水路大技士。近代数学教育の功労者、30（1897）年2月5日没す、49歳。著書には『泰西世説』『筆算全書』などがある。

中桐胤長（なかぎり　たねなが）

明治42（1909）年5月15日愛媛県に生まれ、徳島工業専門学校、第三高等学校、同志社大学、京都府立大学教授、のち名誉教授、専門は微分積分学。昭和57（1982）年5月15日没す、73歳。著書には『解析学』『幾何学通論』『基礎解析学』『推測統計学』などがある。

中越矩方（なかこし　のりかた）

昭和16（1941）年10月27日兵庫県に生まれ、富山大学教授、専門は代数学。平成5（1993）年12月4日没す、52歳。

中里忠央（なかさと　ただなか）

栃木小俣（足利市）の人、栄助と称す。最上流大川栄信に算学を学び、文化11（1814）年正月冠稲荷に算額を奉納。

長沢亀之助（ながさわ　かめのすけ）

万延元（1860）年11月22日久留米藩士の子に生まれ、幼名を加熊、のち良信といい、竹弄軒、蓋龍と号す。川北朝隣に師事し学び、明治16年陸軍御用掛、東洋和英女学校教員、のち校長。大学の講師をしながら、数学雑誌「XY」を創刊、数学教育に関する著訳書など多数刊行。昭和2（1927）年

10月16日没す、68歳。多磨霊園葬。著書には『解法適用算術辞書』『解法適用数学辞書』『問題解法代数学辞書』『問題解法幾何学辞書』『問題解法三角法辞書』『算術小辞典』『代数学小辞典』など多くある。

中沢貞治（なかざわ　さだはる）
　明治45（1912）年4月22日長野県塩尻に生まれ、福岡高等学校、九州大学教授、のち名誉教授。専門は数学教育、九州数学教育会副会長。平成13（2001）年4月28日没す、89歳。著書には『いろいろな幾何』『数学教室の窓から』『微分と積分』『重積分』などがある。

中澤昌次（なかざわ　まさつぐ）
　米沢藩士。平六と称し、一帆と号す。長谷川忠智に中西流の算学を学び免許。宝暦2年家督を継ぎ、京都御役、福島御役などを勤め、元文3（1738）年隠居。門人には今成相局、下村忠行などがいる。

中澤亦助（なかざわ　またすけ）
　二本松藩士。寛永13（1636）年生まれ、延宝6年兄の跡を継ぎ、8年蠟燭・麻・漆奉行、万治2年磯村吉徳に和算を学び、藩の算学の指導的立場となる。享保11（1726）年8月1日没す、91歳。二本松の竜泉寺に埋葬。著書には『算法適等集』などがある。

中島健三（なかじま　けんぞう）
　大正10（1921）年10月12日富山県礪波に生まれ、文部省に入り教科調査官、東京学芸大学教授、のち名誉教授、上越教育大学教授。専門は数学教育、平成6（1994）年10月21日没す、73歳。著書には『新しい算数と集合』『算数教育』『算数数学教育と数学的な考え方』などがある。

中島這季（なかじま　これすえ）
　松本藩士。寛政7（1795）年生まれ、喜野太夫と称し、子裔と号す。藩の算学師範中島這与の子で、江戸の出て長谷川寛に学び、帰郷後家塾を開き算術を教授、藩の算学師範にもなり、元治元（1864）年12月16日没す、70歳。著書には『算学教導百首』『掌中鉤股規矩要録』（文政4年刊）、『算学自叙』（安政3年）などがある。

中島這棄（なかじま　これすて）
　旧松本藩士。文政10（1827）年6月生まれ、未五郎と称す。父這季に関流算学を学び、算学師範、勘定奉行として藩政に尽くす。明治45（1912）年2月17日没す、86歳。著書には『算法一瓢百題』（明治18年）などがある。

中島宗治 → **松村宗治**（まつむら　そうじ）

中島尚翼（なかじま　なおすけ）
　京都の人。宝暦2（1752）年生まれ、敬輔と称し、字を士鳳といい、奉橘堂と号す。算学に通じ、文化10（1813）年7月19日没す、62歳。京都の延年寺に埋葬。著書には『断連新術』（天明元年）などがある。

中島北文（なかじま　ほくぶん）
　新庄藩士。算学に通じて教授。門人に大

島景純などがおり、著書には『新製和暦』（享和3年）などがある。

長瀬道弘（ながせ　みちひろ）

昭和19（1944）年2月13日兵庫県日高町に生まれ、大阪大学大学院教授、専門は解析学。平成16（2004）年1月10日没す、59歳。著書には『微分方程式』『多重ウェーブレット理論とその応用』などがある。

中曽根宗郁（なかそね　むねよし）

文政7（1824）年12月13日上州里見村（市原市）に生まれ、新五郎、のち慎吾と称し、忠郷、榛陽と号し、大地主。斎藤宜義に、のち剣持章行に関流の算学を学び、安政3年4月上州榛名山社へ算額を奉納、4年関流八傳を称す。明治39（1906）年9月9日没す、83歳。智剣院量術宗郁居士。著書に『円理解術五題』（嘉永6年）、『適尽方級法』（嘉永7年）、『数理神篇』（万延元年刊）などがあり、門人には山田光基、中曽根武好、中曽根郁規、富沢幸秀などがいる。

永田一郎（ながた　いちろう）

大正3（1914）年5月7日大阪市に生まれ、同志社大学教授、のち名誉教授。専門は解析学、平成8（1996）年11月25日没す、82歳。

中田　平（なかだ　おさむ）

大正13（1924）年11月3日富山県に生まれ、北海道大学教授。専門は代数幾何学、平成7（1995）年11月14日没す、71歳。著書には『微分学コンパニオン』『マクルーハンの贈物』などがある。

中田高寛（なかだ　たかひろ）

富山藩士。元文4（1739）年3月12日生まれ、文蔵と称し、字を文敬といい、孔卜軒と号す。広瀬吉兵衛、のち松本武太夫に算学を学び、江戸に出て安永2年山路主住に入門、更に山路之徴、藤田貞資に師事、8年帰郷して子弟を教授し、関流算学をひろめ、享和2（1802）年11月5日没す、64歳。寛誉院随縁得悟居士、極楽寺に埋葬。著書に『算学訓蒙』（明和5年）、『累裁招差之法』（天明元年）、『精要算法解術』（天明4年）、『具応算法答術』『広益算梯』などがあり、門人には石黒信由、片山長好、高木広当、中田高傍などがいる。

中田武軌（なかだ　たけのり）

弘前藩士。明和元（1764）年生まれ、兵蔵、閑智、勇蔵と称し、字を子量という。寛政8年藩校稽古館の初代数学頭、江戸に出て高橋至時、間重富らに師事、稽古館廃止の後は数学者として学問所御用を命ぜられ、また町奉行国産方御用掛などを勤め、天保5（1834）年没す、71歳。著書に『投褐実記』などがある。

永田遵道（ながた　たかみち）

尾張の人。岩三郎と称し、永田敏昌に関流の算学を学び、天保13（1842）年9月熱田神宮へ算額を奉納。

永田忠茂（ながた　ただしげ）

龍野藩士。忠吾と称し、文化10（1813）年江戸の芝神明宮に算額を奉納した。

永田敏政（ながた　としまさ）

名古屋藩士。明和6（1769）年生まれ、丑之助、善蔵、のち牧右衛門と称し、字を有功といい、簡斎、板橋と号す。御本丸組同心、関流の和算に長じ、天保7（1836）年4月25日没す、68歳。名古屋の照運寺に埋葬。著書に『簡斎算艸巻六』『算法簡斎録』『三友軒算艸』などがある。

永田敏昌（ながた　としまさ）

美濃の人。文化5（1808）年正月15日生まれ、森島延昌の三男で尾張の永田敏政の養子。勇次郎、牧平、のち徳右衛門と称し、字を忠告といい、有功、簡斎、三友軒と号す。谷子好に関流算学を学ぶ。天保2年家督を相続、10年隠居して実家の姓を継ぐ。明治13（1880）年2月28日没す、73歳。著書に『簡斎算艸』『簡斎社中算艸』『算法簡斎録』などがあり、門人には鈴木徳度、竹中直温、吉田為幸、永田遵道などがいる。

中谷太郎（なかたに　たろう）

明治36（1903）年10月23日三重県に生まれ、東京女子大学教授、のち名誉教授、専門は数学教育。数学教育協議会創設に尽力し、平成9（1997）年1月30日没す、93歳。著書には『集合と写像』『整数の新しい指導』『論理』などがある。

永田　久（ながた　ひさし）

大正14（1925）年7月26日横浜市に生まれ、法政大学教授、専門は数学基礎論、平成7（1995）年3月11日没す、69歳。著書には『暦と占い科学』『数理と論理』『年中行事を科学する』などがある。

永田雅宜（ながた　まさよし）

昭和2（1927）年2月9日愛知県に生まれ、京都大学教授、のち名誉教授、岡山理科大学教授。専門は代数学、代数幾何学で可換代数の研究をし、ヒルベルトの第14問題を否定的に証明した世界的数学者、理学博士。国際数学連合副会長などをつとめ、平成20（2008）年8月27日没す、81歳。著書には『可換環論』『可換体論』『集合論入門』『多様体の数学』『抽象代数幾何学』などがある。

中塚利為（なかつか　としため）

宝暦4（1754）年生まれ、善十郎と称し、藤廣則に暦学を学び免許、文化6（1809）年4月25日没す、56歳。

中西正則（なかにし　まさのり）

江戸の人。文左衛門と称し、兄正好に算学を学び、中西流を開く。門人に江志知辰、井上嘉休、山田忠興などがおり、著書には『至極算法』『算法続適等集』（貞享元年刊）、『因解算法百好並答術』『算法直術百好』などがある。

中西正好（なかにし　まさよし）

初め床井文左衛門といい、十太夫と称し、川勝廣綱に仕える。荒木村英、池田昌意に関流の算学を学び、江戸糀町に住み和算を

教授、本庄因幡侯に仕え二百石。門人に中西正則（弟、中西流の祖）、山田忠興、村上義寄、穂積與信などがおり、著書には『勾股弦適等集』（天和3年）、『算法一覧記』（貞享3年）、『町見至極集』（元禄元年）などがある。

長沼詮政（なかぬま　あきまさ）

信濃佐久の人。理十郎と称し、観斎と号す。文化4（1807）年より小林松庵に算学を学ぶ。著書には『運発捷径』『算法記秘書』『鈎弧弦適等』などがある。

長沼富寛（なかぬま　とみひろ）

弘化4（1847）年4月生まれ、明治7年教勧舎権訓導、9年静岡師範学校教師、16年内務省駅逓局九等属、19年私立数理学舎算術教師。著書には『筆算初学』『数学復修』などがある。

長沼安定（なかぬま　やすさだ）

小諸の人。安順ともいい、廣之助、宗右衛門、のち丈太夫と称し、朧山、蘭山と号す。小林忠良に関流の算学を学び、更に植村重遠、岩井重遠に、清水流規矩術を浦野幸盈に学ぶ。嘉永7年11月江戸の神田社へ算額を奉納、元治元（1864）年9月14日没す。奇測院成實一圓居士。著書には『球欠斜截解義』（天保9年）、『量軽重術詳解』（嘉永3年）、『浅間抄員中累円解』（安政2年）、『立方算顆術雑解』（安政3年）などがある。

長沼安忠（なかぬま　やすただ）

天保8（1837）年生まれ、半之丞と称す。父安定、西岡信義に算学を学び、大正2（1913）年没す、77歳。著書には『中容解義』などがある。

中根元圭（なかね　げんけい）

寛文2（1662）年3月近江八木濱（長浜市）に生まれ、名を璋、十次郎、丈右衛門と称し、字を有定、元圭といい、白山、律襲軒、律聚と号す。京都白山二条上町に住む。田中由真に、のち建部賢弘に算学を学び、正徳元年京都銀座の役人、享保6年建部賢弘の推挙により、将軍吉宗に仕え、日月の観測をした。儒学・医学・韻律学にも通じ、享保18（1733）年9月2日没す、72歳。光秋院照養浄信居士。京都黒谷の勢至堂に埋葬。著書に『七乗冪演式』（元禄4年刊）、『律原発揮』（元禄5年刊）、『三容俗解』（元禄9年刊）、『古暦便覧』（享保10年刊）、『算法不作集』（享保12年刊）、『八線表算法解義』『暦算啓蒙』などがあり、門人には幸田親盈、中根彦循などがいる。

中根彦循（なかね　げんじゅん）

京都の人。元禄14（1701）年生まれ、名を下、保之丞、安之丞と称し、字を元循、彦脩といい、法觚と号す。父元圭に算学を、のち江戸に出て建部賢弘、久留島義太に学び、父の跡を継ぎ京都銀座の役人、宝暦11（1761）年8月21日没す、61歳。心廓院観道理彦居士。京都黒谷の勢至堂に埋葬。著書に『開方盈朒術』（享保14年）、『中根答術』（享保16年）、『竿頭算法』（元文3年）、『勘者御伽双紙』（寛保3年刊）、『算

法袖中鈔』などがあり、門人には木村内匠、村井中漸、安井祐之などがいる。

中野茂男（なかの　しげお）

大正12（1923）年5月30日滋賀県八日市に生まれ、京都大学教授、のち名誉教授。専門は複素解析、平成10（1998）年5月7日没す、74歳。著書には『現代数学への道』『新微分積分学』『代数幾何学入門』『多変数函数論』などがある。

中野続従（なかの　つぎより）

金沢藩士。宝暦6（1756）年生まれ、庄兵衛と称し、明理堂と号す。寛政10年定番歩、藩校明倫堂の算学師範、文政元年作事場の算用方主付を兼務、天保3（1832）年4月没す、77歳。著書には『関流算鑑』（文政5年）、『昼夜長短算法』などがある。

中野　昇（なかの　のぼる）

大正3（1914）年6月6日広島市に生まれ、広島大学教授、のち名誉教授、福山市立女子短期大学学長。専門は代数学、平成2（1990）年12月4日没す、76歳。著書には『新制数学Ⅰ代数の急所』『数学整理教科書傍用』『中学数学の学び図形篇』などがある。

中野秀五郎（なかの　ひでごろう）

明治42（1909）年5月16日東京に生まれ、第一高等学校、北海道大学、のちウェイン州大学教授、解析学を担当し、ベクトル束の構造を研究、理学博士。昭和49（1974）年3月11日没す、65歳。著書には『古典積分論』『ヒルベルト空間論』『測度論』『バーナハ空間論』『実数論』『数学教育法』などがある。

長野正庸（ながの　まさのぶ）

京都の人。士択と号し、村井中漸に算学を学ぶ。著書には『開商点兵算法演段』（明和7年刊）などがある。

中原政安（なかはら　まさやす）

高遠藩士。文政7（1824）年5月5日阿南村に生まれ、政太郎、のち豊太郎と称し、正也斎と号す。石川維煦に算学を学び、嘉永7年組頭、のち長百姓、弘化2年自宅に養拙舎なる私塾を開き、慶応2年に藩主に従い大阪に出て、福田理軒に算学を学び、明治5年6月筑摩県学校世話役となり、学校教育の振興に貢献し、36（1903）年1月30日没す、80歳。著書には『算学招撫』『続算学招撫』『精要算法解』（安政6年）、『容術類題』などがある。

中原元房（なかはら　もとふさ）

肥前佐賀の人、幸右衛門と称す。日下誠に関流の算学を学び、文化3（1806）年5月中禅寺大黒天堂へ算額を奉納。

中原韜之（なかはら　よしゆき）

武州本庄（本庄市）の人。九平と称し、安原千万に関流の算学を学び、安政5（1858）年9月本庄の金鑽明神社へ算額を奉納。

永峯秀樹（ながみね　ひでき）

嘉永元（1848）年6月1日小野道仙の4

男として山梨に生まれ、僑四郎と称す。慶応3年撤兵隊頭、永峯家を相続、明治4年海軍兵学寮教官十二等出仕、6年十一等出仕海軍少尉、16年五等官、19年海軍教授、21年海軍兵学校教官、35年辞任し静岡育英会会員、昭和2（1927）年12月3日没す、79歳。著書には『筆算教授書』『華英字典』『博物小学』『物理問答』などがある。

中村景美（なかむら　かげよし）

寛延3（1750）年美作の田熊村に生まれ、氏宣ともいい、周助、宗司、章斎と称し、自景堂と号す。代々医者の家で、京都に遊学し医学を修め、傍ら青木正蔵に和算を学び、安永8年免許。翌年帰郷し医業の傍ら和算を教授、文政8（1825）年2月2日没す、76歳。実相了境信士。著書に『寛政八年暦諸数草稿』『弧矢弦之術』『三連六形術書』『文化文政暦稿』などがあり、門人には中村長之などがいる。

中村勝彦（なかむら　かつひこ）

大正2（1913）年生まれ、慶應義塾大学教授、昭和60（1985）年12月21日没す、72歳。著書には『イメージの地平線』『トポロジー』『代数・解析辞典』などがある。

中村幸四郎（なかむら　こうしろう）

明治34（1901）年6月6日東京に生まれ、武蔵野高等学校、大阪大学、退官後関西学院大学、兵庫医科大学教授。専門は数学基礎論、数学史を研究し、文学博士。昭和61（1986）年9月28日没す、85歳。著書には『数学史』『ユークリッド』『ユークリッド原論』『近世数学の歴史』などがある。

中村茂守（なかむら　しげもり）

明治32（1899）年3月6日生まれ、第七高等学校、のち名城大学教授、昭和44（1969）年3月17日没す、70歳。著書には『数学の歴史』『生活と数学』『平面球面三角法』などがある。

中村孝景（なかむら　たかかげ）

常州久慈郡小野村（常陸太田市）の人。八郎、二郎右衛門と称し、朝棟ともいう。竹越豊延に算学を学び、関流七傳を称す。文化15（1818）年2月常陸の村松虚空蔵堂へ算額を奉納。門人には石川貫道、菊池景信、椎名富盛、中村景圭、本田政重などがいる。

中村主税（なかむら　ちから）

秋田藩士。馬場錦江に関流の算学を学び、天保10（1839）年免許皆伝。著書には『関流算術書入記』『関流算術口伝覚書』などがある。

中村時萬（なかむら　ときかず）

幕臣。為弥と称し、従五位下、出羽守、石見守、永錫、永斎と号す。久保寺正久に算学を学び、安政2年5月勘定吟味役、4年4月下田奉行2000石、万延元年閏3月普請奉行、元治元年5月佐渡奉行、慶應元年致仕し、明治14（1881）年10月24日没す。至誠院精誉求時万居士。四谷の法蔵寺に埋葬。著書には『賽祠神算』（文政13年）、『数学名家海内掲示録』『声気余滴』など

がある。

中村智康（なかむら　ともやす）

作州田熊上村の人。文化 3（1806）年11月28日生まれ、知伯、丈張、長之ともいい、亀市、嘉芽市と称し、亀遊、宗悦と号す。中村景美、葛西一清に最上流の算学を、高橋景保に天文暦学を学び、文政 9 年正月作州一宮へ算額を奉納、天保 8 年庄屋となり、明治11（1878）年10月10日没す、73歳。著書に『起術解路法』などがあり、門人には井上義正、小林信正などがいる。

中村信成（なかむら　のぶしげ）

次郎兵衛と称し、藤田貞資に関流の算学を学ぶ。著書には『精要算法上下巻解義』などがある。

中村　愿（なかむら　まこと）

天保 6（1835）年生まれ、攻玉社教授。著書には『幾何初学』『数学外師』『西洋算法妙々問題』などがある。

中村政栄（なかむら　まさとも）

庄内鶴岡の人。八郎兵衛と称し、家は造り酒屋。堀某に師事し算学を修め、直指撞破流を称す。元禄 8 年正月鶴岡の遠賀神社へ算額を奉納、享保 6（1721）年10月16日没す。高山智旭居士。鶴岡の保春寺に埋葬。著書に『長崎むじん物語』（元禄 4 年刊）、『算法天元樵談集』（元禄15年刊）、『算法天元樵談追加平円立真裸適等』（宝永 3 年）などがあり、門人には岡崎安之などがいる。

中村正弘（なかむら　まさひろ）

大正 8（1919）年生まれ、大阪教育大学教授、のち名誉教授。専門は解析学、天城一のペンネームで推理小説も執筆する作家。平成19（2007）年11月 9 日没す、88歳。著書には『JDBC2.0 API リファレンス＆サンプル』『はじめての MacOS 10 Cocoa プログラミング』『数学教育史』などがある。

中村安清（なかむら　やすきよ）

龍谿と号し、入江脩敬に算学を学ぶ。著書には『探玄算法』（元文 4 年刊）などがある。

中村與左衛門（なかむら　よざえもん）

備後福山の人。著書には『四角問答』（明暦 4 年刊）などがある。

中村義方（なかむら　よしかた）

出石藩士。文政 7（1824）年生まれ、幸助、幸蔵、のち聿蔵と称し、字を徳行といい、赫々堂と号す。白石長忠、福田理軒に関流の算学を学び、維新後芝西久保に私塾赫々塾を開く。のち福島の大越村（いわき市）に住み開墾に従事、明治16年に雑誌『珠算学びの友』を刊行し、26（1893）年3月3日没す、70歳。安積郡大槻（郡山市）の長泉寺に埋葬。著書には『算家系譜附録』（安政 4 年）、『点竄術交商起源』（安政 6 年）、『年賦提解』（慶応 2 年）などがある。

中村六三郎（なかむら　ろくさぶろう）

幕臣。天保12（1841）年生まれ、明治の

初め静岡学問所数学教官、のち三菱商船学校校長、広島師範学校校長をつとめ、明治40（1907）年1月9日没す、67歳。著書には『小学幾何用法』『小学対数用法』などがある。

中山　繁（なかやま　しげる）
　明治40（1907）年1月3日福岡県大河内に生まれ、福岡第一師範学校、福岡教育大学教授、のち名誉教授、九州産業大学教授。専門は代数幾何学、俳句にも堪能。平成11（1999）年3月27日没す、92歳。著書には句集『風涛』がある。

中山　正（なかやま　ただし）
　明治45（1912）年7月26日東京に生まれ、大阪大学、名古屋帝国大学教授、理学博士。多くの代数学、整数論の研究論文を発表し日本の数学水準向上に貢献、昭和39（1964）年6月5日没す、51歳。著書には『代数系と微分』『集合・位相・代数系』などがある。

中山　透（なかやま　とおる）
　明治30（1897）年12月生まれ、山梨大学教授、のち名誉教授、山梨学院大学教授。平成9（1997）年4月28日没す、99歳。著書には『積分』などがある。

南雲道夫（なぐも　みちお）
　明治38（1905）年5月7日東京に生まれ、大阪大学、のち名誉教授、上智大学教授。専門は微分方程式論。解析学の分野で多くの独創的な研究をし、理学博士、大阪大学名誉教授。平成7（1995）年2月6日没す、89歳。著書には『写像度と存在定理』『変分学』『微分方程式』『偏微分方程式論』などがある。

南雲安行（なぐも　やすゆき）
　米沢藩士。穴沢長秀に関流の算学を学び免許。元文5年家督を継ぎ、享和元（1801）年隠居。門人には佐々木知嗣などがいる。

梨本秀盛（なしもと　ひでもり）
　米沢の李山村（米沢市）の肝入。純司と称し、関流蓮田友信、のち穴沢長秀に学び免許。天保3（1832）年家督を継ぎ組付御扶持方。

鍋島一郎（なべしま　いちろう）
　大正10（1921）年12月28日和歌山県に生まれ、都立広尾高等学校教諭、東京電気通信大学教授、専門は函数論、昭和62（1987）年5月16日没す、65歳。著書には『電気用代数学入門』『正則函数の零点と角微係数』などがある。

鍋島信太郎（なべしま　のぶたろう）
　明治25（1892）年3月28日和歌山県に生まれ、東京教育大学教授、昭和48（1973）年8月22日没す、81歳。著書には『数学教授法』『数学教育の革新』『幾何学研究』『数学事典』『数学教育本論』などがある。

並川能正（なみかわ　よしまさ）
　大正12（1923）年1月15日兵庫県に生まれ、神戸商船大学教授、専門は応用数学、

昭和44（1969）年4月12日没す、46歳。著書には『航海数学』『船位誤差論』などがある。

奈良輪甫遏（ならわ　ほとう）
　奥州山田村（二本松市）の人。甚内と称し、渡辺一に最上流の算学を学び、寛政4年10月二本松の坂観世音へ、5（1793）年3月にも算額を奉納。

成毛正賢（なりけ　まさかた）
　天保5（1834）年下総金江津（茨城県河内町）に生まれ、のち内藤氏、文融と号す。隋朝若水、のち長谷川規一に関流の算学を学び、明治33（1900）年没す、67歳。著書には『経世算法』（嘉永2年刊）、『万延塵劫記』『開化塵劫記』『開化二一天作』などがある。

成田正雄（なりた　まさお）
　昭和5（1930）年生まれ、整数論を専攻し、第一高等学校、のち国際基督教大学教授。専門は代数学、昭和50（1975）年7月10日没す、45歳。著書には『初等代数学』『イデアル論入門』『代数学』『ブルバギ数学原論』（訳本）などがある。

成実清松（なるみ　きよまつ）
　明治28（1895）年2月19日福井県に生まれ、小樽高等商業学校、名古屋高等商業学校、戦後名古屋大学教授、のち名誉教授、愛知学院大学商学部長。専門は商業数学、経済統計学、理学博士。昭和52（1977）年2月27日没す、82歳。著書には『確率論』『最新商業算術教授資料』『数理統計学概要』『数理統計学要説』などがある。

名和保矯（なわ　やすただ）
　奥州東根の野川（東根市）の人。安永2（1773）年生まれ、千代吉と称し、最上流斎藤歳詮、のち小山田理兵衛に学び、文化3年夏日月神社へ、14年東根の宮崎神宮へ算額を奉納、文政4（1821）年12月15日没す、48歳。萬岳崇栄居士。

【に】

新名重一（にいな　しげかず）
　豊後臼杵の人。弘化元（1844）年生まれ、重内と称し、亀岳と号す。長谷川弘に関流の算学を学び、大阪に出て私塾を開き教授、明治34（1901）年8月24日没す、58歳。門人には上山重忠、新川秀春、高木温良などがいる。

新濃清志（にいの　きよし）
　昭和16（1941）年1月9日石川県に生まれ、金沢大学教授、専門は関数論。平成7（1995）年9月20日没す、54歳。著書には『一般数学』『ポテンシャル』『数理解析の基礎』などがある。

新納文雄（にいろ　ふみお）
　大正12（1923）年1月19日神奈川県に生まれ、東京大学教授、のち名誉教授、日本大学教授。専門は関数解析学、平成14（2002）年10月22日没す、79歳。著書には『POSITIVE OPERATORとその応用の

綜合的な研究』『正作用素の研究』などがある。

二階堂副包（にかいどう　ふくかね）

大正12（1923）年6月28日東京に生まれ、大阪大学、一橋大学、筑波大学、のち東京国際大学教授。専門は数理経済学、理学博士。東京国際大学及び一橋大学名誉教授、平成13（2001）年8月21日没す、78歳。著書には『現代経済学の数学的方法』『経済のための線型数学』『数理経済学入門』などがある。

西内貞吉（にしうち　ていきち）

明治14（1881）年12月27日高知県に生まれ、京都高等工芸学校、京都帝国大学教授、のち名誉教授。退官後立命館大学教授。非ユークリッド幾何学の研究で知られ、理学博士。昭和44（1969）年10月4日没す、87歳。著書には『最新微分学』『最新積分学』『非ゆうくりっど幾何学』『五桁常用対数表』『平面代数曲線論』などがある。

西尾一之（にしお　かずゆき）

弘化2（1845）年生まれ、治右衛門、のち治郎作と称す。加賀大聖寺の商人で代々算学に通じ、父に学び、明治3年大聖寺山下神社に算額を奉納、大正元（1912）年没す、68歳。著書には『小学算法』『籌算完璧』などがある。

西岡信義（にしおか　のぶよし）

文化12（1815）年生まれ、五郎左衛門と称し、小林忠良、長沼安忠に算学を学び、小諸町長をつとめ、明治30（1897）年8月18日没す、82歳。著書には『容術解義』（嘉永7年）、『神田額面年虚環中立解義』などがある。

西尾信任（にしお　のぶとう）

奥州春山村（田村市）の人。藤介と称し、文政10年正月佐久間正清に入門し最上流の算学を学び、12（1829）年3月三春大元神社へ算額を奉納。

西尾喜宣（にしお　よしのぶ）

名古屋藩士。岡右衛門と称し、字を子徳といい、玉水と号す。名古屋の葛谷実順に、のち江戸にて本多利明に算学を学び、文化9（1812）年4月没す。著書に『温故算法』（享和元年）、『玉木算経』（享和2年）、『北野算経』（文化2年）、『拾四算経』などがあり、門人には北川孟虎、近藤実之、芝田道之、吉川守富などがいる。

西垣久実（にしがき　ひさみ）

明治37（1904）年9月24日鳥取県に生まれ、満州国立吉林師道大学、早稲田大学教授、理学博士。昭和37（1962）年9月30日若くして没す、38歳。著書には『函数論』『マトリクスとその応用』『微分積分学』『初等演習代数』などがある。

西川勝基（にしかわ　かつもと）

甚左衛門と称し、大橋清行に算学を学び、著書には『算法指南』（天和4年刊）などがある。

西澤正徹（にしざわ　まさみち）
　信濃川柳（長野市）の人。文政8（1825）年生まれ、寺島宗仲に最上流の算学を学び免許。明治27（1894）年5月没す、70歳。

西谷茂喬（にしたに　しげたか）
　明治13（1880）年10月和歌山に生まれ、大山与左衛門の子で西谷家に養子。佐賀高等学校教授、昭和32（1957）年没す、77歳。著書には『高等数学ノ思想ト手段』『高等数学要義』などがある。

西永廣林（にしなが　ひろしげ）
　金沢藩士。與三八、儀左衛門と称す。山本彦四郎に三池流算法を学び、算用者とて召出され、年寄中席の執筆を経て、寛延3年小頭に進み算用場に勤め、明和元（1764）年8月19日没す。著書に『段数不知明解』（享保10年）などがあり、門人には下村幹方などがいる。

西野利雄（にしの　としお）
　昭和7（1932）年2月2日京都市に生まれ、九州大学大学院教授、のち名誉教授。専門は解析学、平成17（2005）年5月28日没す、73歳。著書には『多変数函数論』などがある。

西　三重雄（にし　みえお）
　大正13（1924）年4月8日三重県に生まれ、お茶の水大学、広島大学教授、のち名誉教授、熊本工業大学教授。専門は代数・幾何学、平成9（1997）年6月5日没す、73歳。著書には『代数学とその関連分野の研究』などがある。

西村遠里（にしむら　とおさと）
　享保3（1718）年大和に生まれ、千助、左衛門と称し、字を得一といい、得一堂、居行と号す。京都に住み薬屋を営み、池部清真に算学を、幸徳井氏に暦学を学び、天明7（1787）年没す、70歳。著書には『得一暦推歩』（宝暦8年）、『数学夜話』（宝暦11年）、『数度胥談』（安永7年刊）、『本朝天文志』（天明元年）などがある。

西村敏男（にしむら　としお）
　大正15（1926）年7月16日芦屋市に生まれ、東京教育大学、筑波大学、のち神奈川大学教授。専門は数学基礎論、情報基礎論、筑波大学名誉教授。平成8（1996）年11月5日没す、70歳。著書には『計算機』『電子計算機』などがある。

西村紀知（にしむら　のりとも）
　西尾藩士。甚蔵と称し、馬場正統に関流の算学を学び、文政6（1823）年2月江戸平川天満宮へ算額を奉納。

西村　孟（にしむら　はじめ）
　昭和2（1927）年3月7日滋賀県に生まれ、京都大学教授、のち名誉教授、富山県立大学教授。専門は代数学、工業数学、平成12（2000）年10月28日没す、73歳。著書には『代数』などがある。

西山弥平次（にしやま　やへいじ）
　山崎藩士。石井藤五郎に中西流の算学を

学び、明治3（1870）年3月山崎八幡神社に算額を奉納。

西　好徳（にし　よしのり）
　富山の山田野出村（福光町）の人。甚蔵と称し、長尾矩直に算学を学び、安政3（1856）年7月神明社へ算額を奉納。

西脇利忠（にしわき　としただ）
　和泉の人。著書に『算法天元録』（元禄10年刊）などがある。

二宮兼善（にのみや　かねよし）
　豊後日出藩士。六郎、のち文人と称し、金華、伯達と号す。藤田貞資に関流の算学を学び、郡奉行、武頭、目付などを歴任し、文政8（1825）年10月29日没す。著書に『開除式乗除数解』『図跡考』などがあり、門人には帆足万里、武野算助、古原敏行などがいる。

仁平静教（にへい　きよのり）
　栃木河内郡上郷村（上三川町）の人。文化10（1813）年上平出村の増田家に生まれ、春蔵と称し、関流岡本有常に算学を学び、虚一真流を称す。明治28（1895）年没す、82歳。門人に上野国治、鷺野谷国親、高橋利美などがいる。

乳井　貢（にゅうい　みつぐ）
　弘前藩士。正徳2（1712）年生まれ、初め鈴木氏、弥三郎、弥三左衛門、市郎左衛門、貢と称し、名を建富、建福、字を字徳、舒閑といい、乳井建尚の養子。儒学、和算、詩歌に通じ、享保20年奉公見習、近習小姓、寄合などを経て、宝暦3年勘定奉行、7年千石、藩内の経済混乱となり財政再建につとめ、安永7年百石大組足軽頭格。寛政4（1792）年4月6日没す、81歳。著書には『円術真法円傳』『観中算用』『初学算法』『乳井氏版籌算及丁見術』などがある。

【 ね 】

根岸貞次（ねぎし　さだつぐ）
　栃木足利郡山下村（足利市）の人。天保3（1832）年生まれ、茂吉と称し、大川栄貞に最上流の和算を学び、明治12年桐生の日枝神社に算額を奉納し、23（1890）年没す、58歳。著書には『算法顆籌運筆』（明治7年刊行）などがある。

根岸安章（ねぎし　やすあき）
　栃木間々田（小山市）の人。最上流の和算を学び、文久3（1863）年没す、74歳。門人に野鳥正行、島村義満などがいる。

根本則定（ねもと　のりさだ）
　相州東浦賀（横須賀市）の人。総兵衛と称し、内田五観に関流の算学を学び、文政9（1826）年8月鶴岡八幡宮（鎌倉市）へ算額を奉納。

【 の 】

野口岩男（のぐち　いわお）
　昭和6（1931）年2月1日茨城県に生まれ、昭和大学教授、平成7（1995）年4月

4日没す、64歳。

野口清寿（のぐち　きよとし）
　越後長岡藩士。文政元（1818）年生まれ、丹七と称し、磐山と号す。江戸の長谷川弘に師事し関流算学を学び、全国の算額の問題を解き、帰郷して門弟を教えた。明治2（1869）年正月25日没す、52歳。

野口保興（のぐち　やすおき）
　万延元（1860）年生まれ、東京高等師範学校、のち東京女子師範学校教授、昭和18（1943）年没す、83歳。著書には『理論応用算数学』『常用曲線』『近世幾何学』（訳本）などがある。

野口保敞（のぐち　やすすけ）
　信州計見村の人。宗三郎、京右衛門、のち惣右衛門と称し、湖竜と号す。藤沢近行に宮城流、小林高辰に関流の算学を学び、郷里の水穂神社、長福寺などに算額を奉納、文化11（1814）年没す。著書に『野口保敞算草』などがあり、門人には本山宣智、久保田邦敬、小林等栄、滝澤嘉言、芳川周栄などがいる。

野崎国郷（のざき　くにさと）
　東都芝の人。五郎作と称し、藤田貞資に関流の算学を学び、享和元（1801）年12月松原神社へ算額を奉納。

野崎安雄（のざき　やすお）
　明治41（1908）年5月16日栃木県に生まれ、学習院高等部、芝浦工業大学教授。平成元（1989）年5月27日没す、81歳。著書には『ポテンシャル論』などがある。

野澤定長（のざわ　さだなが）
　川越の人。忠兵衛と称す。著書には『算九回』（延宝5年）、『童介抄』（寛文4年刊）などがある。

野地豊成（のじ　とよなり）
　奥州野地の人。弥源太と称し、完戸政彝に最上流の算学を学び、嘉永3（1850）年3月下川崎の野地観音へ算額を奉納。

能代　清（のしろ　きよし）
　明治39（1906）年9月26日函館に生まれ、第一高等学校、名古屋帝国大学、のち東京理科大学教授。専門は関数論で複素関数論を研究、理学博士、名古屋大学名誉教授。昭和51（1976）年10月18日没す、70歳。著書には『極限論と集合論』『幾何学的函数論』『近代函数論』『現代函数論』『解析接続入門』『複素数入門』などがある。

野田　肇（のだ　はじめ）
　天保7（1836）年因幡（鳥取県）に生まれ、岡本孝方に和算を学び、大正14（1925）年8月没す、90歳。著書には『貫理測量法』『測量草稿』などがある。

野鳥正行（のとり　まさゆき）
　栃木野木（野木町）の人、勝次と称す。最上流根岸安章に算学を学び、明治22年8月野木神社に算額を奉納、27（1894）年没す、69歳。

野村貞処（のむら　さだより）

丹後丸山（久美浜町）の人。文化 8（1811）年生まれ、貞知ともいい、渡、のち貞蔵と称し、字を子誠、号を逸斎、円布軒という。江戸に出て内田五観、剣持章行に関流の算学を学び、天保10年頃上総地方を遊歴し門弟を教授、明治27（1894）年1月20日没す、84歳。著書には『探賾算法』（天保10年刊）、『諸約翦管階梯』（天保11年刊）、『矩合枢要』などがある。

野村武衛（のむら　たけえ）

明治28（1895）年2月1日生まれ、東京高等師範学校、三重大学教授、のち学長、名誉教授。昭和62（1987）年7月19日没す、92歳。著書には『高等数学総括』『最新幾何研究』『教師のための数学科』『算数・数学教育余話』などがある。

野村　猛（のむら　たけし）

明治31（1898）年4月21日北海道に生まれ、日本女子大学、早稲田大学教授、専門は幾何学。昭和60（1985）年3月31日没す、86歳。著書には『高等平面三角法』『高等数学概説』『平面立体解析幾何学』『数学演習』などがある。

野村政茂（のむら　まさしげ）

常陸小鶴村（茨城町）の人。中西流の和算家。著書に『銀鐚掛割定法』（正徳5年刊）、『利足積歳定法』『算法秘伝』などがある。

野邑雄吉（のむら　ゆうきち）

明治31（1898）年9月28日山口県に生まれ、第二高等学校、東北大学教授、専門は数理物理学、理学博士。昭和41（1966）年9月8日没す、67歳。著書には『応用数学』『技術者のための特殊関数とその』『高等教育力学』などがある。

野村吉久（のむら　よしひさ）

栃木の佐野大原の人。宝暦11（1761）年生まれ、八右衛門と称し、永瀬三郎右衛門に和算を学び、天保12年8月佐野の東光寺に算額を奉納、弘化5（1848）年没す、87歳。

── は 行 ──

【 は 】

拝村正長（はいむら　まさなが）
　大島芝蘭に入門し、暦学、和算を学ぶ。著書には『授時暦推歩』（享保16年）、『享保五年七月日食推歩用数授時暦抜書』などがある。

灰屋源兵衛
　→　**家崎善之**（いえざき　よしゆき）

芳賀知致（はが　ともゆき）
　三河吉田（豊橋市）の人。孫吉と称し、長谷川寛に和算を学ぶ。著書には『改正算法近道』『算盤近道』（文政8年刊）などがある。

芳賀代向（はが　よりひさ）
　白河藩士。郡蔵と称し、渡辺一に最上流の算学を学び、文化2（1805）年2月白河の鹿島神社へ算額を奉納。

萩野公剛（はぎの　こうごう）
　昭和2（1927）年3月22日富山県に生まれ、富士短期大学教授、のち名誉教授、日本数学学会副会長、平成4（1992）年2月23日没す、64歳。著書には『日本数学史研究便覧』『日本数学史文献総覧』『郷土数学の研究法』『郷土数学の文献集』などがある。

萩原時章（はぎわら　ときあき）
　三右衛門と称し、中西流の算学を学び、著書には『定率雑集秘伝問答』などがあり、門人に宮坂平内、服部金兵衛などがいる。

萩原信芳（はぎわら　のぶよし）
　上州関根村（前橋市）の人。文政11（1828）年4月8日生まれ、禎助と称し、字を徳卿といい、湖山、蓼圃と号す。養田鮮斎、のち斉藤宜義に関流和算を学び究め、安政4年正月前橋の八幡宮へ算額を奉納し、明治11年群馬師範学校教師、14年東京帝国大学で数学書の調査を委託され従事、42（1909）年11月28日没す、82歳。著書には『算法方円鑒』（文久2年刊）、『算法円理私論』（慶応4年刊）、『数理通解』『円理算要』『蠧管算法』などがある。

波木井九十郎（はくい　くじゅうろう）
　慶應2（1866）年8月4日生まれ、第二高等学校教授、のち広島高等師範学校教授、大正8（1919）年没す、53歳。著書には『幾何学教科書平面』『中等教育幾何学教科書』『代数学教科書』などがある。

間　重富（はざま　しげとみ）
　宝暦6（1756）年3月8日生まれ、長富ともいい、孫六郎、十一屋五郎兵衛（7

代）を称し、字を大業といい、長涯、のち耕雲主人と号す。大阪の質商で、長堀富田屋町に住む。兄夭折にて家を継ぎ、家業の傍ら算学を学び、天明7年頃麻田剛立に入門、寛政7年には幕府の暦作御用を命ぜらる。文化13（1816）年3月24日没す、61歳。宗雪大居士、大坂天王寺の邦福寺（統国寺）に埋葬。著書には『円理私説』『算法弧矢索隠家秘』（享和元年）、『垂球精義』（文化元年）などがある。
〈参照〉『間重富とその一家』（渡邊敏夫）

間　盛徳（はざま　もりのり）
　天明6（1786）年生まれ、初め重威、重新ともいい、清市郎、十一屋五郎兵衛（8代）を称し、字を伯固といい、確斎、盛徳と号す。大阪の質商で、父重富に天文暦算を、松岡能一に和算を学ぶ。文化6年幕府より測量御用を命ぜらる。天保9（1838）年正月2日没す、53歳。大坂天王寺の邦福寺（統国寺）に埋葬。著書には『彗星実測記』（文化8年）、『楕円起元』（文政11年）、『未験蒙気差測算法』（天保2年）などがある。

橋爪貫一（はしつめ　かんいち）
　文政3（1820）年生まれ、博学の人で東京健全社を設立しスープ販売した実業家、明治17（1884）年9月5日没す、65歳。著書には『数学入門』『洋算訓蒙図会』『洋算独学』『洋算略語解』『新撰数学』などがある。

橋爪保章（はしつめ　やすあき）
新八と称し、牛込中御徒町に住み、藤田嘉言に関流の和算を学ぶ。著書には『所懸于東都芝神明宮標額』（文化14年）などがある。

土師道雲（はじ　どううん）
　紀伊の人。梅所と号す。久田玄哲が見付けた『算学啓蒙』（中国の朱世傑の著書）に訓点を施し、万治元（1658）年刊行した。

橋本純次（はしもと　じゅんじ）
　大正5（1916）年1月27日兵庫県に生まれ、山形工業専門学校、神戸工業専門学校、のち神戸大学教授。専門は代数学、昭和58（1983）年4月18日没す、67歳。著書には『幾何の生い立ち成り立ち』『中学生の数学』『チャート式代数・幾何』『チャート式微分・積分』などがある。

橋本直信（はしもと　なおのぶ）
　奥州安積郡の人。虎次郎と称し、のち丹野九内と改名。渡辺一に最上流の算学を学び、文化3年2月本宮の観世音堂へ算額を奉納、江戸に出て教授し、12（1815）年6月17日没す、34歳。

橋本久暢（はしもと　ひさのぶ）
　三春藩士。天保15（1844）年10月23日陸奥田村郡に生まれ、啓三郎と称し、東泉と号す。佐久間庸軒の明徳堂にて、のち法道寺善に関流算学を、福村周義に測量術を学び、福島県郡山に山東塾を開き教授。昭和2（1927）年9月19日没す、84歳。算博士院殿日心無量正統国居士。

橋本正数（はしもと　まさかず）
　傳兵衛と称し、大阪の州崎に住み、和算に通じ天元術（代数学）を広めた。門人には澤口一之、橋本吉隆、古市正信などがいる。

橋本昌方（はしもと　まさかた）
　江戸の人。八郎と称し、天津と号す。池田貞一に関流算学を学ぶ。著書には『算法点竄初学抄』『点竄大意』（文政13年）などがある。

橋本満房（はしもと　みつふさ）
　奥州安積の八丁目村（福島市）の人。清八郎と称し、佐久間纉に最上流の算学を学び、嘉永7（1854）年閏7月日和田駅へ算額を奉納。

橋本守善（はしもと　もりよし）
　天保7（1836）年山形に生まれ、積善ともいい、源八郎、源四郎と称し、和山と号す。高橋仲善に最上流の算学を学び、諸国を歴遊し、明治2年帰郷、3年日本橋田所町に私塾「最上社」を創立し、簿記、和洋数学を教授し、明治27（1894）年12月23日没す、59歳。数量院算翁良範居士。山形の長源寺に埋葬。著書に『算法方円黒積極数術』『算法両式術起源』『七拾五異題一通術』『天生法雑題集』などがあり、門人には後藤安次、橋本源吉などがいる。

橋本慶明（はしもと　よしあき）
　明治7（1874）年3月生まれ、辰之助と称し、父久暢、及び三春の庸軒堂にて和算を学ぶ。昭和23（1948）年3月23日没す、75歳。算学院智達教諭明心清居士。

橋本吉隆（はしもと　よしたか）
　平右衛門と称し、最高といい、京都二条に住む。父橋本正数に和算を学び暦学にも精通した。著書に『算法明解』などがあり、門人には田中吉真、喜多治伯などがいる。

蓮池良太郎（はすいけ　りょうたろう）
　明治18（1885）年生まれ、武蔵高等学校、東京女子大学教授。昭和18（1943）年没す、58歳。著書には『三角方程式』『初等微分方程式』『平面球面三角法』（共著）などがある。

蓮田友信（はすだ　とものぶ）
　米沢藩士。藤田貞資に関流の算学び免許。文化11（1814）年家督を継ぎ組外御扶持方、のち平御勘定役、御代官懸役などを勤める。門人には梨本秀盛などがいる。

長谷川規一（はせがわ　きいち）
　下総小室村（船橋市）の人。文化4（1807）年生まれ、傳次郎、のち善四郎と称し、東穹と号す。石橋規夫に中西流算学を学び、実川定賢から天文学を受け、のち江戸に出て馬場正督に入門、内田五観にも師事し円理豁術を修め、帰郷して家塾を開き多くの門人を育てた。慶應元（1865）年10月17日没す、59歳。著書に『真積算梯解義』『成田山額面算題』などがあり、門人には新井成誠、内藤正賢、幡谷信勝などがいる。

長谷川忠智（はせがわ　ただとも）

　米沢藩士。傳内と称し、山田忠智に中西流の算学を学び免許。元禄9年4月新扶持御勘定役、正徳2年2月御勘定頭次役、享保10（1725）年没す。門人には荻原時章、中澤昌次などがいる。

長谷川徳平（はせがわ　とくへい）

　明治44（1911）年9月18日生まれ、東北大学、のち東北学院大学教授。昭和63（1988）年8月1日没す、76歳。著書には『問題研究Ⅰ・Ⅱ』などがある。

長谷川利辰（はせがわ　としとき）

　埼玉の小林村の人。辰五郎と称し、都築利治に算学を学び、関流九傳算師権大教正を称す。門人には関口利久、福嶋福利、山崎治辰などがいる。

長谷川信秀（はせがわ　のぶひで）

　夏刈村（山形県高畠町）の肝入。幽置と号し、山田政房に中西流の算学を学び、文政10（1827）年免許。門人には長谷川新蔵などがいる。

長谷川寛（はせがわ　ひろし）

　天明2（1782）年江戸に生まれ、藤次郎、のち善左衛門と称し、字を子栗、栗甫といい、西磻、のち極翁と号す。関流の日下誠に師事し学び、長谷川数学道場を創設し、多くの算学者を養成し弟子の名で数学書を出版、天保9（1838）年11月20日没す、57歳。西磻院極翁楽安居士。麻布の瑠璃光寺に埋葬。著書に『拳筋法要』（文化8年）、『極形術定則』『塵記図解大全』『算法町見術』などがあり、門人には長谷川弘、秋田義一、平内廷臣、千葉胤秀、菊地長良、山口和、山本賀前など多くいる。

長谷川廣（はせがわ　ひろし）

　天保13（1842）年生まれ、善太郎と称し、字を子業といい、長谷川弘の長男。家業を受け和算に通じ、明治11（1878）年11月11日没す、37歳。廣大院清空量地居士。京都の西福寺に埋葬。著書には『久留米新宮長崎諏訪社奉額算題』などがある。

長谷川弘（はせがわ　ひろむ）

　文化7（1810）年宮城佐沼の農家に生まれ、初め篤信といい、佐藤秋三郎、卯三郎、十左衛門、のち善左衛門（二世）と称し、字を子道といい、磻渓、北川と号す。一関の千葉胤秀に和算を学び、文政11年江戸の長谷川寛に学び、養嫡子となる。養父没後天保10年長谷川数学道場を支え多くの数学書を出版し、数学者を多数養育し、明治20（1887）年10月7日没す、78歳。磻渓院清翁環空居士。京都の西福寺に埋葬。著書に『五明算法括術解』『神壁算法解』『側円解義』『磻渓先生雑解集』などがあり、門人には内田久命、梅村重得、大穂能一、小野廣胖、甲斐廣胖、古谷道生などがいる。

長谷川正雄（はせがわ　まさお）

　播州下矢田部村（香寺町）の人。天保9（1838）年生まれ、儀左衛門と称し、義一ともいう。有松則雄に中西流の算学を学び、明治2年6月龍野の粒座天照神社に算額を

奉納、40（1907）年没す、69歳。門人には石田義信、中井直正などがいる。

長谷部延之（はせべ　のぶゆき）
　三州櫻井村（安城市）の人。宇兵衛と称し、清水林直に和算を学び、文化2（1805）年9月安城の櫻井神社へ算額を奉納。

波多　朝（はた　あさむ）
　明治43（1910）年9月1日佐賀県に生まれ、平成11（1999）年4月25日没す、88歳。著書には『計算がらくになる実用数学』『速算術入門』などがある。

幡谷信勝（はたや　のぶかつ）
　寛政8（1796）年成田の押畑の農家に生まれ、利八、のち四郎兵衛と称し、長谷川規一に関流の算学を学び、安政7（1860）年正月没す、65歳。著書に『算法以呂波歌』『相場割五百番』などがあり、門人には山田実勝などがいる。

蜂屋定章（はちや　さだあき）
　幕臣。貞享3（1686）年江戸に生まれ、小十郎と称し、字を尚絅といい、淡山と号す。蜂屋定高の次男で叔父の定次の養子。宝永6年4月小姓組、享保9年3月遺跡を継ぎ、天文学を西川正休に、暦学を中根元圭、久留道亀に学ぶ。寛延2（1749）年4月15日没す、64歳。法名順空。小石川の称名寺に埋葬。著書には『円理発起』（享保13年）、『算法弧背発起』『授時暦法私解』などがある。

初坂重春（はつさか　しげはる）
　宇右衛門と称し、礒村吉徳に和算を学ぶ。著書には『四方四巻記』（明暦3年刊）などがある。

八田孝一（はった　こういち）
　明治34（1901）年2月8日滋賀県に生まれ、名古屋大学、大同工業大学教授、のち名誉教授。平成6（1994）年1月27日没す、92歳。著書には『小学校ニ於ケル代数授業ハ斯ンナ風ニ』などがある。

八田紀賢（はった　のりかた）
　天保7（1836）年正月5日岡山の光政村に生まれ、計三と称し、吉田義三郎の子で八田家に養子。窪田善之に暦算を学び、明治43（1910）年10月2日没す、74歳。著書に『翦管招差術』『樋谷量計算法』などがあり、門人には山本信行などがいる。

服部　昭（はっとり　あきら）
　昭和2（1927）年8月8日東京に生まれ、東京教育大学、のち東京大学教授。専門は代数学、昭和61（1986）年4月10日没す、58歳。著書には『代数学』『現代代数学』『初等ガロアの理論』『群とその表現』などがある。

服部栄充（はっとり　てるみつ）
　文化11（1814）年家督を継ぎ。小林直清に関流の算学を学び、嘉永2年12月免許。門人には佐藤角次、宮原周助などがいる。

服部長職（はっとり　ながより）

米沢藩士。権左衛門と称し、宝暦2年家督を継ぎ、組外御扶持方、代官所で横目、検地などを勤め、寛政9（1797）年隠居。荻原時章、宮坂昌章に中西流の算学を学び免許。門人には木島図書右衛門、関喜弟などがいる。

服部　博（はっとり　ひろし）

明治35（1902）年6月6日生まれ、台北高等学校、のち早稲田大学教授。著書には『高等数学講義』『大学への数学』などがある。

花井　静（はない　しずか）

越後直江津の人。文政4（1821）年古川増造の長男に生まれ、喜十郎、のち健吉と称し、静庵、鯤斉、鯉斉と号す。嘉永元年江戸の花井氏を継ぐ。福田理軒に算学を学び、師の口授したものを編集した『西算速知』は日本最初の洋算書とされる。著書には『西洋速知』（安政3年）、『測量集成』（慶応4年）『筆算通書』『筆算通書入門』『太陽暦俗解』などがある。

花井七郎（はない　しちろう）

明治41（1908）年2月15日愛知県に生まれ、長崎工業専門学校、京都工業専門学校、静岡大学、大阪学芸大学教授、のち名誉教授。平成7（1995）年12月18日没す、87歳。著書には『指数及び対数計算』『位相空間論入門』などがある。

花香安精（はなか　あんせい）

天明3（1783）年香取郡万歳村（干潟町）の高木長兵衛の第二子に生まれ、雄助、のち傳右衛門と称し、字を子詳といい、椿園と号し、花香の姓をとる。香取郡関戸村（干潟町）の名主。父に学び、のち江戸に出て藤田嘉言、内田五観に算学を、石坂常堅に暦算天文を学び、関流六傳を称す。帰郷して名主の傍ら子弟を教授、天保13（1842）年5月12日没す、60歳。著書に『算法点鼠法』『精要算法解義』などがあり、門人には江鳩貞因、篠塚忠因、高木道賢、寺島義陳、渡辺寛利などがいる。

花房吉迪（はなぶさ　よしみち）

伊勢津藩士。半助と称し、村田恒光に和算を学び、著書には『算法円理拾遺』『算法類題起源』『新巧算法』（嘉永元年）などがある。

花輪清宣（はなわ　きよのぶ）

天明5（1785）年生まれ、傳兵衛と称し、宣清ともいう。著書には『峡算法』『峡山早割法』（弘化3年）などがある。

馬場正督（ばば　まさすけ）

幕臣。安永6（1777）年9月下野日光に生まれ、金之丞と称し、字を英伯といい、素英、董卿、其日庵（八世）、貢湖堂などと号す。和算を本多利明、のち安島直円に学び、関流五伝。俳諧にも通じ、文政9年其日庵八世を継ぐ。天保13年日光奉行支配組頭、14（1843）年閏9月13日没す、68歳。欽定院殿顕宗正督日隆居士。四谷の本性寺に埋葬。著書に『神壁算法諺解』（寛政9年）、『増神壁算法解』（文政7年）、『側円

傍小円術』（文政13年）などがあり、門人には馬場正統、出浦義全、高田信之などがいる。

馬場正統（ばば　まさのり）

　幕臣。享和元（1801）年生まれ、小太郎と称し、字を貫卿といい、錦江、竹庭、桃所、其日庵（二世）、蓮池翁（三世）、一馬園などと号す。算学を父正督、のち和田寧に学ぶ。文化13年3月袖ヶ浦の笠上観音堂へ算額を奉納、弘化元年家督を次ぎ、武術にも秀れた。万延元（1860）年7月27日没す、60歳。誠諦院殿正統日定居士。四谷の本性寺に埋葬。著書に『自問自答題術』（文化12年）、『算法奇賞』（文政13年刊）、『小学九数解』（嘉永2年）、『廉術変換』（安政元年）などがあり、門人には岩田好算、鈴木圓、高久守静、中村主税、西村紀知などがいる。

浜田隆資（はまだ　たかし）

　大正4（1915）年7月22日生まれ、東京理科大学教授、専門は応用数学。平成11（1999）年7月5日没す、83歳。著書には『新数学I』『グラフ論要説』（共著）などがある。

早井次賀（はやい　つぎよし）

　仙台の人。巳之助と称し、松木清直に関流の算学を学。著書に『関流算法無極傳』（弘化3年）、『環円之法』『新暦推算之法』などがあり、門人には國分彦三郎、佐藤良之進、八甫谷定之助などがいる。

早川高寧（はやかわ　たかやす）

　久留米藩士。安永6（1777）年生まれ、本田嘉三と称し、藤田貞資の三男（嘉言の弟）で早川家の養子。父貞資に関流の算学を学ぶ。文政3（1820）年12月24日没す、44歳。著書には『累裁招差従圭垜至乗法垜』（安政3年）、『雑題五十問』『藤田権平親類書』などがある。

早川信道（はやかわ　のぶみち）

　鐵五郎、のち弥摠大夫と称し、最上流の算学を山崎寛林に学ぶ。著書に『最上流算法免許状』（嘉永7年）、『算法撰術要法』（弘化5年）などがあり、門人には今井盛之助などがいる。

林　栄一（はやし　えいいち）

　大正15（1926）年8月19日愛知県半田に生まれ、名古屋工業大学教授、のち名誉教授、岐阜教育大学教授。専門は位相空間論、平成7（1995）年1月5日没す、68歳。著書には『代数体における加法数論』などがある。

林　喜代司（はやし　きよし）

　昭和26（1951）年11月20日生まれ、明治大学教授、専門は線型数学。平成10（1998）年3月9日没す、46歳。

林　桂一（はやし　けいいち）

　明治12（1879）年7月会津若松に生まれ、九州帝国大学教授、専門は計算機数学・数理解析、工学博士。昭和32（1957）年没す、78歳。著書には『円及双曲線函数表』『ベ

ッセル函数表』『統計解析入門』『数値計算の理論と応用』『応用函数方程式』などがある。

林　五郎（はやし　ごろう）

明治42（1909）年生まれ、専門は関数論、理学博士。昭和37（1962）年没す、53歳。著書には『ラプラス変換論』『解析学』『応用数学』（共著）などがある。

林五郎兵衛（はやし　ごろうべえ）

越中高岡横田（高岡市）の人。文政3（1820）年11月1日生まれ、政太郎、のち五郎兵衛と称し、五雲軒、五卓と号す。医を業とし、和算を好み、子弟を教授。明治27（1894）年9月1日没す、75歳。著書には『算学稽古記』（安政2年刊）などがある。

林　自弘（はやし　じこう）

小田原藩士。助右衛門と称し、藤田貞資に関流の算学を学び、寛政7（1795）年11月狭山の牛頭天王社に算額を奉納。

林知己夫（はやし　ちきお）

大正7（1918）年6月7日東京に生まれ、放送大学教授、専門は統計数理、理学博士。統計数理研究所長、のち名誉所長、日本世論調査協会会長などをつとめ、平成14（2002）年8月6日没す、84歳。著書には『計量的研究』『確率と統計』『データ解析法』『統計学の基本』などがある。

林　鶴一（はやし　つるいち）

明治6（1873）年6月13日徳島市に生まれ、東京高等師範学校、東北帝国大学教授、のち名誉教授、理学博士。教科書の編集、『東北数学雑誌』を創刊、日本中等教育数学会初代会長などをつとめ、数学教育、また和算の研究に尽力し、昭和10（1935）年10月4日没す、63歳。仙台市青葉区荒巻の大聖寺に葬。著書には『代数学教本』『行列式』『順列論』『女子代数教科書』『非ゆーくりっど幾何学』『初等微分方程式』『和算の初歩』『和算研究集録』などがある。

林　治国（はやし　はるくに）

百輔と称し、直江津の小林惟孝に算額を学ぶ。著書には『算法団扇百好』などがある。

林　弘（はやし　ひろし）

河内狭山藩士。明和6（1769）年生まれ、助右衛門と称し、字を毅卿といい、自弘と号す。藤田貞資、嘉言に関流の算学を、内田秀富に宅間流を学ぶ。藩の貢祖収納に携わる。著書に『税斂法』（寛政2年）、『偶方陣』（文化5年）、『大成算経続録解』（文化10年）、『珠算乗除法』（文政2年）、『七政大小』（天保11年）などがあり、門人には岸忠義税などがいる。

林　盛保（はやし　もりやす）

三州刈屋の人。政右衛門と称し、丸山良玄関流の算学を学び、寛政8（1796）年11月江戸の平川天満宮へ算額を奉納。

早野豊信（はやの　とよのぶ）

定右衛門と称し、千葉胤秀に関流の算学を学び、文政3（1820）年9月宮古の黒森大明神社に算額を奉納。

原左右助（はら　そうすけ）

上野（群馬県）の人。寛政2（1790）年生まれ、小野栄重に関流算学を学び、伊能忠敬に従って全国を測量し、万延元（1860）年11月没す、71歳。

原田茂嘉（はらだ　しげよし）

岡山藩士。元文5（1740）年生まれ、元五郎と称し、字を子礼という。父とともに江戸に出て書物により和算を独学し、安永初年京都に在勤して、西村遠里に師事し暦数の学を修む。文化4（1807）年11月没す、68歳。著書に『永算録』『演段秘録』『算顆秘録』『算籌秘録』『天元秘録』などがあり、門人には片山金弥、窪田浅五郎などがいる。

原田尚芳（はらだ　なおよし）

下総の人。半五郎と称す。剣持章行に算学を学ぶ。著書には『算法開薀抄』（校訂）などがある。

原　種行（はら　たねゆき）

明治41（1908）年9月3日東京に生まれ、東京高等学校教授、西洋科学史を研究し、昭和44（1969）年3月30日没す、60歳。著書には『近世科学史』『数学史新講』『新しい科学史』『数学の教養』などがある。

原田秀筒 → **村井　漸**（むらい　すすむ）

原田政春（はらだ　まさはる）

筑前怡土郡二丈村（二丈町）の人。宝暦6（1756）年生まれ、太仲太と称し、字を君煕といい、武城館と号す。豊前中津藩領の代官で藤田定資、嘉言父子、その門人の城崎方弘に関流の算学を学び、天保5（1834）年没す、79歳。著書に『錐術秘解』（寛政6年）、『極数解前後編』『弧矢玄算題』『算法秘解』『点竄秘解』などがあり、門人には照山貞信などがいる。

原田保孝（はらだ　やすたか）

字を順風といい、瀾山、有則と号す。川北朝郷に入門、和算家で洋算にも詳しく、明治10（1877）年東京数学会社の創立に関与。著書には『数理問答録』『円錐截面術』などがある。

原田能興（はらだ　よしおき）

唐津藩士。団兵衛と称し、勃郷と号す。藩主の移封に伴い、文化14年浜松へ、弘化2年山形に移住。原田政春、のち藤田嘉言に関流の算学を学び、地方に広め、各種の算法問題集を著わし、文政5（1822）年には秋葉神社に算額を奉納。著書に『諸算題』などがあり、門人には渡辺謙堂などがいる。

原富慶太郎（はらとみ　けいたろう）

明治24（1891）年生まれ、富山高等学校教授、位相幾何学を担当、昭和43（1968）年没す、77歳。

原　弘道（はら　ひろみち）

明治39（1906）年4月1日平塚市生まれ、東京第一師範学校、広島女子師範学校、横濱国立大学、相模工業大学教授、のち学長。専門は関数論及び数学教育、横浜国立大学名誉教授、平成4（1992）年10月18日没す、86歳。著書には『数学教育』『数学公式集』『数量関係の新しい指導』『関数的見方・考え方とその指導』『基礎の数学』などがある。

原　正敬（はら　まさたか）

善五郎と称し、堀池敬久に関流の算学を学び、文化5（1808）年閏6月津の慧日山観音寺へ算額を奉納。

原　賀度（はら　よしのり）

上州板鼻村（安中市）の人。寛政2（1790）年生まれ、加免太郎、賀一、左右助と称し、行簡と号す。小野栄重、のち白石長忠に和算を学び、暦算、測量、製図の研究に従事、文政9年8月碓氷郡八幡宮に算額を奉納、万延元（1860）年11月1日没す、71歳。板鼻の長傳寺に埋葬。著書には『円内外四円術』『諸家算題額集』『楕円錐算積解』などがある。

半田正吉（はんだ　しょうきち）

明治26（1893）年生まれ、奈良女子大学教授、昭和58（1983）年8月12日没す、90歳。著書には『統計法ト其ノ教育上ノ応用』（共著）などがある。

【ひ】

樋口　功（ひぐち　いさお）

昭和17（1942）年5月2日東京に生まれ、愛知工業大学基礎教育センター教授、専門は解析学、関数論。平成15（2003）年10月7日没す、61歳。著書には『工業系のための常微分方程式』などがある。

樋口　泉（ひぐち　いずみ）

文化6（1809）年近江に生まれ、岩佐氏、貞五郎、のち主水と称し、字を子善といい、東湖と号す。京都の児島涛山に和算を学び、臨済宗天龍寺派の曇華院に仕える。明治7（1874）年6月22日没す、66歳。

樋口兼次（ひぐち　かねつぐ）

伊勢桑名の人。平兵衛と称す。著書に『根源記算法直解』（寛文10年刊）などがある。

樋口藤次郎（ひぐち　とうじろう）

嘉永7（1854）年5月生まれ、五六と称す。川北朝隣に算学を学び、私学「数学舎分校」を開設。著書には『小学珠算書』などがある。

日暮佳成（ひぐらし　よしなり）

下総赤荻の人。著書に『算法いろは歌』（嘉永6年）、『算法早割以呂波歌』などがある。

彦坂範善（ひこさか　のりよし）

吉田（豊橋）藩士。享和3（1803）年三河吉田に生まれ、初め田中永貞といい、菊作、規矩作、喜久作と称し、字を徳元といい、晴軒、九成、観成、成通と号す。田中嘉平の長男で叔父の質商彦坂喜平の養子。牧野傳蔵に関流の算学を学び、文政6年正月豊川稲荷へ算額を奉納、9年8月江戸の和田寧に入門、天保5年家塾秀文堂を開き門人を教授。和田没後、天保11年内田五観に従学し、天文暦算測量術を学び、「別傳免許」を受け、安政4年吉田藩の算術御用として出入、万延元年算術方に召抱られ七人扶持、明治12（1879）年1月28日没す、77歳。豊橋の竜枯寺に埋葬。門人には小池知己、石田知雄、大林盛枝、佐野智征、松坂緩篤などがいる。

尾刀為隆（びとう　ためたか）
盛岡の人、和右衛門と称す。真法恵賢に和算を学び、寛保元（1741）年8月盛岡の春日社、八幡社へ算額を奉納。

人見忠次郎（ひとみ　ちゅうじろう）
文久3（1863）年生まれ、陸軍幼年学校教員、「数学協会」で活躍、昭和4（1929）年没す、66歳。著書には『理論応用幾何学教科書』『補習代数学』『代数学提要』などがある。

日比野勇夫（ひびの　いさお）
明治26（1893）年生まれ、神戸商科大学学長、平成3（1991）年4月4日没す、98歳。著書には『最新商業算術教科書』などがある。

日比野良為（ひびの　よしなり）
美濃大垣の人。立左衛門と称し、字を伯己といい、歎斎、玉屋と号す。こんにゃく玉を商い、傍ら関流の算学を神谷定令に学び家塾を開き教授。著書に『天神奉納会』（享和2年）、『算法三秘術』（文政9年）、『暦象正義推歩図解』などがあり、門人には水野陸沈、小倉吉貞などがいる。

檜山富宣（ひやま　とみのぶ）
水戸藩士。文化6（1809）年生まれ、源太郎と称す。天保元年5月五十石与力、5年9月江戸歩行士、史館勤め、12年6月小十人組弘道館算学掛兼務、14年11月水戸に移り、嘉永2年12月新番組算学元の如し。安政5（1858）年正月22日没す、50歳。著書には『歳実薈萃』『算則』などがある。

兵藤　瀞（ひょうどう　きよし）
大垣藩士。寛政11（1799）年3月13日生まれ、喜代太郎、のち源九郎と称す。文化9年家督を継ぎ、水野陸沈に関流の算学を学び、文政5年郡庁主簿、のち簿長、藩校致道館の執事をつとめ、弘化4（1847）年3月27日没す、49歳。達明信士。著書には『見聞雑章録』『見聞録』などがある。

兵藤鎮馬（ひょうどう　しずま）
明治42（1909）年5月1日愛知県に生まれ、平成6（1994）年8月4日没す、85歳。著書には『新しい数学の学び方』『初めて学ぶ人の代数学』などがある。

平石時光（ひらいし　ときみつ）

彦根藩士。元禄9（1696）年生まれ、時儔ともいい、作之介、のち久平次と称し、深篤子と号す。寛保2年家督を継ぎ二百石、鉄砲薬煎合奉行、大津目付役などを経て、宝暦2年蔵奉行。京都で中根元圭に天文暦算を学ぶ。明和8（1771）年8月12日没す、76歳。彦根の長松院に埋葬。著書には『日本原志制田法』（享保11年）、『互用変換』『算法天元式百問』『星極運暦』などがある。

平井正義（ひらい　まさよし）

関宿藩士。弥五太夫と称し、藤田貞資に関流の算学を学び、寛政8（1796）年正月筑波山大師堂に算額を奉納。

平岡道生（ひらおか　みちお）

安政3（1856）年生まれ、錠三郎と称す。明治20年江田島海軍学校教官、のち東京外語学校教授、34年静岡育英会会員となり、昭和8（1933）年12月28日没す、77歳。

平賀保秀（ひらが　やすひで）

佐倉藩士、のち水戸藩士。勘右衛門と称し、舟翁と号す。今村知商に算学を学び、堀田正信に仕えていたが、寛文元年水戸に仕え郡奉行。水戸藩の和算の草分けで、市中の用水の設計施設につくし、天和3（1683）年8月3日没す。門人には村松茂清などがいる。

平川淳康（ひらかわ　じゅんこう）

明治34（1901）年10月22日大分県に生まれ、立正女子大学、東京理科大学教授、のち名誉教授。専門は幾何学、平成元（1989）年10月14日没す、87歳。著書には『初等射影幾何学』『初等理論図学』『新初等幾何学』『わかる立体図形』などがある。

平川仲五郎（ひらかわ　ちゅうごろう）

明治21（1888）年生まれ、東京物理学校、東京理科大学教授、のち名誉教授、理事長。専門は微積分学、昭和62（1987）年5月30日没す、98歳。著書には『初等解析幾何及ぐらふ学び方考え方解き方』『統一づけられたる代数の学習と解法』などがある。

平沢義一（ひらさわ　よしかず）

大正15（1926）年7月28日東京に生まれ、東京工業大学、のち名誉教授。平成11（1999）年5月12日没す、72歳。著書には『微分方程式の解の大域的研究』などがある。

平田直良（ひらた　なおよし）

岩代会津の人。享保4（1719）年生まれ、勘助と称す。中条昌秀に和算を学ぶ。著書には『数学方図通記』（享和元年）、『算幀記』（天明8年）などがある。

平野幸太郎（ひらの　こうたろう）

明治40（1907）年8月1日石川県に生まれ、東京理科大学、のち名誉教授。専門は数学教育、平成8（1996）年11月17日没す、89歳。著書には『初学者のための微分積分学』『積分学演習』『数学的構造の話』などがある。

平野昌傳（ひらの　しょうでん）

179

善兵衛と称し、竊黙軒、悟黙軒と号す。久留島義太、その弟子田島庄五郎に算学を学び、江戸本所に独学舎を開塾。著書には『角法踏轍術正義』『円理啓蒙側円術』『和蘭暦交食考』などがある。

平野次郎（ひらの　じろう）

明治41（1908）年1月6日東京に生まれ、大阪高等工業学校、東京高等工芸学校、東京大学、のち専修大学教授、理学博士。昭和54（1979）年5月27日没す、71歳。著書には『技術者の数学』『変分法序説・級数展開法』『幾何解法の原理と応用』『代数解法の原理と応用』『微積分解法の原理と応用』『重要数学事典』などがある。

平野鉄太郎（ひらの　てつたろう）

大正15（1926）年3月5日東京に生まれ、都立高等学校の教諭、法政大学教授、のち名誉教授。専門は電子計算機概論、平成4（1992）年6月2日没す、66歳。著書には『わかるFORTRAN』『速習コボル』『射影幾何学』などがある。

平野智治（ひらの　ともはる）

明治30（1897）年3月11日千葉県に生まれ、東京水産大学教授、日本工業大学学長。日本教科教育学会連合会長をつとめ、昭和54（1979）年12月1日没す、82歳。著書には『数学公式集』『教師の数学』『数理哲学序説』『解析幾何学』などがある。

平野喜房（ひらの　よしふさ）

名古屋藩士。万一郎と称し、字を子泉といい、意山と号す。御粥安本に算学を学び、成文塾を開き教授。著書には『方円三斜整数別術』（文久元年）、『算法額面解』（文久2年）、『浅致算法』（文久3年刊）、『測量三斜適等』などがある。

平松誠一（ひらまつ　せいいち）

岡山の下庄村（倉敷市）の人。天保12（1841）年3月27日生まれ、松左衛門と称し、字を信孝といい、浮州亭、対岡庵閑月と号す。藤田秀斎、のち福田理軒に天文暦算を学び、郷里に数学、測量の私塾を開く。明治4年正月総社宮に算額を奉納、10年岡山県に奉職し技師長、鉄道技師、水道の設計布設に尽力、昭和6（1931）年8月13日没す、91歳。対岡庵閑月居士。著書に『数学暦術残稿集』などがあり、門人には秋山吉信、熊澤応矩、栗原永寿、難波孝一などがいる。

平山　諦（ひらやま　あきら）

明治37（1904）年8月13日成田市に生まれ、東北大学教授、日本数学史学会顧問。専門は数学史、理学博士。平成10（1998）年6月22日没す、93歳。著書には『方陣の話』『円周率の歴史』『関孝和』『東西数学物語』『学術を中心とした和算史上の人々』『和算の誕生』などがある。

平山　驥（ひらやま　たけし）

長崎の人。仙蔵と称し、千里と号す。若杉多十郎、のち京都に出て中根彦循に、更に村井中漸に算学を学ぶ。著書には『算藪』（天明7年）などがある。

平山　信（ひらやま　まこと）

慶應3（1867）年9月9日江戸に生まれ、東京帝国大学、のち東京理科大学教授、専門は天文学、理学博士。数学物理学会委員長などをつとめ、昭和20（1945）年6月2日没す、79歳。

廣井　鴻（ひろい　こう）

土佐佐川（高知県佐川町）の人。明和7（1770）年10月15日生まれ、喜十郎と称し、字を千里といい、遊冥と号す。代々土佐藩家老深尾氏の臣、佐川の郷校名教館教授となって経義を講じ、算術、習字を教えた。嘉永6（1853）年9月11日没す、84歳。著書には『嗜痴録』『遊冥館詩文集』『廬山筆集』などがある。

広江永貞（ひろえ　ながさだ）

美濃上加納（岐阜市）の人。天明4（1784）年生まれ、彦蔵と称し、雪暁と号す。尾張の近藤実之、西尾喜宣に学び、17歳で関流の算学の奥義を受け、美濃加納藩主安藤家に仕え、移封に伴い磐城平に移住、新たに永貞流の祖といわれた。天保13（1842）年6月16日没す、59歳。著書に『続神壁算法起源』（天保4年）、『五明算法前集起原』『社盟算譜起原』『精要算法起原』などがあり、門人には稲津長豊などがいる。

廣瀬国治（ひろせ　くにはる）

常州真壁郡明野（筑西市）の人。文政6（1823）年西村家に生まれ、市右衛門と称し、南晴堂と号す。嘉永元年廣瀬家に養子。久松充信に関流算学を学び、慶応2年3月協和町の八幡神社に算額を奉納、明治45（1912）年3月16日没す、89歳。門人には平元直吉、上野国英、鈴木友親、天貝中庸などがいる。

廣瀬　健（ひろせ　けん）

昭和10（1935）年10月22日大分県に生まれ、早稲田大学教授、専門は情報科学、情報科学研究教育センター所長をつとめ、平成5（1993）年8月16日没す、57歳。著書には『計算論』『帰納的関数』『計算機科学ソフトウェア技術講座』『コンピュウータソフトウェア事典』などがある。

廣瀬備重（ひろせ　ともしげ）

弥兵衛と称す。岡井茂兵衛に算学を学ぶ。著書には『通俗平かな天元』（享保3年刊行）、『算法智恵海大全』（寛政5年刊）などがある。

廣田亥一郎（ひろた　いいちろう）

天保13（1842）年生まれ、算術、測量学を教授し、明治12（1879）年2月24日没す、38歳。著書には『洋算階梯』『算用卑迹』などがある。

廣田五兵衛（ひろた　ごべえ）

文化2（1805）年生まれ、和算を究め、明治3（1870）年没す、66歳。

廣田直道（ひろた　なおみち）

淡路柳沢（淡路市）の人。享和3（1803）年庄屋役を継ぎ柳沢組十一ヶ村の与頭庄屋となり、和算にも通じた。著書には『算法

円理解』(文政13年)、『利民村正録』などがある。

広本文四郎(ひろもと　ぶんしろう)
　明治37(1904)年2月広島県に生まれ、熊本大学教授、のち名誉教授。専門は解析学、平成5(1993)年1月17日没す、88歳。著書には『専門学校解析幾何学』『専門学校代数学』『専門学校微分積分学』(共著)などがある。

樋渡重政(ひわたり　しげまさ)
　肥前小城藩士。文政10年(1827)年小城郡の庄屋古賀家に生まれ、樋渡家の養子。雄七と称し、洋鳳子と号す。江戸にて長谷川弘に天文暦算を学び、藩の会計掛、算学指南をつとめ、維新後は中学校などの教師、明治20(1887)年没す、61歳。

【ふ】

深沢清吾 → **森本清吾**(もりもと　せいご)

深宮政範(ふかみや　まさのり)
　明治45(1912)年7月4日石川県に生まれ、熊本大学、東北大学教授、専門は解析学、理学博士。

深谷　浩(ふかや　ひろし)
　大正13(1924)年7月17日大阪府に生まれ、青山学院短期大学教授、のち名誉教授、専門は生活物理学。平成7(1995)年2月27日没す、70歳。著書には『教養の統計学』『生活のための物理学』などがある。

布川正己(ふかわ　まさみ)
　昭和2(1927)年3月4日東京に生まれ、東海大学教授。昭和58(1983)年1月13日没す、55歳。著書には『現代数学序説』『代数学と幾何学』などがある。

福井常孝(ふくい　つねたか)
　明治40(1907)年5月13日三重県に生まれ、早稲田大学教授、昭和41(1966)年5月7日没す、59歳。著書には『解析学入門』『微積分学』『線型代数入門』などがある。

福沢三八(ふくざわ　みはち)
　明治14(1881)年生まれ、福沢諭吉の子で、慶應義塾大学教授、昭和37(1962)年7月31日没す、81歳。著書には『空間の性質に就いて』『可撓結構と可撓座標系』『碁将棋の数学的研究』『数的独想録』などがある。

福田　明(ふくだ　あきら)
　主税、一太郎と称す。父理軒に和算を学び、家業を継ぐ。著書には『奉掲清水寺福田派算法図解』(文久元年)などがある。

福田金塘(ふくだ　きんとう)
　大阪の人。文化4(1807)年美濃真桑村に生まれ、浪花今橋に住む。復といい、真七郎、のち直之進、美濃正と称し、字を嘉当、徳本といい、金塘、貫通斉と号す。坂正永、竹田真元に算学を、小出兼政に暦学を学び、大阪今橋一丁目に福田塾を開き教授、天保14年司天台師範代となり、安政5

(1858)年7月9日没す、52歳。運旋院浄貫居士、大坂天王寺の傳光寺に埋葬。著書に『算法垜積術』(文政12年)、『算学速成』(天保8年刊)、『袖中算筌』(弘化3年刊)、『算題雑解』『算法約術示蒙』などがあり、門人には小池透綱、松村忠英、松浦俊英などがいる。

福田　半（ふくだ　はん）

天保8(1837)年生まれ、左近と称し、治軒と号す。理軒の子で、兄を明という。父に算学を学び順天求合社の教師、佐藤政養に洋学測量も学び、明治5年士官学校教官となり、21(1888)年没す、52歳。著書には『測量新式』(明治5年)、『代微積拾級解』『洋算例題続編』『筆算微積入門』などがある。

福田弘之（ふくだ　ひろゆき）

昭和18(1943)年5月13日生まれ、香川大学教授、専門は解析学。平成9(1997)年8月14日没す、54歳。

福田理軒（ふくだ　りけん）

文化12(1815)年5月大阪に生まれ、泉といい、金塘の弟で初め本橋惟義という。謙之丞、鼎、理八郎、主計、左近と称し、字を士銭、子銭といい、理軒、竹泉、順天堂と号す。武田真元、小出修喜に学び天象暦数を修め、大阪南本町(麻田剛立の旧邸)に数学塾を開き子弟を教授、明治4年上京して神田猿楽町に「順天求社」を創立し、洋算を普及、明治22(1889)年8月17日没す、75歳。著書には『算法非心論』(天保7年)、『順天堂算譜』(弘化4年刊)、『測量集成』(安政3年〜慶応4年刊)、『西算速知』(安政4年)、『明治小学塵劫記』『和洋普通算法玉手箱』『近世名家算題集』『測量新式』などがある。

福原満洲雄（ふくはら　ますお）

明治38(1905)年12月24日東京に生まれ、九州大学、のち東京大学教授。退官後、津田塾大学教授、東京農工大学学長。日本数学会理事長、数理解析研究所所長などを務める。専門は微分方程式論、理学博士。著書には『解析学要論』『ガンマー函数』『射影幾何』『常微分方程式』などがある。

藤井三郎（ふじい　さぶろう）

金沢藩士。文政2(1819)年生まれ、名を質といい、泉梁と号す。天文暦算に通じ、天保11年幕府天文台出役、暦作御用出役、弘化4年天文方手伝、英文法の研究でも知られ、嘉永元(1848)年8月28日没す、30歳。著書には『英文範』(嘉永元年)、『荷蘭紀略』などがある。

藤井直好（ふじい　なおやす）

安芸の人。長兵衛と称し、栗本、如叟と号す。関孝和に算額を学び、70余歳で没す。著書には『算術志元録』(元禄9年)などがある。

藤岡有貞（ふじおか　ありさだ）

松江藩士。文政3(1820)年生まれ、恵之助、のち雄一と称し、字を子明といい、観瀾、蘭圃、暘谷、景山、成象堂と号す。

算学を好み、天保2年藩の算術師範中溝利一に入門、弘化2年家督を継ぎ、江戸に遊学し内田五観に師事、数学・測量を学ぶ。嘉永2（1849）年蘭学測量格別出精（18石五人扶持）となったが病のため帰国し、12月5日没す、30歳。覚量院釋順道居士。松江の洞光寺に埋葬。著書には『算法量地新書』（天保10年）、『算法活問答』（天保13年）、『算法円理通』（弘化2年）、『運発量地速成』（弘化3年）などがある。

藤岡茂之（ふじおか　しげゆき）
　京都の人。市郎兵衛と称す。和算に通じ、明暦3（1657）年に『算元記』を著す。

藤岡　茂（ふじおか　しげる）
　明治21（1888）年生まれ、第五高等学校、甲南高等学校、のち甲南大学教授。昭和53（1978）年4月28日没す、89歳。著書には『積分学自由』『微積分学概論』『微分要論』『積分学要論』『微分方程式の解き方』『線形代数入門』などがある。

藤川春竜（ふじかわ　はるたつ）
　天保10（1839）年10月9日浜松の神官の家に生まれ、幼名を掃部といい、蕉雪庵、温軒と号す。安政2年より小松恵竜に天文学、万延元年2月より大村一秀に算学を、明治3年頃より川北朝隣、塚本明毅に西洋数学を学ぶ。8年浜松の瞬養校の訓導、22年静岡県中学校教諭、数学教育に貢献し、昭和4（1929）年没す、91歳。著書には『関流七部書解』『発微算法演段諺解釋義』『筆算比例新式』『筆算復習』『小学珠算教授書』などがある。

藤川義智（ふじかわ　よしとも）
　佐賀藩士。勘助と称す。和算に長じた。著書には『算学小筌解』『算法瑚璉解』『藤氏豁術草』などがある。

藤崎嘉左衛門（ふじさき　かさえもん）
　文政7（1824）年8月15日成田の小菅に生まれ、長谷川規一に和算を学び免許、明治23（1890）年9月1日没す、67歳。著書には『算法本図』『関流相場難問書』『関流算法相場割振術』などがある。

藤澤忠親（ふじさわ　ただちか）
　晩園と号し、久保寺正久に和算を学んだらしい。著書には『算法審書』（明治7年）、『算法襑輯録』『算則内典』などがある。

藤沢利喜太郎（ふじさわ　りきたろう）
　文久元（1861）年9月9日新潟に生まれ、東京帝国大学教授、理学博士。専門は関数論で和算についても研究。貴族院議員となり、昭和8（1933）年12月23日没す、72歳。多磨霊園に葬。著書には『算術教科書』『数学用語英和対訳字書』『初等代数学教科書』『数学教授法講義』『生命保険論』などがある。

藤城徳馨（ふじしろ　のりよし）
　東久平と称し、宮田長善に関流の算学を学び、天保4（1833）年4月名古屋の七ツ寺へ算額を奉納。

藤田外次郎（ふじた　がいじろう）
　明治7（1874）年生まれ、陸海軍学校教官。著書には『商業数学』『新撰数学講義』『近世幾何学』『数学公式』などがある。

藤田貞資（ふじた　さだすけ）
　久留米藩士。享保19（1734）年9月16日武蔵の郷士本田親天の三男に生まれ、大和新庄藩藤田定之の養子。名を定資、定賢、定軒ともいい、彦太夫、のち権平と称し、字を子證といい、雄山、退道山人と号す。山路主住に関流算学を学び皆伝（関流四傳）、安倍（土御門）家で天文・暦学を学ぶ。宝暦12年幕府天文方の助手となるが、眼疾のため職を辞す。明和5年3月久留米藩有馬家に仕え、多くの門弟を教授、文化4（1807）年致仕し、8月6日没す、74歳。澄光院釋退道居士、四谷の西応寺に埋葬。著書に『愛宕山奉納額控』（宝暦13年）、『算法集成』（安永6年）、『精要算法』（安永8年）、『神壁算法』（寛政元年刊）、『改正天元指南』（寛政7年刊）、『続神壁算法』（文化4年刊）などがあり、門人には藤田嘉言、神谷定令、小野栄重、石田玄圭、石黒信由、下田直貞、菅野元健、中田高寛、丸山良玄など多くいる。

藤田貞栄（ふじた　さだひで）
　京都の人。吉右衛門と称し、錦里と号す。室町三条北に住み、暦算に通じる。著書には『仮名暦本名頒暦略註』（文化3年）、『増補祇園会細記』（文化9年）などがある。

藤田貞升（ふじた　さだます）
　久留米藩士。寛政9（1797）年生まれ、権四郎と称し、閑梅と号す。父嘉言に関流の算学を学び、跡を継ぎ江戸詰の勘定奉行。天保11（1840）年8月16日没す、44歳。四谷の西応寺に埋葬。著書に『四斜板問題解』『藤田貞升筆草稿』などがあり、門人には安倍知翁、小林直清、村井長央、三浦義和などがいる。

藤田子徳（ふじた　しとく）
　館林藩士。運平と称し、名を生親、字を子徳という。算学は吉田子弘に学ぶ。著書に『立方算顆術起原』（文政3年）などがある。

藤田誠兵衛（ふじた　せいべえ）
　弘化3（1846）年生まれ、和算を学び、梁上三珠の算盤を作り教授、大正12（1923）年没す、78歳。著書には『珠算新術』などがある。

藤田秀斎（ふじた　ひでなり）
　文政8（1825）年生まれ、助次郎と称し、薬園亭と号し、備中惣社の人で生薬屋。谷田祗託、のち小野以正に和算を学び免許。諸国の大家を歴訪、京都で司天台家に入門し、免許を得て帰国。慶応2年高梁川を実測、維新後は小田県に勤め測量を担当。明治14（1881）年7月12日没す、57歳。著書に『整数術秘書』（嘉永7年）、『易道独判断』（元治元年刊）、『算題抜解』（安政3年）、『算法適等詳解』『算法便書』『算法弁疑』『測量新書』などがあり、門人には小

川豊度、佐伯貞斎、佐藤宣度、高木秀貞、平松誠一、萬成信重などがいる。

藤田廷臣
→ 平内廷臣（へいのうち　みさおみ）

藤田吉勝（ふじた　よしかつ）
伊右衛門と称し、大橋清行（大橋流を称した）に算学を学ぶ。著書に『算学級聚抄』（延宝元年刊）などがある。

藤田嘉言（ふじた　よしとき）
久留米藩士。明和9（1772）年6月19日生まれ、門弥、のち権平と称し、字を子彰といい、龍川と号す。享和元年8月勘定奉行、文化4年2月家督を継ぐ。和算を父貞資に学び、跡を継いで師範役となり、江戸にて和算を教授。文政11（1828）年7月4日没す、57歳。元良院妙道居士。四谷の西応寺に埋葬。著書に『掌中鉤股規矩要領』（寛政元年刊）、『社壁算法』（寛政元〜3年）、『再訂算法』（寛政9年）、『額算解義』（文化5年）、『神壁算法解義』（文政5年）などがあり、門人には藤田貞升、穴沢長秀、蓮田友信などがいる。

藤田頼央（ふじた　よりなか）
美濃養老北麓（岐阜県養老町）の人。無紛子、隠軒と号し、臨済宗の僧環中の門弟。著書に『団扇骨弦儀図説』（天保14年刊）、『須弥曜直暦』などがある。

藤中　博（ふじなか　ひろし）
明治35（1902）年7月22日大阪に生まれ、姫路高等学校、神戸大学、のち岡山理科大学教授。昭和62（1987）年11月10日没す、85歳。著書には『初等微分学』『初等積分学』『初等解析幾何学』『日本数学年表・数学者小伝』などがある。

藤野和健（ふじの　よりたけ）
昭和21（1946）年2月9日生まれ、東京大学教授、専門は数理工学。平成4（1992）年6月21日没す、46歳。著書には『二次分布とポアソン分布』などがある。

藤野了祐（ふじの　りょうすけ）
明治10（1877）年生まれ、早稲田大学教授、昭和26（1951）年5月14日没す、73歳。著書には『幾何学解き方講義』『代数学解き方講義』『実用算術講義』『解析幾何学』『高等教科平面三角法』などがある。

藤牧美郷（ふじまき　よしさと）
信州桜澤村（中野市）の人。貞享3（1686）年生まれ、弥三郎と称し、宮本正之に宮城流の算学を学び免許、宝暦2（1752）年没す、67歳。門人には北澤治正などがいる。

伏見康治（ふしみ　こうじ）
明治42（1909）年6月29日愛知県に生まれ、名古屋大学教授、のち名誉教授。核の平和利用を訴えた物理学者。日本学術会議長、参議議員、折り紙を趣味。平成20（2008）年5月8日没す、98歳。著書には『折り紙の幾何学』『確率論及統計論』『原子力のゆくえ』『生命の科学』『美の幾何学』『量子統計力学』などがある。

藤森信道（ふじもり　のぶみち）

　出雲の人。台蔵と称し、内田五観に算学を学び、天保10（1839）年算額を奉納。著書には『続算学小筌解』『続算学小筌解義』などがある。

藤森良夫（ふじもり　よしお）

　明治43（1910）年1月13日東京に生まれ、東洋大学教授、専門は経営数学、平成7（1995）年5月8日没す、85歳。著書には『代数の基礎』『解析の基礎』『幾何の基礎』『順列組合より確率まで』などがある。

藤森良蔵（ふじも　りょうぞう）

　明治15（1882）年生まれ、教育者。『高数研究』主幹発行し、昭和21（1946）年11月22没す、65歳。著書には『幾何学初歩』『算術学び方と解き方』『代数学学び方考え方と解き方』『三角法学び方考え方と解き方』などがある。

藤原松三郎（ふじわら　まつさぶろう）

　明治14（1881）年2月14日三重県に生まれ、第一高等学校、のち東北帝国大学教授、専門は解析学、理学博士。東洋数学史、特に和算史を研究。昭和21（1946）年10月12日没す、66歳。著書には『代数学』『行列及び行列式』『微分積分学』『常微分方程式論』『日本数学史要』『西洋数学史』などがある。

藤原安治郎（ふじわら　やすじろう）

　明治28（1895）年香川県に生まれ、香川県師範学校、中学校校長。数学教育に尽力し、昭和48（1973）年3月3日没す、77歳。著書には『面白い算術遊戯』『少年数学の歴史』『実践図形教育』『少年少女世界数学史』『算数の学習指導』などがある。

船津正武（ふなつ　まさたけ）

　天保3（1832）年生まれ、傳次平と称し、上州原之郷の篤農家。斎藤宜義に和算を学び、関流九伝を称す。安政3年8月上州赤城山へ算額を奉納。明治31（1898）年没す、67歳。門人に大原綱賀などがいる。

船山輔之（ふなやま　すけゆき）

　仙台藩士。元文3（1738）年生まれ、佐清ともいい、喜一、のち喜左衛門と称し、國賢と号す。戸板保佑、山路主住に天文暦算を学び、安永9年幕府天文方に属し江戸に住む。文化元（1804）年9月12日没す、67歳。國賢院真光本住居士。下谷の世尊寺に埋葬。著書には『絵本工夫之錦』（寛政7年）、『絵本工夫之錦評』（享和元年）などがある。

古市正利（ふるいち　まさとし）

　享和2（1802）年生まれ、辰之助と称し、自求堂と号す。越後村上の人で、藤田貞資・嘉言父子に関流の算学を学ぶ。晩年失明し、明治期に没す。著書には『関流算法真術両儀式之傳』（安政6年）、『洪範新書方陣解術』（慶應3年）、『羽黒奉納額算題』『八幡天神奉額解』（明治3年）などがある。

古市正信（ふるいち　まさのぶ）

187

算助、四郎左衛門と称し、大阪今橋に住む。橋本正数に和算を学び、正徳年間に没す。門人に大島喜侍などがいる。

古川氏一（ふるかわ　うじいち）
　幕臣。天明3（1783）年生まれ、謙ともいい、新之丞と称し、珺童と字し、芳春と号す。氏清の長子で、文政3年9月家督を継ぎ、算学を父に学ぶ、円理豁術を和田寧に受け、家塾の督学となり、至誠賛化流算学を広めた。天保7年11月御小姓組與頭、8（1837）年6月21日没す、55歳。恭寛院殿信応道恵居士。池之端の東淵寺に埋葬。著書に『諸角値様図解』（寛政9年）、『額面論議』（享和3年）、『算法弧矢弦解考』（文政12年）、『毛利重能伝書考』（天保2年）などがあり、門人には古川氏朝、平井尚休などがいる。

古川氏清（ふるかわ　うじきよ）
　幕臣。宝暦3（1753）年生まれ、吉之助、吉次郎、山城守と称し、従五位下、500石。珺璋、不求と号す。宝暦9年6月家督を継ぎ小普請、寛政4年12月奥御右筆、御賄頭などを歴任し、文化7年12月廣敷用人、8年従五位下和泉守、のち山城守、13年6月勘定奉行となる。関流和算家栗田安之、中西流関川美郷、久留島流安井信名に学び、三流を取捨して「三和一致流」といい、「至誠賛化流」という一派をたて、文政3（1820）年6月11日没す、68歳。温良院殿前城州刺史護岳祖恭大居士、池之端の東淵寺に埋葬。著書に『愛宕額答術解』（安永9年）、『饗応算法』（天明2年）、『古川氏算額論』（天明4年）、『算則』（寛政10年）、『側円求積明解』（文化15年）などがあり、門人には古川氏一、篠原善富、松平忠和、高山忠直、久保寺正福、木村光教などがいる。

古川氏朝（ふるかわ　うじとも）
　幕臣。文化3（1806）年生まれ、氏一の子で武兵衛と称し、又山と号す。天保5年12月御書院番入、9年9月家督を継ぎ、安政6年4月蕃書調所句読教授出役、元治元年5月小普請入、2年7月隠居し、明治10（1877）年6月7日没す、72歳。誠忠院殿又山鐵心居士。

古川氏昌（ふるかわ　うじまさ）
　幕臣。天保5（1834）年8月6日生まれ、氏朝の子で孝太郎、凹と称し、珺輝と字す。文久元年3月外国奉行支配書物御用出役頭取、慶應元年7月家督を継ぎ小普請、明治2年赤坂奉行支配割付、3年9月駿府で算術教授方、5年7月大学校五等教授方、10年錦華学校に奉職、29（1896）年3月22日没す、63歳。安祥院殿月団帰白居士。著書には『宇宙算題集』『小学筆算答式』などがある。

古郡彦左衛門之政
　→ **池田昌意**（いけだ　まさおみ）

古屋　茂（ふるや　しげる）
　大正5（1916）年3月5日岐阜県に生まれ、東京大学、のち立教大学、青山学院大学教授。専攻は解析学、東京大学名誉教授。

平成8（1996）年1月3日没す、79歳。著書には『行列と行列式』『微分方程式入門』『算数をパズルふうに』などがある。

古谷道生（ふるや　みちお）
　文化12（1815）年4月3日静岡和田村に生まれ、定吉、のち節右衛門と称し、藤岳と号す。天保3年田中藩の岩本常師に算学を受け、4年江戸に出て長谷川弘に学び、別傳免許を受ける。安政2年田中藩士となり数学を教授、地租改正に伴う測量を実施、深川で数学指南所を開く。明治12年郷里に帰り家塾で門弟に教授、21（1888）年8月1日没す、74歳。関流院古谷道生居士。焼津の光西寺に埋葬。著書には『算盤早伝授』『算法通書』などがある。

不破直温（ふわ　なおはる）
　白河、のち桑名藩士。安永5（1776）年生まれ、栄太郎、のち右門と称し、字を子温といい、梅仙と号す。白河藩主松平家に仕え、寛政4年家督を継ぎ、舞楽師範、藩校立教館目付などを経て、文政2年江戸留守居役、6年藩主の桑名移封の後、12年桑名に移住。江戸留守居役となり八町堀に澄む。算学は最上流渡辺一、のち関流日下誠に学び、和田寧に師事。天保4（1833）年8月8日没す、58歳。摂心院観月梅仙居士。桑名の照源寺に埋葬。著書に『算法応答』『治世献策』『音律私考』『尊号事件文書』などがあり、門人には家崎善之などがいる。

【へ】

平内廷臣（へいのうち　みさおみ）
　幕臣。初め福田彦兵衛といい、安房、大隅と称し、為良ともいい、梅坪と号す。代々幕府作事方大棟梁の家柄。幕府の御大工方、四天王寺流大棟梁、長谷川寛に関流の算学を学ぶ。著書には『算法変形指南』（文政3年刊）、『平方交商起源同論』（文政4年）、『匠家矩術要解』（天保4年刊）、『算法直術正解』（天保11年刊）などがある。

別府盛重（べっぷ　もりしげ）
　庄助と称し、東高玉村の肝入。黒井忠寄に中西流の算学を学び免許。安永7年円福寺観音堂へ、8年同じ堂へ算額を奉納、天保3（1832）年没す。門人には児玉軌之、高橋則右などがいる。

逸見満清（へんみ　みつきよ）
　天和3（1683）年生まれ、十兵衛と称し、柳芳と号す。山形城下十日町に住み、中西流の算学を学び天文暦算兵法などを教授、明和5（1768）年4月7日没す、86歳。門人には岡崎安之などがいる。

【ほ】

北条時重（ほうじょう　ときしげ）
　明治30（1897）年生まれ、高松高等商業学校教授、専門は数理統計、理学博士。昭和57（1982）年没す、85歳。著書には『一

般商業数学』『高等商業数学』『統計学』『日本景気指数』『商業数学』などがある。

法道寺善（ほうどうじ　よし）
文政3（1820）年広島の鍛冶屋の家に生まれ、和十郎と称し、字を通達といい、観山、道導主人、観山道人と号す。算学を梅園直雨に、天保12年江戸に出て内田五観に学び関流七傳。日本各地を遊歴し算学を教授、明治元（1868）年9月16日没す、49歳。広島西寺町の円龍寺に埋葬。著書に『算家経譜』『算法鉤乗術前編』（安政6年）、『観新考算変』（安政7年）、『豁術新考』（慶応3年）、『法道寺先生算題解』などがあり、門人には石黒信基、市川信任、加悦俊興、北本栗、土屋愛親、菱田真明などがいる。

穂刈四三二（ほがり　しさんじ）
明治41（1908）年3月13日新潟県越路町に生まれ、東京都立大学、城西大学教授、のち学長。専門は微分幾何学、東京都立大学及び城西大学名誉教授、理学博士。平成16（2004）年1月2日没す、95歳。著書には『代数及幾何学』『テンソルの理論とその応用』『式とグラフと三角法』『微分幾何学』『解析辞典』『三角法辞典』『ベクトル』などがある。

穂刈忠久（ほがり　ただひさ）
信州川中島（長野市）の人。多喜蔵と称し、宮城流算学を学び、文化3（1806）年布施神社へ算額を奉納。著書には『算法解義』（文化3年）などがある。

保坂因宗（ほさか　いんそう）
栃木都賀郡の人。与市右衛門と称し、和算に通じ、磁石を用いて測量をすることを説く。貞享4（1687）年『磁石算根元記』を著す。

星野実宣（ほしの　さねのぶ）
秋月、のち福岡藩士。寛永15（1638）年上秋月に生まれ、助右衛門と称し、廓庭と号す。秋月藩主黒田家に仕え、和算を好み、禄を辞して江戸の出て、横川玄悦に入門し天元術を学ぶ。帰郷し延宝6年福岡藩に仕え30石6人扶持、元禄10年幕命により国絵図作成に従事し、12（1699）年3月7日没す、62歳。著書に『算学啓蒙註解』『股勾弦鈔』（寛文12年刊）、『算学註解』『坤輿旁通儀図説』などがあり、門人には清水利為、竹田定直、高畠武助などがいる。

細井　修（ほそい　しゅう）
土佐藩士。天明5（1785）年生まれ、丈助と称し、字を君貞といい、南柯と号す。江戸で天文暦算を学び、郷里に帰り算法を教授、嘉永6（1853）年2月9日没す、69歳。著書には『南柯堂算法』などがある。

細井　淙（ほそい　そう）
明治34（1901）年10月31日東京に生まれ、細井寧雄（和田寧の高弟）に和算を学び、成城学園高等学校、東京農業専門校、のち東京教育大学教授。和算史を研究し、昭和36（1961）年5月25日没す、59歳。著書には『和算思想の特質』『和算の話』『数学の歴史』『数列と極限』『東西数学思想史』な

どがある。

細井寧雄（ほそい　やすお）

　享和2（1802）年絵図師の家に生まれ、留吉、源太郎（四代目）、若狭と称す。家業に従事、35歳の時中西流飯島惣太郎に算術を、のち和田寧に学び、高弟となる。天保5年飯島の塾を受け継ぎ、明治6（1873）年6月7日没す、72歳。是法寿算信士。著書に『円理法線表』『算題三子解』『重心術並執跡術』『尾州観音堂額面解』『細井雑解』などがあり、門人には大村一秀、遠藤利貞などがいる。

細井寧利（ほそい　やすとし）

　弘化4（1847）年生まれ、政二郎、源太郎（五代目）と称す。父寧雄に算学を学び、家塾を継ぐ。大正7（1918）年9月没す、72歳。円達政翁信士。著書には『愛宕山額面解義』（元治元年）、『通機算法解義』（慶応3年）、『異形同術解義集』『社盟温知抜解』などがある。

細川藤右衛門（ほそかわ　とうえもん）

　明治29（1896）年9月29日高知に生まれ、旧姓土居氏。廣島高等学校、のち広島文理科大学教授、昭和20（1945）年8月6日没す、50歳。著書には『射影幾何学』などがある。

細田恭文（ほそだ　やすぶみ）

　信濃春近村（伊那市）の人。寛政4（1792）年生まれ、徳兵衛と称し、高遠藩の石川（竹入）維徳に関流の算学を学び、文政4年12月伊那の春近神社へ算額を奉納、天保15年免許、嘉永7（1854）年8月5日没す、63歳。著書には『春近神社算額写』（文政4年）などがある。

細野盈文（ほその　みつふみ）

　栃木芳賀郡北中村（益子町）の人。天保10（1839）年生まれ、仙吉郎と称す。明治29年地元の八幡神社に算額を奉納、42（1909）年没す、70歳。

堀田泉尹（ほった　いずただ）

　津和野藩士。延享2（1745）年生まれ、仁助と称し、藤田貞資に関流の算学を学び、寛政2年2月鶴岡八幡社へ算額を奉納、文政12（1829）年没す、84歳。

堀田光長（ほった　みつなが）

　上州沼田藩士。文平、文兵衛、のち順兵衛と称し、和算を善くし、藤田貞資に関流名算学を学ぶ。著書に『堀田光長日記』（天保9年）、『堀田光長題術解義』などがあり、門人に中村重恒、青島直弼などがいる。

堀田吉成（ほった　よしなり）

　半左衛門と称し、佐藤正興に算学を学ぶ。著書には『算法根源記』（寛文6年）などがある。

穂積與信（ほづみ　とものぶ）

　大和郡山の人。明暦元（1655）年以前に生まれ、熊之助、のち伊助と称し、浄白と号し、屋号を播磨屋という。郡山藩本多家

に仕え、延宝7年岩代福島、次いで天和2年姫路に藩主移封とともに移り、材木御用、町役をつとめ、宝暦元年村上に移封の際に同行、6年藩の五万石の減封の時士分を辞して郷士となり、大阪で材木商を営んだが不振。正徳3年伏見に移り、享保2年姫路に帰り住む。算学は中西正好に学び、播磨地方に中西流の算学を広め、享保16（1731）年8月30日没す。雲空浄白居士。姫路の見星寺に埋葬。著書に『下学算法』（正徳5年刊）などがあり、門人には乾元亨、鈴木直賢、穂積以貫などがいる。

堀池敬久（ほりいけ　たかひさ）

伊勢亀山藩士。安永2（1773）年生まれ、六郎、六太夫、央右衛門と称し、字を子慎といい、衡山、眷求堂、周空と号す。江戸に出て神谷定令に算学を学び、関流六伝を称す。帰郷後、藩校明倫舎で子弟を教授。享和元年4月鈴鹿明神社へ、文化元年4月岡山吉備津神社に算額を奉納、弘化2（1845）年8月24日没す、73歳。敬久軒廓晴月顕居士。伊勢亀山の慈恩寺に埋葬。著書に『自約』（文化3年）、『諸角中径求一術解』（文化10年）、『断連術』『得連術』（天保10年）などがあり、門人には堀池久道、神田順儀、原正敬などがいる。

堀池久道（ほりいけ　ひさみち）

伊勢亀山藩士。享和3（1803）年生まれ、六太夫と称し、字を子珍といい、北川、潜龍と号す。父敬久に算学を学び、文政5年5月鈴鹿日本武社へ、7年4月椿大明神社へ算額を奉納、天保5年家塾を開き子弟を

教授、父の研究を編述し、明治11（1878）年8月21日没す、76歳。久道院忽然日循居士。伊勢亀山の慈恩寺に埋葬。著書には『要妙算法』（天保2年刊）、『掲楣算法』（天保9年刊）などがある。

堀内宣遊（ほりうち　せんゆう）

更級郡今井村（佐久市）の人。安永3（1774）年生まれ、勝五郎と称し、村澤布高に宮城流の算学を学び、天明7年中呂長野の善光寺へ算額を奉納、文化4（1807）年7月19日没す、44歳。釋了全信士。

堀内信之（ほりうち　のぶゆき）

須坂藩士。教助と称し、長谷川善左衛門に関流の算学を学ぶ。明治7年7月教部省につとめ、8（1875）年8月神道事務局分局長となり、この月没す、42歳。

堀江是顕（ほりえ　これあき）

安房和泉村（鴨川市）の人。文化2（1805）年磯辺三右衛門の次男に生まれ、堀江太左衛門の養嫡嗣子。太左衛門と称し、字を仲益といい、賢斎、顕斎と号す。代々名主、文化14年堀江家に入り名主を務め農業に従事。文政10年家督を相続。鈴木重昌と交り、その師長谷川弘に入門し関流算学を学び、帰郷し子弟に教授、嘉永3（1850）年7月29日没す、46歳。渾鈍院数学元量居士。著書には『房総遊覧誌』『蓮祖旧跡志』（弘化2年）、『算学雑記』などがある。

塹江誠夫（ほりえ　のぶお）

大正5（1916）年12月1日高知市に生ま

れ、旅順工科大学、九州帝国大学、京都大学教授、のち名誉教授。退官後、岡山理科大学教授。専門は幾何学、理学博士。平成15（2003）年7月24日没す、86歳。著書には『微分積分学』『線形代数学』などがある。

堀川穎二（ほりかわ　えいじ）
　昭和22（1947）年生まれ、東京大学教授、専門は代数幾何学。平成18（2006）年7月3日没す、59歳。著書には『複素代数幾何入門』『新しい解析入門コース』『関数論の要諦』などがある。

堀口成昭（ほりぐち　しげあき）
　上州の人。傳右衛門と称し、上野以一に和算を学び、文化10（1813）年3月金鑚寺へ算額を奉納。

堀越利佐（ほりこし　としすけ）
　佐平と称し、都築利治に関流の算学を学び皆伝、関流九伝を称す。門人には関口治佐、唯島正平、深町利平、若林佐義などがいる。

堀　繁雄（ほり　しげお）
　明治42（1909）年8月10日佐賀県に生まれ、東京学芸大学教授、のち名誉教授。専門は代数学、平成4（1992）年7月21日没す、84歳。著書には『不等式』『わかる不等式』などがある。

堀　陳斯（ほり　のぶのり）
　猪平と称し、字を仲猪といい、龍涯と号す。内田五観に算学を学び、文政5年正月氷川明神社へ算額を、13（1830）年江戸四谷天王社に算額を奉納。著書には『古今算鑑』（天保3年刊）、『当世塵記並二一天作之五附録解』などがある。

堀　政友（ほり　まさとも）
　出羽鶴岡の人。辰助と称し、会田安明の高弟森直道に最上流の算学を学ぶ。著書には『算題一十問』（安政5年）、『二葉算題』（万延元年）などがある。

堀　政徳（ほり　まさのり）
　唐津藩士、のち古河藩士。元文5（1740）年堀正孔の子に生まれ、山三郎と称す。藩主に従い古河に移り、算学に精通し、宝暦13（1763）年没す、24歳。

本田嘉三高寧
　→　**早川高寧**（はやかわ　たかやす）

本多利明（ほんだ　としあきら）
　越後村上の人。寛保3（1743）年生まれ、長五郎、のち三郎右衛門と称し、魯鈍斎、北夷、音羽亭と号す。江戸に出て今井兼庭に算学を、千葉歳胤に天文暦学を学び、蘭学を独習し西洋流の新知識を修得して江戸音羽に算学・天文の塾を開いた。関流算学から西洋流の天文測量地理学へと転じ、独特の経世思想を持ち、松平定信の信用を得たけれど、文化6年から一年半ほど金沢藩に仕えた（20口）が、以後浪人生活を送り、文政3（1820）年12月22日没す、78歳。暁寒院理山元明居士、音羽の桂林寺に埋葬。

著書に『四約述』(明和9年)、『精要算法解』(天明4年)、『愛宕山漂額』(天明8年)、『翦管全書』(寛政9年)、『渡海新法』(享和元年)、『方円算経立表起源』(文化2年)、『西洋雑記』(文化5年)などがあり、門人には坂部廣胖、西尾喜宣、村田光鑑、最上徳内などがいる。

本部　均（ほんぶ　ひとし）
　明治41（1908）年1月22日金沢市に生まれ、九州大学、東京都立大学、のち東海大学教授。専門は微分幾何学、理学博士、東京都立大学名誉教授。平成17（2005）年5月9日没す、97歳。著書には『新しい代数』『解析幾何学』『ほんぶの数学難問特講』などがある。

本間季隆（ほんま　すえたか）
　熊太郎、のち平兵衛と称し、字を珺珋といい、南畝と号す。至誠賛化流の和算家古川氏一に学び、天保8（1837）年師の没後、病がちの氏朝（師の子）に代わって門人を教授。著書には『雑題三十好』（嘉永2年）、『諸約述』『綴術捷法解』などがある。

本間鶴千代（ほんま　つるちよ）
　大正2（1913）年2月16日岩手県一関に生まれ、東京電気通信大学教授、のち名誉教授、横浜市立大学教授。専門は応用確率論、平成10（1998）年12月20日没す、85歳。著書には『統計数学入門』『待ち行列の理論』『応用待ち行列事典』などがある。

本間光忠（ほんま　みつさだ）

　山形飯塚（山形市）の人。嘉永4（1851）年生まれ、旧姓武田、仲吉と称し、吉田利兵衛に和算を学び、最上流四傳を称す。大正8（1919）年没す、68歳。門人には会田光栄、小川光重などがいる。

ま 行

【ま】

前嶋由之（まえじま　よしゆき）
　常陸太田の人。半七と称し、檀嶺と号す。長谷川弘の門人。著書には『算法点竄手引草三編』などがある。

前田和彦（まえだ　かずひこ）
　明治44（1911）年生まれ、重作といい、専門は微分幾何学、理学博士。昭和23（1948）年若くして没す、37歳。

前田文友（まえだ　ふみとも）
　明治30（1897）年2月19日広島市に生まれ、広島高等師範学校、広島大学教授、のち名誉教授。ヒルベルト空間・ベクトル束・連続幾何の束論的研究をし、理学博士。昭和40（1965）年7月70日没す、68歳。著書には『連続幾何学』などがある。

前原重秋（まえはら　しげあき）
　明治27（1894）年11月18日東京に生まれ、東京水産講習所、早稲田大学教授。専門は微分方程式、昭和35（1960）年5月7日没す、65歳。著書には『微分学』『微分方程式』『高等代数学』などがある。

前原昭二（まえはら　しょうじ）
　昭和2（1927）年10月30日東京に生まれ、東京教育大学、筑波大学、東京工業大学教授、のち筑波大学及び東京工業大学名誉教授、専門は数学基礎論、数理論理学の研究で知られ、平成4（1992）年3月16日没す、64歳。著書には『数学基礎論入門』『記号論理入門』『数理論理学』『線形代数と特殊相対論』『ベクトル解析』などがある。

万尾時春（まお　ときはる）
　丹波篠山藩士。天和3（1683）年生まれ、六兵衛、のち岡田氏を称す。村井昌弘に学んだようだが、独学で和算を修得し研究を進めて算学、測量術の大家となる。宝暦5（1755）年12月28日没す、73歳。徳誉時春。丹波亀山の光忠寺に埋葬。著書には『見立算法規矩分等集』（享保7年刊）、『勧農固本録』（享保10年刊）、『井田図考』（享保11年）などがある。

真壁直朗（まかべ　なおあき）
　三春笹山村（田村市）の人、金吉と称す。最上流佐久間正清に和算を学び、文化14（1817）年6月玉津嶋明神へ、15年3月三春の文殊堂へ算額を奉納。

牧野義兼（まきの　よしかね）
　越中今石動（小矢部市）の人。吉助と称し、福田金塘に算学を学ぶ。著書には『算題雑解前集』（天保14年刊）などがある。

牧村貞俊（まきむら　さだとし）
　権蔵と称し、藤田貞資に関流の算学を学び、文化元（1804）年11月尾張大須観音へ算額を奉納。

増井真須夫（ますい　ますお）
　明治35（1902）年12月東京に生まれ、東京学芸大学教授、のち名誉教授。専門は解析学、平成3（1991）年5月10日没す、88歳。

増尾良恭（ますお　よしやす）
　上州緑野郡木部（高崎市）の人。天明元（1781）年生まれ、三太夫、のち内蔵之助と称し、小野栄重に和算を学び、文化10年緑野郡木部村の鎮守社に算額を奉納。文政3（1820）年没す、39歳。門人には丸山佐平などがいる。

増子安賢（ますこ　やすかた）
　奥州山田村の人。弥十と称し、東谷に和算を学び、天保11（1840）年10月守山太元帥へ算額を奉納。

増田数延（ますだ　かずのぶ）
　重蔵または十蔵と称し、大原利明に算学を学び、文化元（1804）年8月羽生の八幡宮へ算額を奉納。

増山元三郎（ますやま　もとさぶろう）
　大正元（1912）年10月3日小樽市に生まれ、国際統計本部所員、アメリカカソリック大学、のち東京理科大学教授。我が国に於ける数理統計学の先駆者、理学博士。平成17（2005）年7月3日没す、92歳。著書には『小数例の纏め方と実験計画の立て方』『デタラメの世界』『実験計画法』『推計学の話』などがある。

町田清格（まちだ　きよのり）
　上州南玉村（玉村町）の人。文化12（1815）年生まれ、三津次郎と称し、斎藤宜長に関流の算学を学び、天保15年4月上州玉村八幡宮へ算額を奉納、明治12（1879）年没す、64歳。

町田公達（まちだ　こうたつ）
　信州八町村（須坂市）の人。安祐と称し、土屋修蔵に算学を学び、関流八伝を称す。元治元（1864）年須坂の永隆寺へ算額を奉納。

町田積章（まちだ　かずあき）
　熊次郎と称し、岩井重遠に関流の算学を学び、文政13（1830）年9月上州白雲山へ算額を奉納。

町田正記（まちだ　まさのり）
　松代藩士。天明5（1785）年生まれ、源左衛門と称し、字を雅暁といい、自然斎、棗斎、棗原と号す。勘定方をつとめ、宮城流の和算を学び、のち会田安明に師事し、最上流算学を学び高弟となる。安政4（1857）年5月17日没す、73歳。著書に『最上流算法伝書部分目録』などがあり、門人には池田定見、寺島宗伴、東海寺昌保、中島政昇などがいる。

松井　保（まつい　たもつ）

島根大学教授、のち名誉教授、発達心理学、特に算数・数学の教育心理学を研究、平成9（1997）年9月10日没す。著書に『数学のモト』『木工品に対する手動操作の発達心理学的研究』などがある。

松浦重武（まつうら　しげたけ）

昭和5（1930）年5月29日生まれ、京都大学教授、のち名誉教授。専門は解析学、平成17（2005）年8月27日没す、75歳。著書には『偏微分方程式の理論と応用』などがある。

松浦俊英（まつうら　としひで）

三州福田（名古屋市）の人。源三と称し、福田金塘に関流の算学を学び、弘化3（1846）年2月浪速の天満宮へ算額を奉納。

松枝政廣（まつえだ　まさひろ）

羽前西田川郡大泉（鶴岡市）の人。和治ともいい、繁と称し、誠斉と号す。長谷川数学道場の社友で伏題免許、関流七伝を称す。著書に『側円助術』（嘉永6年）などがあり、門人には荒川和訓、石寄和久、佐々木和尚、古谷和祐などがいる。

松岡清信（まつおか　きよのぶ）

大坂の人。天明3（1783）年生まれ、常八、のち定八郎と称す。父能一の職を継いで、大坂御城附京橋組同心、算学を父より学び宅間流六世を称した。天保8（1837）年没す、54歳。著書には『宅間流角術』（寛政11年）などがある。

松岡利次（まつおか　としつぐ）

運蔵と称し、千葉胤秀に関流の算学を学ぶ。門人には菅原徳資などがいる。

松岡文太郎（まつおか　ぶんたろう）

文久元（1861）年正月21日加賀大聖寺に生まれ、鹿洲のち文翁と号す。明治19年「数学雑誌」を創刊、昭和16（1941）年3月28日没す、80歳。著書には『代数解法ノ極意』『幾何解法ノ極意』『三角法解法之極意』『方程式解法及吟味』などがある。

松岡　愿（まつおか　まこと）

尾張の人。作太郎と称し、風軒と号す。竹内修敬に関流の算学を学び、弘化元（1844）年12月熱田神宮へ算額を奉納。門人には伊藤長久、今井惟清、岡本近義、後藤通久、津村信久などがいる。

松岡元久（まつおか　もとひさ）

大正7（1918）年10月18日東京に生まれ、教育大学駒場高校教諭、のち山形大学教授、専門は数学教育。平成20（2008）年1月30日没す、89歳。著書には『生活の数学』『考える算数・数学の学習指導』『会田算左衛門安明』『岡本則録』などがある。

松岡能一（まつおか　よしかず）

元文2（1737）年生まれ、長延ともいい、貞八、のち良助と称し、子料と字し、梅林と号す。大坂御城附京橋組同心。内田秀富に算学を学び、のち宅間流五世と称し、大坂に確固たる地盤を築いた。文化元（1804）年没す、68歳。著書に『宅間流円理』（宝

暦11年)、『列子図法』(天明元年)、『算法解見』(寛政4年)、『算法絹篩』(文化3年刊)、『算学稽古大全』(文化5年刊)などがあり、門人には松岡清信、足立信頭、岡之只、四宮順実、林慎之、松村俊英などがいる。

松尾正夫（まつお　まさお）

明治28（1895）年10月29日東京に生まれ、東京高等師範学校、東京教育大学教授、昭和31（1956）年3月11日没す、60歳。著書には『最新幾何学精解』『平面幾何比及び比例』『中学一年テストブック』などがある。

松尾平助（まつお　へいすけ）

篠山藩士。上田精兵衛に関流の算学を学び、文政7（1824）年3月篠山の春日神社へ算額を奉納。

松尾安信（まつお　やすのぶ）

仁兵衛と称し、一貫と号す。奥村城山、最上徳内に学んだらしく、測量術に通じた。著書には『廻船宝富久呂術式解』（弘化4年）などがある。

松木清太（まつき　せいた）

安永2（1773）年生まれ、角右衛門と称し、、幽甫と号す。山田政房に中西流の算学を学び免許。文政3年3月隠居し、弘化元（1844）年没す、71歳。

松崎圭学（まつざき　けいがく）

奥州赤沼村（郡山市）の人。彦左衛門と称し、佐久間纉に最上流の算学を学び、慶應3（1867）年正月聖大権現へ算額を奉納。

松崎利雄（まつざき　としお）

昭和8（1933）年生まれ、下館第一高等学校教諭、のち小山高等工業専門学校教授、名誉教授、日本数学史学会顧問。平成17（2005）年3月没す、72歳。著書には『茨城の算額』『江戸時代の測量術』『栃木の算額』などがある。

松崎行乗（まつざき　ゆきのり）

三州寺領村（安城市）の人。与右衛門と称し、藤田貞資に関流の算学を学び、寛政元（1789）年3月安城の櫻井神社へ算額を奉納。

松澤信義（まつざわ　のぶよし）

白河藩士。鏡蔵と称し、市川方静に和算を学ぶ。著書には『算法量地捷解前編』（文久2年刊）、『縮図捷法』などがある。

松下興昌（まつした　おきまさ）

清太郎と称し、神谷定令に和算の学び、寛政12（1800）年閏4月越後蒲原三十番神へ算額を奉納

松下真一（まつした　しんいち）

大正11（1922）年10月1日大阪府茨木に生まれ、大阪市大助教授、のちハンブルグ大学名誉教授。専門は位相解析学、作曲もして音楽界でも有名。平成2（1990）年12月25日没す、68歳。著書には『時間と宇宙への序説』『天地有楽』などがある。

松嶋與三（まつしま　ともぞう）

大正11（1922）年生まれ、名古屋大学、のち大阪大学教授、専門は代数学。昭和58（1983）年4月9日没す、61歳。著書には『リー環論』『多様体入門』などがある。

松田利次（まつだ　としつぐ）

運蔵と称し、佐治一平、千葉胤秀に関流の算額を学び、師の『算法入門』を解題して刊行。文久2（1862）年没す。著書には『算学詳解』（宝永2年）などがある。

松田信行（まつだ　のぶゆき）

大正13（1924）年12月6日松阪市に生まれ、芝浦工業大学教授、平成2（1990）年9月6日没す、65歳。著書には『戦後の日本の数学教育改革』『微分と積分』などがある。

松田信好（まつだ　のぶよし）

武太夫と称し、中西正則に中西流の和算を学び、元禄2（1689）年江戸石町一丁目横町に住み指南した。著書には『算法続適等集』（貞享元年刊）などがある。

松田正則（まつだ　まさのり）

四郎兵衛と称し、佐治一平に和算を学び、師の『算法入門』を解題して刊行。著書には『算学詳解』（宝永2年）などがある。

松田道雄（まつだ　みちお）

明治39（1906）年7月19日愛媛県に生まれ、成蹊大学教授、平成2（1990）年4月25日没す、83歳。著書には『数と図形のパズル』『数学と数学遊戯』『数学余技』『数学とパズル』などがある。

松永貞辰（まつなが　さだとき）

出羽新庄藩士。宝暦元（1751）年生まれ、貞之允、のち覚左衛門と称し、字を子瓊といい、東岳と号す。唐牛良綱に算学を学び、のち江戸詰で安島直円に、更に関流山路主住に入門し免許。帰郷して安永9年4月家督を継ぎ80石、天明4年2月船形郷代官となり三人扶持、寛政2年12月吟味役、地方役を経て、勘定頭格、傍ら家塾を開き教授し、7（1795）年11月（8月13日とも）没す、45歳。釋道念、新庄の善正寺に埋葬。著書に『算法雑記』（安永3年）、『精要算法解義』（享和2年）、『角法演段』『諸術校記』などがあり、門人には松永直英、松永貞義などがいる。

松永貞義（まつなが　さだよし）

新庄藩士。文政2（1819）年生まれ、満五郎と称し、字を子質という。父貞辰及び直英に算学を学び免許。著書には『数学佩觿』などがある。

松永直恒（まつなが　なおつね）

新庄藩士。常吉と称し、小国御代官、のち勘定頭。父直英に算学を学び、嘉永3年家督を相続。明治2（1869）年没す。著書に『算法解術』（文政9～11年）、『拾璣算法綴術』（天保4年）、『天保九戊戌暦稿』などがあり、門人には松永直義などがいる。

松永直英（まつなが　なおひで）

新庄藩士。安永6（1777）年生まれ、直永ともいい、伝蔵、のち覚左衛門と称し、子瓊といい、東岳と号す。父貞辰に算学を学び、寛政7年家督を相続、山奉行、のち吟味役。日下誠の門に入り研鑽。嘉永3（1850）年没す、74歳。釋浄巌阿鞭跋致。著書に『精要算法解』（享和3年）、『天元算梯五解義』（文化14年）、『算学佩觿』（文化13～文政2年）、『新撰綴術』（文政6年）、『公益算梯解義』などがあり、門人には松永直恒、安達充章などがいる。

松永良弼（まつなが　よしすけ）
　久留米藩士、のち浪人。元禄7（1694）年生まれ、寺内平八郎、権平、のち安右衛門と称し、字を翼といい、東岡、竜池、探玄子、葆真斎、東溟と号す。荒木村英らに関流の和算を学び、享保17年磐城平藩主に召し抱えられ、寛保2年四十俵五人扶持。建部賢弘や中根元圭の和算を取り入れたという。延享元（1744）年6月23日没す、51歳。著書に『鉤股変化之法』（正徳4年）、『弧矢立成法』（元文元年）、『方円算経』（元文4年）、『断連総術』（享保11年）、『宿曜算法諺解』（享保17年）、『勾股再乗和算法』（寛保2年）、『算法集成』『籥管全書』などがある。

松野五郎（まつの　ごろう）
　大正6（1917）年10月19日松山市に生まれ、海軍技術中尉、戦後、松山商科大学、のち松山大学教授。専門は統計学、平成16（2004）年2月9日没す、86歳。

松原元一（まつばら　げんいち）
　明治42（1909）年石川県に生まれ、東京学芸大学教授、のち名誉教授。専門は純粋数学、数学教育に尽力し、平成12（2000）年11月29日没す、91歳。著書には『初等数学事典』『教育統計の方法』『算数科の分析と指導』『日本数学教育史』などがある。

松原　開　→　関口　開（せきぐち　ひらき）

松藤勢助（まつふじ　せいすけ）
　筑前の人。小出兼政に入門し和算を学び、和田流の円理学暦法の伝授を受けた。著書には『側円周極秘解伝』などがある。

松村定次郎（まつむら　さだじろう）
　明治7（1874）年生まれ、陸海軍学校教官。著書には『新撰三角法』『新撰微分積分法』『新撰解析幾何学』などがある。

松村宗治（まつむら　そうじ）
　明治20（1887）年6月29日奈良県に生まれ、旧姓中島といい、台北帝国大学、奈良学芸大学、のち近畿大学教授、専門は微分幾何学。昭和34（1959）年10月5日没す、72歳。著書には『微分方程式論』『総体微分学概要』『数理統計』『高等数学講義』などがある。

松村忠英（まつむら　ただひで）
　大阪の人。和助と称し、福田金塘に暦算を学ぶ。著書には『窺望心計示蒙』（天保12年）、『算法早まなび』（弘化2年刊）、『算法道標』『貫通斎初学算法教録』など

がある。

松村英之（まつむら　ひでゆき）

　昭和5（1930）年7月29日鹿児島に生まれ、名古屋大学、のち福岡工業大学教授。専門は数学基礎論・集合論、平成7（1995）年8月7日没す、65歳。著書には『可換環論』『集合論入門』『代数学』などがある。

松本燕日（まつもと　えんにち）

　下総銚子の人。内田五観に関流の算学を学び、天保5（1834）年正月銚子観世音堂へ算額を奉納。

松本籌久（まつもと　かずひさ）

　長門の人。周蔵、のち彦右衛門と称す。松本籌遠の養子、萩藩校明倫館で30余年算学師範を勤め、嘉永年中江戸に出府し幕府天文方山路諧孝に学ぶ。安政4（1857）年7月17日没す。著書には『累歳乗利鑑』などがある。

松本慶治（まつもと　けいじ）

　龍野藩士。文政8（1825）年生まれ、中西流の算学を父忠英及び市岡久助に学び、藩の算術指南（二十俵二人扶持）。維新後は自宅で多くの門弟を教授、明治32（1899）年7月26日没す、74歳。

松本　喬（まつもと　たかし）

　上州板鼻村（安中市）の人。寛政2（1790）年生まれ、左右助と称し、字を文美といい、賀慶と号す。小野栄重に和算を学び、伊能忠敬の助手となり、幕命を受けて測量に従事、万延元（1860）年没す、71歳。著書には『富士見十三州図』などがある。

松本忠英（まつもと　ただひで）

　龍野藩士。欽吾（金吾）と称し、備中の谷以燕、有松正信に中西流の算学を学び、天保14年9月勘定方塩浜切所見分役、弘化4年10月検見役を勤め、嘉永7（1854）年10月4日没す。著書には『奉納算法解術』（文政6年）などがあり、門人には松本慶治などがいる。

松本忠通（まつもと　ただみち）

　下総銚子の人。和助と称し、内田五観に、剣持章行に算学を学ぶ。著書には『銚子算草』などがある。

松本敏三（まつもと　としぞう）

　明治23（1890）年7月13日大阪に生まれ、旧姓乾といい、京都高等工芸学校、京都帝国大学教授、のち名誉教授。専門は解析学、理学博士。昭和40（1965）年5月21日没す、74歳。著書には『微分積分及ビ其ノ応用』『一次函数その応用』『函数その表現』『立体解析幾何学』『綜合偏微分方程式』などがある。

松本英映（まつもと　ひであき）

　笠間藩士。明和4（1767）年生まれ、宇平太と称し、文化4年正月次坊主格取立、三両二分二人扶持算術手引支配、9年正月勘定方手伝、11年12月下目付格地方勘定方25俵高、文政元年算術世話にて徒士並、7年正月徒士格となり、天保元（1830）年12

月23日没す、63歳。

松本　誠（まつもと　まこと）
　大正9（1920）年8月1日京都市に生まれ、京都大学教授、のち名誉教授。平成17（2005）年1月23日没す、84歳。著書には『行列と幾何学』『計量微分学幾何学』などがある。

松山基範（まつやま　もとのり）
　大正5（1916）年4月4日長野県に生まれ、九州大学教授、専門は解析学、地震学、理学博士。昭和33（1958）年1月27日没す、41歳。著書には『確率論』『確率および統計』などがある。

松山韜美（まつやま　よしみ）
　摂津松山の人。寿平と称し、内田五観、和田寧に関流の算学を学び免許。

真野　肇（まの　はじめ）
　覚之丞と称す。慶応4年小筒組差図役頭取、明治6年沼津集成舎教師、16年陸軍省12等出仕、海軍兵学校教官、21年築地工手学校教授、大正7（1918）年没す。著書には『平面幾何学講義』『幾何学教科書』『代数学教科書』（共著）などがある。

馬淵文邸（まぶち　ふみいえ）
　金沢藩士。皐吉、のち源之丞と称し、柳卿と号す。御算用場に出仕し禄40俵。三池流の算学を下村幹方に学び、同門の村松秀允の後を承けて、寛政10年藩校明倫堂の算学師範に列した。文政13（1830）年7月11日没す。著書には『哀楪』（享和2年）、『鉤股弦無奇術解』『三較連乗解』『算法円中容術』『算法乗除記』などがある。

丸木五一（まるき　ごいち）
　大正8（1919）年1月松山市に生まれ、福岡教育大学教授、のち名誉教授。専門は応用数学、平成15（2003）年1月22日没す、84歳。

丸子安孝（まりこ　やすたか）
　山形の七浦（山形市）の人。文政12（1829）年生まれ、権八と称し、後藤安次に算学を学び最上流四傳を称す。明治27（1894）年没す、65歳。

丸田玄全（まるた　げんぜん）
　文化7（1810）年8月1日生まれ、荘吉と称し、算石竜元に明元流（宮城流）、のち関流、最上流の算学を学ぶ。文久3（1863）年4月21日没す、54歳。高誉宣法量斎居士。門人には丸田丈太郎などがいる。

丸田正通（まるた　まさみち）
　新発田藩士。安永8（1779）年生まれ、三五郎、林太郎、のち源五右衛門と称し、字を子周といい、景山、達馬と号す。寛政5年14歳の時算術に志し、坂井廣明、皆川清衡、更に会田安明に和算を学び、12年家督を継ぎ三人扶持6石、右筆下勘定方を勤め、最上流算学の四天王の一人といわれた。天保4（1833）年4月27日没す、55歳。新発田の養福寺に埋葬。著書に『算法撰術要法』（弘化5年）、『弧背真術』『算法天元

法』『新編算法混約術』などがあり、門人には榎本信房、塩原道明、高橋徳通、山本方剛などがいる。

丸橋東倭（まるはし　とうわ）
　上州岩島村（吾妻町）の人。天明2（1782）年生まれ、農業に従事する傍ら板鼻の小野栄重に和算を学び、天保元年関流七伝を許され、多くの門人を育てた。明治2（1869）年没す、88歳。著書に『弧度算全』『算術点竄録』『関流算経』『町見測量算全』などがある。

丸山儀四郎（まるやま　ぎしろう）
　大正5（1916）年4月4日長野県に生まれ、お茶の水大学、東京教育大学、東京大学、のち東京電機大学教授、専門は解析学で確率過程論を研究、理学博士。昭和61（1986）年7月5日没す、70歳。著書には『確率論』『確率および統計』などがある。

丸山清康（まるやま　きよやす）
　明治34（1901）年4月19日生まれ、高校教員、郷土史家。「群馬文化」を創刊、科学史の研究をすすめ、昭和41（1966）年12月3日没す、65歳。著書には『関孝和と郷土の数学』『石田玄圭伝』『上毛の和算』などがある。

丸山隆玄（まるやま　たかはる）
　明治41（1908）年6月7日東京に生まれ、奉天工業大学、法政大学、徳島大学教授。専門は微分幾何学、昭和62（1987）年8月1日没す、79歳。著書には『数理地図投影法』『数学事典』などがある。

丸山　求（まるやま　もとむ）
　大正3（1914）年7月22日長野県木曽福島に生まれ、長野工業高専、松本短期大学教授、のち学長、名誉教授。平成4（1992）年9月2日没す、78歳。著書には『解析学』『代数幾何学』『微積分学』などがある。

丸山良玄（まるやま　よしはる）
　村上藩士。宝暦7（1757）年生まれ、因平と称し、帰厚堂と号す。故有って浪人となり、江戸に出て藤田貞資に入門して関流の算学を修めた。文化13（1816）年没す、60歳。著書に『新法綴術詳解』（寛政8年）、『愛宕山標題解術』（享和2年）、『丸氏算法』（文化9年）、『古今通覧解義』などがあり、門人には北川孟虎、林盛保、三宅尹知、横井時信などがいる。

【み】

三浦知行（みうら　ともゆき）
　下総佐倉の人。内田五観に関流の算学を学ぶ。著書には『観斎先生変数草』などがある。

三浦信光（みうら　のぶみつ）
　栃木塩谷郡土屋村（矢板市）の人、三右衛門と称す。最上流坂本玄斎に和算を学び、安政5（1858）年木幡神社へ算額を奉納した。

三上　操（みかみ　みさお）
　明治44（1911）年6月1日久留米市に生

まれ、陸軍士官学校、福岡高等学校、九州大学、佐賀大学、のち西南学院大学教授、九州大学名誉教授。専門は統計数学、応用推計学、理学博士。平成12（2000）年10月10日没す、89歳。著書には『応用推計学』『仕事に役立つ数学』『微分幾何学』『やさしいコンピューター』などがある。

三上義夫（みかみ　よしお）
　明治8（1875）年2月16日広島県上甲立村（甲田町）に生まれ、和算史研究に従事し、41年より帝国学院和算史調査、東京物理学校教授、理学博士。近代における最大の和算史研究家の一人、昭和25（1950）年12月31日没す、75歳。理学院教導義仙居士。著書には『日本測量史の研究』『東西数学史』『日本数学史の新研究』『文化史上より見たる日本の数学』『支那数学史』などがある。

三木豊久（みき　とよひさ）
　中西流と最上流の算学を学び、明治7（1874）年2月御津大年神社（たつの市）へ算額を奉納。

三木正時（みき　まさとき）
　龍野の人。九郎左衛門と称し、天保13（1842）年11月姫路の総社へ算額を奉納。

三木義典（みき　よしおのり）
　京都の人。宇右衛門と称し、松斎、東皐と号す。室町押小路北に住み、三木流和算の開祖。著書に『招差定乗』『推天正冬至』『精要算法解』などがあり、門人には小島濤山、加藤均斎などがいる。

三品常祐（みしな　つねすけ）
　奥州伊達の塚原（福島県小高町）の人。丈之進と称し、渡辺一に最上流の算学を学び、寛政6（1794）年仙台の横山不動へ算額を奉納。

水口静安（みずぐち　きよやす）
　山形七日町（山形市）の人。安政5（1858）年10月28日生まれ、作治、のち久兵衛と称し、闌幽斎と号す。鈴木重栄、市川方静に算学を学び最上流四傳を称する。油屋を営み、昭和12（1937）年没す、79歳。著書に『方円陣術』『算法綴術密傳集』『珠算教科書』などがあり、門人には水口徳右衛門、庄司勇吉などがいる。

水田良温（みずた　よしはる）
　小田原の棟梁。武治郎、のち春右衛門と称し、志道と号す。深澤正盛に和算を学び、関流算学、樋口流測量術を得意とした。嘉永4年7月大稲荷神社へ、慶応3年8月松原明神社へ算額を奉納、維新後、小田原師範学校教官、明治13（1880）年2月24日没す。著書には『自答解術』（嘉永4、5年）、『算法雑題』『関流算法草術容解』などがある。

水野民輿（みずの　たみとも）
　美濃大垣藩士。初め日比野立右衛門といい、六蔵と称し、神谷定令に関流の算学を学ぶ。門人には水野民徳などがいる。

水野政和（みずの　まさかず）

明和6（1769）年生まれ、太郎左衛門、鍋屋と称し、字を子礼、子豊、長湖といい、凫山、喬山、精故堂、民興と号す。尾張鋳物師頭水野家10世。河村乾堂、神谷定令に学び、天文暦数に通じた。文政3（1820）年3月28日没す、52歳。大翁良雄居士。名古屋の宝泉院に埋葬。著書には『新増改算記大全』（寛政7年）、『算法整数篇』『幾何原本求一平均』などがある。

水原準三郎（みずはら　じゅんざぶろう）

安政5（1858）年5月近江に生まれ、寺尾寿に算学を学び、明治15年上京し同志會の学頭、18年天文台に勤務。41（1908）年6月26日没す、51歳。著書には『筆算約法新書』（明治15年）などがある。

三須吉徳（みす　よしのり）

山形小国扶持方。文化4（1807）年生まれ、東秀幸に中西流の算学を学び、13年家督を継ぎ、安政元（1854）年没す、48歳。

溝口勝信（みぞぐち　かつのぶ）

金沢藩士。嘉兵衛と称し、麻布六本木に住む。日下誠に算学を学ぶ。著書には『雄山門弟愛宕奉額算題解』（文化8年）、『小供遊算法記』（天保5年）、『算考町見秘捷』（天保8年）、『溝口勝信之八算教授』（弘化3年）などがある。

溝口幸豊（みぞぐち　ゆきとよ）

明治42（1909）年生まれ、学習院高等科、のち津田塾大学教授、専門は解析学。昭和44（1969）年8月24日没す、60歳。著書には『代数学と幾何学』『行列と行列式』（共著）などがある。

溝口林卿（みぞぐち　りんけい）

内匠と称し、字を之繇という。江戸の大工棟梁で、規矩術に秀でた。著書には『木匠言語』（宝暦7年）、『方円順度』（天明8年）、『尺度新書』などがある。

御園生善尚（みそのう　よしなお）

大正13（1924）年10月20日千葉県市原に生まれ、東北大学教授、のち学部長、名誉教授、退官後、日本大学教授、専門は関数解析学、平成10（1998）年3月18日没す、73歳。著書には『応用数学大要』『解析学大要』『大学新入生のための数学』『代数・幾何の核心』などがある。

溝畑　茂（みぞはた　しげる）

大正13（1924）年12月30日大阪市に生まれ、京都大学、大阪電気通信大学教授。専門は偏微分方程式論、理学博士。京都大学名誉教授、パリ大学客員教授。平成14（2002）年6月25日没す、77歳。著書には『数学解析』『ルベーグ積分』『偏微分微分方程式論』『積分方程式論』などがある。

三滝那智（みたき　なち）

四郎右衛門と称し、関孝和の高弟。『発微算法』（延宝2年刊）を校訂。

三田村孝吉（みたむら　こうきち）

明治6（1873）年生まれ、山口高等学校、

のち北海道大学予科教授、昭和9（1934）年没す、61歳。

道脇義正（みちわき　よしまさ）

大正11（1922）年6月6日千葉県長柄町に生まれ、義洞と号す。岐阜中学校教員、戦後、母校の長生第一高等学校に勤務、のち前橋市立工業短期大学、新潟大学、長岡高等工業、群馬大学、上武大学、前橋工科大学の教授。解析学、数学史を専門、理学博士、和算研究所副理事長をつとめ、平成16（2004）年1月23日没す、81歳。著書には『応用解析学』『教養数学入門』『工科のための線形代数入門』『工科のための微積分入門』『和算家の生涯と業績』などがある。

三井孝美（みつい　たかよし）

昭和4（1929）年1月20日東京に生まれ、学習院大学教授、専門は解析数論。平成9（1997）年10月1日没す、68歳。著書には『整数論』『解析数論』『超越数の代数的・解析的研究』などがある。

光又伯顕（みつまた　たかあき）

慶應2（1866）年12月27日西茨城郡友部町に生まれ、寅之介と称し、字を子彦といい、凌山、柳見斎と号す。白沢与右衛門の三男で明治25年10月光又源平の養子、大正7年家督を継ぐ。野川正徳、廣瀬国治に算学を学び、家塾任天堂、のち蠡管堂を開き教授。昭和14（1939）年8月18日没す、74歳。

三俣久長（みつまた　ひさなが）

八左衛門と称し、関孝和の高弟。『発微算法』（延宝2年刊）を校訂。

光安　弘（みつやす　ひろし）

福岡高等学校教授、昭和58（1983）年1月22日没す。著書には『平面解析幾何学』『私の受験幾何指導』などがある。

緑川重明（みどりかわ　しげあき）

大和郡山の人。寿三と称し、穂積与信の『下学算法』の答術を著す。著書には『開微算法』（享保5年）などがある。

翠川潤三（みどりかわ　じゅんぞう）

明治34（1901）年9月30日長野県に生まれ、金沢大学教授、のち名誉教授。専門は代数学、平成元（1989）年8月12日没す、87歳。

皆川多喜造（みなかわ　たきぞう）

大正2（1913）年1月広島市に生まれ、早稲田大学教授、専門は幾何学。平成12（2000）年4月9日没す、87歳。著書には『射影幾何』などがある。

皆川正衛（みなかわ　まさひら）

新発田の人。理平治と称し、太田正儀に関流の算学を学び、寛政12（1800）年3月新潟白山へ算額を奉納。

南　亮方（みなみ　すけかた）

越後長岡の寺嶋の人。五兵衛と称し、貞斎と号す。算学を佐藤解記に学ぶ。著書に

は『算法円理三台』(弘化3年刊) などがある。

南　寛定（みなみ　ひろさだ）
　仙台藩士。助五郎と称し、千葉胤秀に算学を学ぶ。著書には『数理揺鳴』(文政11年)、『仙台五十好解義』『題術遺編』などがある。

蓑輪知定（みのわ　ともさだ）
　越後川田村（柿崎町）の人。源十郎と称し、斎藤宜義に和算の学び、安政5 (1858) 年4月越後米山薬師御堂へ算額を奉納。

三橋正富（みはし　まさとみ）
　尼崎の人。藩主松平氏の命により領地の興廃を調査。著書には『数学守離録』(安永7年〜寛政12年) などがある。

壬生雅道（みぶ　まさみち）
　大正7 (1918) 年生まれ、専門は位相群論、昭和50 (1975) 年没す、57歳。著書には『位相群論概説』などがある。

三村征雄（みむら　ゆきお）
　明治37 (1904) 年11月22日東京に生まれ、第一高等学校、東京文理科大学、東京大学教授、のち名誉教授。専門は関数解析、昭和59 (1984) 年10月16日没す、79歳。著書には『連続群論』『ヒルベルト空間論』『微分積分学』『代数学と幾何学』などがある。

三守　守（みもり　まもる）
　安政6 (1859) 年4月20日阿波に生まれ、東京高等工業学校教授、のち名誉教授。学友と「東京物理学講習所」(のち東京物理学校、東京理大) を設立、日本数学教育会会長をつとめ、昭和7 (1932) 年1月27日没す、74歳。著書には『初等幾何学』『初等平面三角法』『立体幾何学教科書』『算術教科書』などがある。

宮井安泰（みやい　やすひろ）
　金沢藩士。宝暦10 (1760) 年生まれ、柳之助と称し、南畝と号す。三池流算学を村松秀允に学び、天文・地理に通じ、天明5年金沢藩定番歩士に召し出され、享和2年新番組歩となる。また寛政4年以降、藩校明倫堂の算学師範を勤め、文化12 (1815) 年8月22日没す、56歳。著書に『弧矢弦解術』(安永10年)、『翦管解術』(天明3年)、『三池流演段式解』『算法徳此』(天明6年)、『算顆凡例』(享和3年) などがあり、門人には石黒信由などがいる。

宮川孟弼（みやかわ　たけすけ）
　美濃八十町の人。紙屋五平治と称し、高木允胤の算学を学ぶ。著書には『算法点竄術軽一百問』『測量地秘録諺解』などがある。

宮川保全（みやかわ　やすとも）
　嘉永5 (1852) 年2月17日幕臣山崎三輪之助の長男に生まれ、宮川三七郎の養子。由三郎と称し、明治7年長崎師範学校、のち東京女子高等師範学校教授、19年共立女子職業学校を創設し校長、別に書籍商中央堂を経営。22年大日本図書株式会社、のち

東京書籍株式会社取締役となり、大正11（1922）年11月26日没す、70歳。著書には『代数新論』『幾何新論』などの訳本がある。

宮城清行（みやぎ　きよゆき）

初め柴田理右衛門といい、外記と称す。京都に住み、関孝和に算学を学んだが、破門されたという。独自に宮城流の一派をなす。門人に大橋宅清、佐野利有、中川昌業、中村正武、持永豊次、湯浅和党などがおり、著書には『明元算法』（元禄2年刊）、『和漢算法大成』（元禄8年）、『方円算経』などがある。

三宅賢隆（みやけ　かたたか）

二本松藩士。寛文2（1662）年生まれ、治右衛門、与右衛門、与志左衛門と称し、隠治と号す。元禄元年家督を継ぎ70石、10年勘定奉行百石。磯村吉徳に和算を学び、享保8年致仕後は和算を教授。延享3（1746）年10月23日没す、84歳。恵照院学翁隠治居士。二本松の長泉寺に埋葬。著書には『具応算法』（享保元年）、『開成算法』（享保2年）などがある。

三宅隆強（みやけ　たかたけ）

二本松藩士。与志左衛門と称し、植木尚武の次男で三宅家の養子。座頭奉行百石、文政2（1819）年4月14日没す。浄真院勇山道察居士。著書には『正術算学図會』などがある。

宮坂昌章（みやさか　まさあき）

伊門と称し、獅子堂、丈山と号す。正徳元年家督を継ぎ、宝暦3（1753）年隠居。兄荻原時章に中西流の算学を学び免許。著書に『算法定率積数記』『算法道理説』などがあり、門人には宮坂堅好、鈴木知宣、香坂福昌、高橋将昌などがいる。

宮坂喜昌（みやさか　よしまさ）

信濃埴科郡埴生村（更埴市）の人。文化2（1805）年正月27日生まれ、軽雄ともいい、藤兵衛と称し、国風館と号す。算術に通じ、また本居宣長に私淑して語格も精しく、和歌の門人も多かった。明治23（1890）年7月26日没す、86歳。著書には『改正天保暦術元書』（慶應元年）、『算法点竄指南録解』（慶應2年）、『算法漫録』などがある。

宮崎虔一（みやざき　けんいち）

昭和5（1930）年4月29日広島市に生まれ、九州工業大学教授、のち名誉教授、福山大学教授。専門は関数解析、平成13（2001）年1月5日没す、70歳。著書には『微分積分』などがある。

宮崎晴夫（みやざき　はるお）

昭和9（1934）年8月19日群馬県草津に生まれ、群馬大学教授、中国国立交通大学客員教授。専門は応用統計、確率論。平成5（1993）年9月1日没す、59歳。

宮沢光一（みやざわ　こういち）

大正5（1916）年1月秋田県に生まれ、東京大学教授、のち名誉教授、創価大学教

授。専門は統計学、平成6（1994）年1月2日没す、77歳。著書には『近代数理統計学通論』『経済分析のための数学入門』『情報・決定理論序説』などがある。

宮田長善（みやた　ながよし）
　市小郎と称し、士渕と号す。関流の算学に通じる。門人には伊藤忠知、石川曹平、野崎信賢、藤城徳馨などがいる。

宮田正彦（みやた　まさひこ）
　明治39（1906）年12月秋田県に生まれ、秋田大学教授、専門は解析学、応用数学。平成6（1994）年9月19日没す、87歳。著書には『一年より三年迄の代数解法の研究』などがある。

宮地可篤（みやち　よしあつ）
　新五郎と称し、有隣と号す。江戸に住み、関孝和に関流の算学を学び免許。

宮寺一貞（みやでら　かずさだ）
　幕臣。弥太郎、安次郎と称し、御広敷添番を勤める。会田安明に学び、最上流の算学を能くした。著書には『算法英物集』（文化2年）などがある。

宮本重一（みやもと　しげいち）
　柳川藩士。寛政10（1798）年柳河の商家に生まれ、甚太郎、宗四郎、のち惣左衛門と称し、柳山、自得と号す。代々雑貨商、のち呉服商を営む。吉田重矩、のち長谷川寛に算学を学び、文政3年4月藩の勘定御帳付、天保15年4月家老の十時家に仕え、安政5年隠居、明治2年藩校の算学教授となり、藩学伝習館で子弟を教授、5（1872）年3月6日没す、75歳。常光寺に埋葬。著書に『算法整数指南』などがあり、門人には大薮茂利、宮本重矩、村井宗一などがいる。

宮本藤吉（みやもと　とうきち）
　大正5（1916）年没す。著書には『英和数学新字典』『平面幾何学教科書』『立体解析幾何学』『三角法新教科書』などがある。

宮本富美（みやもと　ふみ）
　明治36（1903）年4月22日奈良県に生まれ、奈良女子大学、八代学院大学教授、のち奈良佐保女学院大学学長。専門は統計学。平成11（1999）年11月5日没す、96歳。

宮本正武（みやもと　まさたけ）
　松代藩士。寛政4（1792）年生まれ、市兵衛と称す。町田正記に、更に会田安明に最上流の和算を学び、文政2年浅草の算子塚建立の一人、北信濃地方に広め、天保5（1834）年3月28日没す、43歳。愛竹院賢岳正武居士。著書には『算題苑天元術』などがある。

宮本正休（みやもと　まさやす）
　松代藩士。助左衛門と称し、算学に通じ、寛政6（1794）年12月9日没す。顧革院来翁自本居士。

宮本正之（みやもと　まさゆき）
　信州篠ノ井幣川（長野市）の人。九太夫

と称し、宮城流祖宮城清行に算学を学び免許、郷里で塾を開き、北信地方に算学をひろめ、享保12（1727）年6月22日没す。門人には入庸昌、藤牧美郷などがいる。

宮森康雄（みやもり　やすお）
　大正13（1924）年12月21日生まれ、大阪歯科大学教授、のち名誉教授。平成10（1998）年8月16日没す、73歳。著書には『微分・積分学』などがある。

三善清行（みよし　きよゆき）
　承和14（847）年生まれ、文雄、善居逸、善相公と称し、字を三耀という。貞観15年文章生、16年文章得業生、元慶元年越前権少目、大内記、備中介を経て、昌泰3年5月文章博士、4年大学頭、延喜14年4月式部大輔、従四位下となり、17年正月参議。陰陽道、算道にも通じていた。延喜18（918）年12月7日没す、72歳。著書には『善家集』（昌泰3年）、『智相公辛酉勘文』（延喜2年）、『藤原保則伝』（延喜7年）、『意見十二箇条』（延喜14年）、『延喜格』などがある。
　〈参照〉『三善清行』（人物叢書、吉川弘文館）

三善茂明（みよし　しげあき）
　延喜20（920）生まれ、三善連行の子で主税頭、美作権介、算博士。貞元2年錦宿弥と改名、長保4（1002）年12月25日没す、83歳。

三善為長（みよし　ためなが）

　寛弘4（1007）年生まれ、三善雅頼の子で美濃介、算博士、大外記、主税権助、淡路守。永保元（1081）年8月4日没す、75歳。

三善為康（みよし　ためやす）
　永承4（1049）年生まれ、越中射水郡の豪族。治暦3年上洛、算博士三善為長の門弟となり、養子となる。算道・紀伝道を学び、52歳で少内記、永久元年10月算博士兼諸陵頭、5年正月尾張介、天治元年正月越後介、保延5（1139）年8月4日没す、91歳。著書には『続千字文』（長承元年）、『朝野群載』（永久4年）、『童蒙頌韻』（天仁2年）、『懐中暦』などがある。

三善長衡（みよし　ながひら）
　西園寺家家司。仁安3（1168）年生まれ、三善行衡の子で少外記、従五位上、陸奥守、算博士兼主税権助。建永元年殿大判事、寛元2（1244）年3月25日没す、77歳。

三善春衡（みよし　はるひら）
　三善康衡の子で、正四位下、右京大夫、算博士。著書には『八月十五日夜同詠月十首和歌』（元応2年）などがある。

三善雅仲（みよし　まさなか）
　三善為長の子で少外記、主税権助、算博士。

三善雅衡（みよし　まさひら）
　西園寺家の臣。三善長衡の子で修理大夫、算博士。

三善雅頼（みよし　まさより）
　三善茂明の子で土佐介、算博士。

三善師衡（みよし　もろひら）
　三善為衡の子で算博士。

三善康衡（みよし　やすひら）
　仁治2（1241）年生まれ、三善雅衡の子で北山家人、左京大夫と称す。西園寺家に仕え、正四位下、算博士、正和4（1315）年6月3日没す、75歳。著書には『玉葉』『続千載』などがある。

三善行衡（みよし　ゆきひら）
　三善行康の子で主税権頭、土佐介、算博士。

三善行康（みよし　ゆきやす）
　三善為康の子で諸陵頭、長門介、算博士。

三輪　彰（みわ　あきら）
　明治35（1902）年生まれ、旧制第八高等学校、東京高等学校、岐阜大学教授、のち名誉教授。昭和60（1985）年2月27日没す、83歳。著書には『高等数学提要』などがある。

三輪恒一郎（みわ　つねいちろう）
　文久元（1861）年3月江戸に生まれ、京都帝国大学、学習院、理工科大学教授。専門は解析学、理学博士。大正9（1920）年2月没す、59歳。著書には『幾何学教科書』などがある。

三輪恒徳（みわ　つねのり）
　文政3（1820）年4月14日名古屋に生まれ、徳太郎、のち卯左衛門と称し、御粥安本に関流の算学を学ぶ。天保5年9月勘定所書役、8年11月芝愛宕山へ算額を奉納し、11年4月支配勘定並七石二斗、12年11月熱田神宮へ算額を奉納、明治8（1875）年5月9日没す、56歳。

三輪文輔（みわ　ぶんすけ）
　明治6（1873）年『洋算早見知』（初編）（二編、明治7年）を著す。

【む】

向田暁昌（むこうだ　ぎょうしょう）
　桐生梅田（桐生市）の人。文政3（1820）年生まれ、軒三と称し、大川栄貞に和算を学び、明治12年地元の日枝神社に算額を奉納、17（1884）年没す、64歳。

向田春次（むこうだ　しゅんじ）
　大正13（1924）年1月16日石川県に生まれ、福岡大学教授、のち名誉教授。平成12（2000）年4月2日没す、76歳。著書には『線形代数学』などがある。

武藤直達（むとう　なおたつ）
　加六、嘉六と称し、字を大拳といい、自梅居と号す。天文暦算に通じ、安永年間尾張名古屋の杉野町藤塚町角に住む。著書には『維乗演段統術』（天明3年）などがある。

武藤義夫（むとう　よしお）
　明治45（1912）年1月8日東京に生まれ、横浜国立大学教授、のち名誉教授。専門は微分幾何学、理学博士。平成5（1993）年6月15日没す、81歳。著書には『ベクトル解析』『テンソル解析入門』『関数論』などがある。

村井　漸（むらい　すすむ）
　熊本の人。宝永5（1708）年6月16日生まれ、初め原田秀箇といい、中漸と字し、平柯、癡道人、邱塾外史と号す。西依成斎に学び、儒医として京都に住む。和算は中根彦循に学び、久留米藩主有馬頼徸の知遇を得た。寛政9（1797）年2月24日没す、90歳。京都東山の見性寺に埋葬。著書に『脱子術』（明和5年）、『開商点兵算法』（明和7年）、『算法童子問』（天明4年刊）、『算法演段図解録』などがあり、門人には沙門法蘭などがいる。

村井長央（むらい　ながひろ）
　伊勢菰野藩士。九八郎と称し、藤田貞升に関流の算学を学び、文政12（1829）年4月芝愛宕山へ算額を奉納。

村井規正（むらい　のりまさ）
　宝暦5（1755）年生まれ、宇于、宗矩ともいい、七兵衛、昆布屋伊兵衛と称し、求林と号す。大阪瓦町東横堀の角で昆布問屋を営む。坂正永に算学を学び、師没後、会田安明に師事し最上流算学を極める。文化14（1817）年3月17日没す、63歳。大坂天王寺の西念寺に埋葬。著書に『算法学海』（天明元年）、『算法演段』などがあり、門人には武田真元などがいる。
　〈参照〉『村井求林事蹟』（高梨光司）

村井昌弘（むらい　まさひろ）
　元禄6（1693）年伊勢東大淀村（伊勢市）に生まれ、大輔と称し、蘇道と号す。父昌利に兵法、測量を学び、亀山侯に召し抱えられ、享保初年に致仕、伊勢安濃津に寓居。家塾神武館を開いて教授、再び江戸に出て島原侯に仕えたが、病の身となり市ヶ谷にて、宝暦9（1759）年7月20日没す、67歳。常宣院正誉蘇道居士。伊勢東大淀の雲洞院に埋葬。著書には『単騎要略製作弁』（享保16年）、『量地指南』（享保17年）、『神武講習家訓』（享保19年）、『量地指南後篇』（宝暦4年）などがある。

村上信吾（むらかみ　しんご）
　昭和2（1927）年10月21日京都市に生まれ、大阪大学教授、のち名誉教授、大阪産業大学教授。専門は微分幾何学、理学博士。平成11（1999）年12月3日没す、72歳。著書には『幾何概論』『多様体』『連続群論の基礎』などがある。

村上辰長（むらかみ　ときなが）
　明石の人。愛助と称し、藤田貞資に関流の算学を学び、文化2（1805）年12月明石の柿本神社へ算額を奉納。

村上知永（むらかみ　ともなが）
　旭山と号し、江戸に住む。著書には『算法天元術』『当世塵劫記起源』『累要算法』

などがある。

村上満洲男（むらかみ　ますお）

　明治43（1910）年7月1日広島市に生まれ、広島工業大学、広島女子大学教授、のち両大学名誉教授。専門は代数学、平成13（2001）年5月22日没す、90歳。

村上喜隆（むらかみ　よしたか）

　摂津住吉の人。荘兵衛と称し、著書には『算法演段拾遺』（寛延3年）などがある。

村上義寄（むらかみ　よしより）

　備中松山藩士。佐助と称し、物頭二百石を勤める。藩主水谷家断絶後、浪人となり久留島と改め大坂谷町、のち江戸に住む。中西流中西正好に学び免許。門人に久留島義太、大島善侍などがいる。

村澤高包（むらさわ　たかしげ）

　信濃今里村（長野市）の人。寛延2（1749）年生まれ、村澤布高の子で久右衛門と称し、父に和算を学び、安永9年仲春上田の北向観音堂へ算額を奉納。今里村の村長、天保8（1837）年没す。門人に堀内宣遊、算石竜元などがいる。

村澤布高（むらさわ　のぶたか）

　信濃今里村（長野市）の人。享保18（1733）年生まれ、吟左衛門と称し、字を伯峻といい、旨元と号す。赤田百久に宮城流の算学を学び免許、享和元（1801）年7月13日没す、69歳。永楽院生誉一山旨元居士。門人には村澤高包、堀内宣遊などがいる。

村勢一郎（むらせ　いちろう）

　明治43（1910）年7月1日埼玉県浦和に生まれ、東京大学、のち日本女子大学教授。平成4（1992）年10月21日没す、82歳。著書には『方程式論』『代数学の演習』『高等微分学演習』などがある。

村瀬孝養（むらせ　たかやす）

　弥八と称し、御粥安本に和算を学び、著書には『市ヶ谷八幡祠算術四題之解義』『直線上一十円解義』などがある。

村瀬義益（むらせ　よします）

　所左衛門と称し、佐渡の人で下総関宿に住む。初め佐渡にて百川流を学び、のち江戸に出て磯村吉徳に師事し和算を極めた。著書には『算法勿憚改』（寛文13年）などがある。

村田勝光（むらた　かつみつ）

　信濃安茂里（長野市）の人。常右衛門と称し、青木包高に宮城流算学を学び免許。

村田憲太郎（むらた　けんたろう）

　大正10（1921）年11月7日山口県に生まれ、山口大学教授、のち名誉教授、徳山大学教授、のち学長。専門は代数学で束論の研究。平成15（2003）年4月6日没す、81歳。

村田　全（むらた　たもつ）

　大正13（1924）年3月11日神戸市に生まれ、立教大学教授、のち名誉教授、桃山学院大学教授。専門は数学基礎論、数学思想

213

史、文学博士。平成20（2008）年7月6日没す、84歳。著書には『数学史の世界』『数学をきずいた人々』『数学と哲学との間』『日本の数学西洋の数学』などがある。

村田恒光（むらた　つねみつ）

伊勢津藩士。長太郎、のち佐十郎と称し、字を如訥といい、栢堂、洞江、朽木軒と号す。初め江戸に住み、のち伊勢津の岩田橋南馬場屋敷に住む。祖父光窿から和算・測量術を学び、江戸の長谷川寛に関流の算学を学び高弟となる。日蝕を観測し、明治3（1870）年9月14日没す。著書に『算法側円詳解』（天保4年）、『算法地方指南』（天保7年刊）、『新功算法』（嘉永2年）、『六分器量地手引草』（嘉永6年）などがあり、門人には豊田勝義、花房吉迪、柳楢悦などがいる。

村田直良（むらた　なおよし）

相州金川の鉄村の人。長次郎と称し、日下誠に関流の算学を学び、文政7（1824）年5月相州大山不動堂へ算額を奉納。

村田栄清（むらた　ひできよ）

摂津島上郡原村の人。金太夫と称し、和算に通じ、著書には『算法明粋記』（元禄6年刊）、『算法図解大全智恵袋』（享保元年）などがある。

村田光窿（むらた　みつたか）

伊勢津藩士。延享4（1747）年生まれ、佐十郎と称し、字を不曜といい、如拙、朽木軒と号す。本多利明、坂部廣胖に算学を、溝口林卿に規矩術を学ぶ。天保2（1831）年6月18日没す、85歳。浅草の誓願寺に埋葬。著書に『規矩要法条目口伝私録図解』（明和4年）、『精要算法解』（天明4年）、『括要算法解』などがあり、門人には孫の村田恒光などがいる。

村田敬勝（むらた　よしかつ）

庄内藩士。久平と称し、代々御持筒小頭。石塚克孝に関流の算学を学び免許、安政3（1856）年没す。著書には『算題』『互減等数明議』などがある。

村松茂清（むらまつ　しげきよ）

慶長13（1608）年生まれ、九太夫と称し、平賀保秀に算学を学び、常陸に住み、のち浅野家の転封により赤穂に移る。円周率を初めて少数以下七桁まで正確に計算した。元禄8（1695）年没す、88歳。著書には『算俎』（寛文3年）などがある。

村山保信（むらやま　やすのぶ）

越後茨目（柏崎市）の人。文政13（1830）年3月12日生まれ、禎治と称し、雪斎と号す。和算を植木彦吉、のち小千谷の佐藤解記に学び高弟となる。慶応2年茨目の領主桑名藩より苗字帯刀を許され、縮布の行商の傍ら飛騨高山などで算学を教授、明治元年小千谷県、2年柏崎県に出仕し、教育、測量調査などに当たり、大正11（1922）年3月没す、93歳。著書には『通機算法』（文久3年刊）、『算学道法則写』『算法正平術本論』などがある。

村山吉重（むらやま　よししげ）
　庄兵衛と称し、野州佐野に生まれ、江戸に住む。天和3（1683）年佐野市の星宮神社に算額を奉納。（現存する日本最古の算額）

室井知義（むろい　ともよし）
　栃木塩谷郡下太田村（矢板市）の人、彦左衛門と称す。江戸の最上流坂本玄斎に算学を学び、安政5（1858）年9月西太田鎮守木幡神社へ算額を奉納。

室　由之（むろ　よしゆき）
　明治32（1899）年8月9日岐阜県に生まれ、昭和53（1978）年8月21日没す、79歳。著書には『幾何根底着眼の整理』『代数根底着眼の整理』『並べ方・取り出し方・現れ方』などがある。

【も】

毛利恵助 → **武田定則**（たけだ　さだのり）

毛利重能（もうり　しげよし）
　摂津武庫郡瓦村（兵庫県香寺町）の人。勘兵衛、出羽守と称し、従五位下。池田輝政の家臣であったが辞して京都の二條京極に住んで、天下一割算指南の額を出して家塾を開く。著書に『割算書』（元和8年刊）『帰除濫觴』などがあり、門人には吉田光由、今村知商、高原吉種などがいる。

茂木兼英（もぎ　かねひで）
　和作と称し、渡辺一に最上流算学を学び、享和2（1802）年2月奥州の鼓岡天神社へ算額を奉納。

茂木孝匡（もぎ　たかまさ）
　武州平子林村の人。文政元（1818）年生まれ、万之助、のち林と称し、柳斎と号す。松枝誠斎に、のち長谷川弘に関流算学を学び皆伝。帰郷して塾を開き門弟を教え、明治35（1902）年6月24日没す、85歳。門人に荒井右膳、大塚福春、中島春信などがいる。

茂木安英（もぎ　やすひで）
　文政12（1829）年12月12日天童の寺津村に生まれ、忠吉と称し、仲善ともいい、斎藤尚善に算学を学び、最上流四伝を称す。明治11（1878）年5月24日没す、50歳。唯阿先心信士。門人には大石安重、大木明高、志謙安重、武田定恒などがいる。

望月直文（もちづき　なおぶみ）
　明治41（1908）年1月28日山梨県に生まれ、東京電機大学教授、のち名誉教授。専門は応用数学、平成3（1991）年3月17日没す、83歳。著書には『応用数学要論』『高等数学概要』『常微分方程式』『偏微分方程式』などがある。

持永豊次（もちなが　とよじ）
　十郎兵衛と称し、宮城清行に宮城流の算学を学び、師の旨を受けて大橋宅清と『改算記綱目』（貞享4年刊行）を編した。

本石利重（もといし　とししげ）

215

与八と称し、清水道香に関流の算学を学び、寛政7 (1795) 年11月総州夷隅の飯縄寺へ算額を奉納。

元田　傳（もとだ　でん）
　慶應3 (1867) 年6月東京に生まれ、東京高等師範学校教授、昭和23 (1948) 年没す、81歳。著書には『代数教科書』『平面幾何教科書』『三角法教科書』『実験的総合的算術教授法大成』などがある。

本橋惟義（もとはし　これよし）
　藤田嘉當の弟で、浪花の玉造口組星舗入に住み、字を従仲といい、養拙堂と号し、関流の算学に通じた。

本山宣智（もとやま　のぶとも）
　信州中村の人。要八、のち與右衛門と称し、湖浪と号す。野口保敢、藤田瀧川に算学を学び関流五伝を称す。門人には土屋逸章、小野澤宣煕、嘉部智忠、須野原彰行、丸山扶章などがいる。

桃井宗信（ももい　むねのぶ）
　奥州伊達郡細谷（伊達市）の人。鳥右衛門と称し、渡辺一に最上流の算学を学び、文政3 (1820) 年3月塩竃神社へ算額を奉納。

百川正次（ももかわ　まさつぐ）
　天正8 (1580) 年生まれ、治兵衛、忠兵衛と称し、京都、又は大阪の人。佐渡河原田に住み算法を教授、寛永7年相川に移る。『算法統宗』（明の程大位）を修め一家をなし、百川流算法を創始した。寛永15 (1638) 年切支丹の嫌疑をかけられ投獄されたが赦免され、9月24日没す、59歳。著書には『諸勘分物』（元和8年）、『亀井算』（正保2年）、『しんへんさん記』（明暦元年）などがある。

森岩太郎（もり　いわたろう）
　文久元 (1861) 年生まれ、東京女子高等師範学校教授、大正14 (1925) 年没す、64歳。著書には『幾何初歩』『代数初歩』『代数教科書』『幾何教科書』『女子算術教科書』などがある。

森　氏継（もり　うじつぐ）
　筑後柳河の人。伊三次、鬼一と称し、楽水、生葉軒、瓊山と号す。至誠賛化流の算学を相伝。著書には『算学筌蹄』（天保5年刊）、『求積雑問』『雑問詳解』『算学系図』などがある。

森外三郎（もり　がいさぶろう）
　慶應2 (1866) 年生まれ、第三高等学校教授、のち校長、昭和11 (1936) 年3月6日没す、71歳。著書には『代数学教科書』『平面幾何学』『新主義数学』（訳本）などがある。

森　数樹（もり　かずき）
　明治25 (1892) 年5月15日岡山県に生まれ、日本大学、早稲田大学教授、帝京大学経済学部長、のち名誉教授。専門は統計学、昭和42 (1967) 年12月17日没す、75歳。著書には『一般統計論』『統計学概論』『実用

統計入門』などがある。

森川　寿（もりかわ　ひさし）
　昭和3（1928）年8月19日名古屋市に生まれ、名古屋大学教授、のち名誉教授、会津大学教授。専門は幾何学、平成17（2005）年5月29日没す、76歳。著書には『基礎数理の総合的研究』『不変式論』などがある。

森口繁一（もりぐち　しげいち）
　大正5（1916）年9月11日香川県小豆島に生まれ、東京大学、のち名誉教授、東京電気通信大学、東京電機大学教授。専門は数理・計数工学。国際統計協会会長などをつとめ、平成14（2002）年10月2日没す、86歳。著書には『計算数学夜話』『応用数学夜話』『初等数理統計学』『岩波数学公式』『生きている数学』などがある。

森　繁雄（もり　しげお）
　明治38（1905）年11月24日東京に生まれ、東京大学教授、平成7（1995）年12月16日没す、90歳。著書には『微分積分学演習提要』などがある。

森嶋太郎（もりしま　たろう）
　明治36（1903）年4月22日和歌山県に生まれ、第一高等学校、津田塾大学、東京理科大学教授、のち名誉教授。専門は整数論でフェルマーの定理研究の第一人者、平成元（1989）年8月8日没す、86歳。著書には『高等代数学』などがある。

森島敏昌（もりしま　としまさ）
　文化5（1808）年正月15日美濃福束村に生まれ、勇次郎、春吉、のち徳左衛門と称し、字を忠告といい、簡斎と号す。名古屋の北川孟虎に算学を学び、のち永田有功に従学、師の娘と結婚し、永田敏昌と改名、尾張簡斎と号す。兄の死により郷里に帰り、森島徳左衛門と改名、私塾を開く。明治維新後は小学校に数学巡回教授をし、明治13（1880）年2月23日没す、73歳。著書には『幽斎算約』（天保5年）、『簡斎算艸』『簡斎社中算艸』などがある。

森新治郎（もり　しんじろう）
　明治26（1893）年1月9日広島市に生まれ、第七高等学校、大阪高等学校教授を経て、広島高等師範教授、広島大学教授、のち名誉教授。専門は代数学、理学博士。昭和54（1979）年1月没す、86歳。

森田一郎（もりた　いちろう）
　明治35（1902）年8月4日福島県に生まれ、京都外語大学教授、のち総長、昭和51（1976）年8月28日没す、74歳。著書には『高等数学概要』などがある。

森田紀一（もりた　きいち）
　大正4（1915）年2月11日静岡県に生まれ、東京高等師範学校、東京教育大学、上智大学教授。筑波大学名誉教授、専門は位相幾何学、理学博士。平成7（1995）年8月4日没す、90歳。著書には『次元論』『位相空間論』などがある。

森　達雄（もり　たつお）

明治37（1904）年3月21日長崎県に生まれ、長崎大学、のち鶴見大学教授、平成10（1998）年2月21日没す、93歳。著書には『基礎数学』『計算図表及新計算尺ノ設計』『初等解析学』などがある。

森田恒久（もりた　つねひさ）

大正15（1926）年11月29日静岡県に生まれ、東京都立高等学校教諭、昭和57（1982）年12月14日没す、56歳。著書には『解析学』（訳本）などがある。

森田敏昌 → 永田敏昌（ながた　としまさ）

森田優三（もりた　ゆうぞう）

明治34（1901）年8月29日大阪市に生まれ、横濱高等商業学校、一橋大学教授、のち亜細亜大学学長。専門は統計学、日本統計協会会長、日本の統計学の基礎を築く。平成6（1994）年2月7日没す、92歳。著書には『統計学汎論』『統計数理入門』『経済統計読本』『物価指数の理論と実際』『人口増加の分析』などがある。

森永覚太郎（もりなが　かくたろう）

明治38（1905）年8月23日愛媛県に生まれ、広島文理科大学教授、波動幾何学を研究、理学博士。昭和45（1970）年11月20日没す、65歳。

森　正門（もり　まさかど）

徳島藩士。七蔵と称し、字を子愿といい、摘芳と号す。藩校長久館の算学教授奥村吉當（立山）に学び、その助教を勤めた。日本最初の「三角関数表」を著した。著書には『割円表』（安政5年）、『割円記』などがある。

森　盈政（もり　みつまさ）

孫七郎と称し、柳川重致に和算を学び、文化4（1807）年孟冬尾張大須観音堂へ算額を奉納。

森本清吾（もりもと　せいご）

明治33（1900）年1月26日群馬県に生まれ、深沢利重の五男で森本家に入る。独学で高等教員検定試験に合格し、広島高等工業学校、東京高等工業学校、のち群馬大学教授、理学博士。昭和29（1954）年6月19日没す、54歳。著書には『近世幾何学』『新編工業数学』『応用数学一般』『解析と統計』『数論』『非ユークリッド幾何学』などがある。

森本治枝（もりもと　はるえ）

明治36（1903）年大阪に生まれ、日本の女性数学者の草分け、津田塾大学などで数学教育に尽力、平成7（1995）年3月12日没す、92歳。著書には『ある女性数学者の回想』などがある。

森山元治（もりやま　もとじ）

明治41（1908）年12月14日宮城県石巻に生まれ、大連高等商業学校、石巻高等学校教頭を経て、東北学院大学教授、のち名誉教授。専門は統計学、平成10（1998）年6月30日没す、89歳。

守屋美賀雄（もりや　みかお）
　明治39（1906）年3月25日東京に生まれ、北海道帝国大学、岡山大学、のち東京大学教授。退官後、上智大学教授、のち学長。上智大学及び岡山大学名誉教授、専門は整数論、理学博士。昭和57（1982）年10月18日没す、76歳。著書には『代数学』『代数学教程』『方程式』『無限の世界』などがある。

森吉太郎（もり　よしたろう）
　明治3（1870）年生まれ、慶應義塾高等部教授、昭和6（1931）年没す、61歳。著書には『数学必携高次方程式解法』『実業教育幾何学教科書』（共著）などがある。

森　誉四郎（もり　よしろう）
　明治38（1905）年8月生まれ、奈良女子大学、京都教育大学教授、のち名誉教授。専門はイデアル論、平成7（1995）年12月2日没す、90歳。著書には『数学の解るまで』などがある。

― や 行 ―

【や】

八木 質（やぎ ただす）

江戸の人。林平と称し、自寛と号す。藤田貞資に関流の算学を学び、文化3（1806）年正月上州那波神明宮へ算額を奉納し、この年没す。著書には『立圓解附容圓解』『極数辨疑』などがあり門人には板野為重などがいる。

八木房信（やぎ ふさのぶ）

龍野下堂本村（たつの市）の人。小左衛門、のち忠左衛門と称し、鈴木直好に中西流の算学を学ぶ。門人には有松正信、清野信興、矢野敬和などがいる。

矢口剰積（やぐち のりかず）

常州櫻川南矢作村（坂東市）の人。寛政6（1794）年生まれ、善左衛門と称し、琴重ともいう。山口和に関流の算学を学び、嘉永7（1854）年5月11日没す、60歳。門人には井坂氏清、佐野剰継、嶋田伯明、久松充信などがいる。

矢島謹一（やじま きんいち）

大正10（1921）年8月22日生まれ、国士舘大学教授、専門は代数・幾何学。平成15（2003）年10月14日没す、82歳。

矢島敏彦（やじま としひこ）

宝暦13（1763）年正月21日高松藩士の子に生まれ、八郎左衛門と称し、字を子恕といい、桃斎と号す。江戸にて関流算学を学び精通し、信濃伊那郡南小河内村に住み子弟を教授、文政11（1828）年5月6日没す、66歳。著書に『数術集解』などがあり、門人には石川維徳、小林泰作などがいる。

社 正常（やしろ まさつね）

栃木那須郡須賀川村（大田原市）の人。丈右衛門と称し、江戸の関流藤田貞資に関流算学を学び、天明2（1782）年4月奥州白河の境明神へ算額を奉納。

安井祐之（やすい ひろゆき）

近江日野（日野町）の人。字を兆受といい、有隣庵と号す。田中由真、のち中根彦循に関流の算学を学ぶ。著書には『青木氏算法』（享保13年）、『算法私考』『大観先生算法』などがある。

安川数太郎（やすかわ かずたろう）

明治17（1884）年2月11日京都に生まれ、横濱高等工業学校、横濱工業専門学校、横浜市立大学教授、のち神奈川歯科大学教授。専門は統計学、理学博士。横浜市立大学及び横浜国立大学名誉教授、昭和41（1966）年5月30日没す、82歳。著書には『実用数学』『百分順位表』『統計数理』『新統計学』

などがある。

保田棟太（やすだ　とうた）

　安政3（1856）年生まれ、第一高等学校教授、大正8（1919）年没す、63歳。著書には『平面幾何教科書』『立体幾何教科書』（共著）などがある。

安田　亮（やすだ　りょう）

　明治23（1890）年8月京都に生まれ、大阪高等学校、のち広島高等師範学校教授、関数論の分野で業績を残し、大正15（1926）年5月若くして没す、35歳。

安永惟正（やすなが　これまさ）

　江戸の人。伝吾と称し、格斎、櫓山堂と号す。市瀬惟長に最上流の算学を学び、江戸本石町に住み、和算を教授。著書には『算法天元術』（文化6年）、『本朝算鑑』（文化13年）、『最上流算法中伝目録』（天保2年）、『最上流算法開立方』などがいる。

安原千方（やすはら　ちかた）

　武州勅使河原（埼玉県上里町）の人。文化2（1805）年生まれ、喜八郎と称し、勅勝と号す。上州の斎藤宜長・宜義父子に関流算学を学び、関流八伝を称す。天保14年8月武州於菊稲荷社へ算額を奉納、明治16（1883）年10月17日没す、79歳。著書に『数理神篇』（万延元年刊）、『算法千題集』などがあり、門人には阿佐美宣喜、安原安幸、塚越廣成、中原韜之、安原国久などがいる。

矢田喜惣太 → **日下　誠**（くさか　まこと）

谷田部梅吉（やたべ　うめきち）

　安政4（1857）年生まれ、東京物理学校教授、明治36（1903）年没す、43歳。著書には『簡易平算書』『平面幾何学』『新編幾何教科書』などがある。

箭内清融（やない　きよあき）

　三春門鹿村（田村市）の人。忠吾と称し、佐久間正清に最上流の算学を学び、天保10（1839）年終昏二本松の木幡村弁財天社へ算額を奉納。

野内千秋（やない　ちあき）

　常州久慈郡天神林村（常陸太田市）の人。関流算学七傳を称す。明治19（1886）年玄月静神社へ算額を奉納。門人には大内重忠などがいる。

柳河春三（やながわ　しゅんさん）

　天保3（1832）年2月25日名古屋に生まれ、初め栗木辰助、のち西村良三、江戸へ出て柳河春三といった。名を春蔭、朝陽といい、旭と字し、楊江、柳園、柳屋、臥孟、喫霞楼、白雲、錦渓、四渓、好文、又玄斎などと号す。元治元年開成所教授職並、慶応4年開成所教授頭取、明治2年3月東京学校出仕、7月大学少博士、医学、数学、兵学など西洋文明紹介と洋書の翻訳に従事し、3（1870）年2月20日没す、39歳。光摂院釋護念居士。浅草の願竜寺に埋葬。著書には『解剖諸事留』（嘉永7年）、『洋算用法』（安政4年刊）、『西洋年表』（文久3

年刊)、『洋学指針』(慶応 3 年刊) などがある。
〈参照〉『柳河春三』(尾佐竹猛)

柳川知弘(やながわ　ともひろ)
　安左衛門と称し、石垣知義に和算を学び、天保15 (1844) 年春神明神社に算額を奉納。門人には清水孝之などがいる。

柳沢伊寿(やなぎさわ　これとし)
　上州飯塚村(玉村町)の人。文化 8 (1811) 年生まれ、正蔵、正左衛門、のち正左衛門と称す。上州の斎藤宜長に関流の算学を学ぶ。安政 4 (1857) 年没す、47歳。著書には『算法円理起原表』(天保 8 年)、『書物目録登階算法』などがある。

柳　楢悦(やなぎ　ならよし)
　天保 3 (1832) 年 9 月15日伊勢津藩士の子に生まれ、芳之助、惣五郎、のち方次郎と称し、練理堂と号す。村田恒光に和算、測量術を学び、長崎海軍傳習所で数学、測量、航海術と学ぶ。明治13年東京数学会社社長、海軍少将、のち元老院議員、貴族院議員となり、24 (1891) 年 1 月14日没す、60歳。大智院宗徳日勇大居士。東京青山墓地に埋葬。著書には『新巧算法』(嘉永 3 年)、『算家訊尋伝』(嘉永 4 年)、『算法方円窮理通鑑』『算題類選』『量地括要』『航海惑問』『南島水路誌』などがある。

柳原吉次(やなぎはら　よしじ)
　明治20 (1887) 年 1 月22日熊本県に生まれ、第二高等学校、山形高等学校、山形大学、のち東北大学教授。専門は幾何学で卵形線、作閉問題、和算を研究、山形大学名誉教授。昭和52 (1977) 年12月13日没す、90歳。著書には『初等幾何学の郊外散歩』などがある。

矢野健太郎(やの　けんたろう)
　明治45 (1912) 年 3 月 1 日東京に生まれ、石川洋之介と称す。ローマ大学、香港大学、アムステルダム大学客員教授、東京工業大学教授、のち名誉教授。専門は微分幾何学、大域的微分幾何学の発展に貢献、理学博士。平成 5 (1993) 年12月25日没す、81歳。著書には『解析学』『解析幾何学』『初等リーマン幾何学』『数学通論』『代数学と幾何学』『微分積分学』『微分方程式』など多数ある。

矢野敬和(やの　よしかず)
　龍野の人。八木房信に中西流の算学を学び、文政元 (1818) 年 9 月龍野粒座神社へ算額を奉納。

山内庄五郎(やまうち　しょうごろう)
　愛媛宇和町の人。天保 6 (1835) 年12月23日農家に生まれ、明治 9 年算術修業に全国を行脚、41年帰郷、大正 3 (1914) 年没す、80歳。著書には『算術物体細解』などがある。

山岡綏忠(やまおか　よしただ)
　金沢の人。綏安ともいい、弥四郎と称し、本多利明に算法を学び、会田安明や家崎善之の著書を詳解。著書には『五明算法解』

『算法古今通覧解』などがある。

山縣益之（やまがた　ますゆき）
　弥平と称し、藤田貞資に関流の算学を学び、文化2年9月、同4（1807）年4月に盛岡の八幡宮へ算額を奉納。

山川　慎（やまかわ　しん）
　讃岐の人。天保5（1834）年5月17日生まれ、慎蔵と称し、字を子固といい、東渠と号す。父山川孫水に学び、大阪に出て藤澤東畡に師事し塾頭となる。帰郷して明治24年私立学校明善館（明善高の前身）を開く。33（1900）年12月20日没す、67歳。著書には『零約詳解』などがある。

山川孫水（やまかわ　そんすい）
　大阪の人。寛政元（1789）年生まれ、元輔と称し、字を子晋という。讃岐高松に移り私塾明善館を開く。文政10年高松藩ご郷校を開校したとき校長となり、慶応2（1866）年3月9日没す、78歳。門人には山川慎などがいる。

山岸定次（やまぎし　さだつぐ）
　明治37（1904）年12月愛知県佐屋町に生まれ、愛知教育大学教授、のち名誉教授。専門は幾何学、平成4（1992）年7月26日没す、87歳。

山岸安代（やまぎし　やすのり）
　米沢藩士。傳四郎と称し、山田忠興に最上流の算学を学び免許。元禄10年家督を継ぎ、宝永元年江戸で御作事屋役、享保11年御勘定頭次役、15（1730）年没す。著書に『算法雑問答述』などがあり、門人には青山都通などがいる。

山口　和（やまぐち　かず）
　越後水原の人。七右衛門、のち倉八と称し、字を子美といい、坎山と号す。江戸に出て日下誠の門人望月藤右衛門に関流の算学を学び、のち長谷川寛の門で研鑽し、文化14年から文政年間にかけて諸国を歴遊、子弟を育成した。嘉永3（1850）年没す。著書に『算法三派之書』（文化13年）、『道中記』（文化14年）、『算法道行』などがあり、門人には佐藤解記などがいる。

山口誠一（やまぐち　せいいち）
　昭和16（1941）年9月28日東京に生まれ、東京理科大学教授、専門は微分幾何学。平成13（2001）年10月16日没す、60歳。

山口忠光（やまぐち　ただみつ）
　杢平と称し、今井長見に和算を学び、明治17（1884）年3月秩父上吉田の神明社へ算額を奉納。

山口言信（やまぐち　ときのぶ）
　上州の人。重右衛門と称し、杉籬と号す。岩井重遠に算法を学ぶ。著書には『算法円理冰釈』（天保8年刊）などがある。

山口知貞（やまぐち　ともさだ）
　大聖寺藩士。寛政2（1790）年生まれ、半平、のち吉太夫と称し、藩の算用吏河島偕矩に学ぶ。算用吏六十石、のち藩札手形

元締役などを勤めた。明治3（1870）年4月11日没す、81歳。著書に『関流算法天地人』などがあり、門人には坪川常通などがいる。

山口久真（やなぐち　ひさざね）
　麻田藩士。傳三郎と称し、関流の算学を学び、嘉永元（1848）年9月大阪の住吉神社へ算額を奉納。

山口昌哉（やまぐち　まさや）
　大正14（1925）年2月3日京都市に生まれ、京都大学教授、理学部部長、名誉教授。のち龍谷大学教授、名誉教授。専門は解析学及び応用数学、理学博士。日本応用数学會会長をつとめ、平成10（1998）年12月24日没す、73歳。著書には『非線型の現象と解析』『非線型現象の数学』『カオスとフラクタル』『学問の現在』などがある。

山崎栄作（やまざき　えいさく）
　明治20（1887）年9月13日生まれ、佐賀高等学校、麗澤短期大学教授、昭和32（1957）年8月13日没す、69歳。著書には『高等算術通論』『高等代数学通論』『高等力学通論』『函数通論』『微分学通論』『積分学通論』『立体解析幾何学講義』などがある。

山崎寛林（やまざき　かりん）
　三之丞と称し、丸田正通に最上流の算学を学ぶ。著書に『算法円理発端』（天保11年）などがあり、門人には早川信道などがいる。

山崎郷美（やまざき　さとよし）
　仙台藩士、のち伊達家家令。隼太郎と称し、仙台南町に住み、國分高廣、佐藤信好に算学を学ぶ。著書には『算法初学』などがある。

山崎三郎（やまざき　さぶろう）
　明治41（1908）年9月24日静岡県に生まれ、東京大学、のち成城大学教授、昭和49（1974）年4月28日没す、65歳。著書には『高等三角法』などがある。

山崎与右衛門（やまざき　よえもん）
　明治31（1898）年生まれ、帝京大学、日本大学教授、のち名誉教授。商学博士、日本珠算連盟顧問。昭和56（1981）年4月24日没す、83歳。著書には『東西算盤文献集』『算題随想』『塵記の研究 図録編』などがある。

山下千蔵（やました　せんぞう）
　明治41（1908）年生まれ、専門は実関数論、昭和55（1980）年没す、72歳。

山下玄道（やました　はるみち）
　大正2（1913）年1月生まれ、東京学芸大学教授、のち名誉教授。専門は代数幾何学、平成16（2004）年1月7日没す、91歳。著書には『新制中学の数学』などがある。

山路主住（やまじ　ぬしずみ）
　幕臣。宝永元（1704）年江戸に生まれ、久次郎、のち弥左衛門と称し、字を君樹といい、聴雨、蓮貝軒と号す。久留島義太に

師事し関流の和算を、のち中根元圭、松永良弼に学び、関流三伝を称す。享保9年御徒として出仕、明和元年6月天文方に任用され、弟子の育成もした。安永元(1772)年12月11日(『寛政重修家譜』には14日)没す、69歳。聡信院知達義観居士。谷中の大泉寺に埋葬。著書に『算法集成』(延享2年)、『翦管括法』(寛保元年)、『弧背詳解』(宝暦9年)、『金星見行草』(明和5年)、『久留島先生六斜術』『勾股方円適等』『算法角理廉術』などがあり、門人には山路之徽、安島直圓、有馬頼徸、阿部知義、菊池方秀、菊地方好、菅原金命、戸板保佑、松永貞辰などがいる。

山島守良(やましま　もりより)

京都聖護院村(京都市左京区)の人。大輔と称し、字を子正といい、篁斎と号す。和算に通じ、著書には『改正算梯』『点竄術初件』などがある。

山路諧孝(やまじ　ゆきたか)

幕臣。安永6(1777)年江戸に生まれ、金之丞、のち弥左衛門と称し、文化6年幕府暦作測量御用手伝、7年父徳風の跡目を継ぎ天文方、文政12年蕃書和解御用を命じられ暦の編集に携わる。天保8年寒暖計を製作、安政元年品川に望遠鏡を設置、4年航海暦の編集を命ぜられ、5年10月鉄炮箪司奉行格天文方、のち致仕し、文久元(1861)年5月30日没す、85歳。谷中の大泉寺に埋葬。著書に『西暦新編』(天保12年)、『航海暦歩法』『万国全図』などがあり、門人には山路彰常などがいる。

山路之徽(やまじ　ゆきよし)

幕臣。享保14(1729)年生まれ、久次郎と称し、主徽ともいう。父主住、久留島義太に関流の和算を学び、安永2年3月父の跡を継ぎ小普請、6年5月評定所勤役儒者となり、天文暦法のほか世界の地理の研究も志し、安永7(1778)年正月30日没す、50歳。法名道哲。著書に『五星平合細草』(明和5年)、『関流算法伝書目録』(安永元年)、『雑問五十条後編』『比例尺解義』などがあり、門人には山路徳風などがいる。

山路徳風(やまじ　よしつぐ)

幕臣。宝暦11(1761)年仙台の小倉雅久の次男に生まれ、才助と称し、山路之徽の養子。安永7年4月養父之徽の跡目を継ぎ小普請、寛政2年8月天文方150俵、3年西洋暦法で七曜暦を作成、8年には改暦御用を命ぜらる。文化7(1810)年正月27日没す、50歳。光元院殿白峯道融居士。著書に『地度測量法』(寛政2年)、『諸角径術』(寛政11年)、『暦法新書』などがあり、門人には山路諧孝などがいる。

山田清房(やまだ　きよふさ)

上州馬山村(群馬県下仁田町)の人。文化8(1811)年生まれ、泰助と称し、静斎と号す。市川行英に関流の算学を学ぶ。文政13年上州一之宮へ算額を奉納。明治13(1880)年没す、70歳。著書には『奉納改正算法』(文政12年)、『鉤股中累円之廉術草稿』『初学算法』『雑集算法』などがある。

山田欽一(やまだ　きんいち)

明治39（1906）年9月25日京都に生まれ、東京商科大学、一橋大学、のち青山学院大学教授。専門は経済・経営数学、昭和49（1974）年11月25日没す、68歳。著書には『微分積分学概要』『一般教養としての現代数学入門』『統計学入門』『経営数学』『応用数学』などがある。

山田荊石（やまだ　けいせき）
信州久保寺村の人。正徳5（1715）年生まれ、勝吉といい、平右衛門と称す。上布施村の北澤治正に宮城流算学を学び、農業の傍ら近郷の子弟に算学を教えた。天明6（1786）年2月27日没す、72歳。釋浄嘉信士。著書に『算法天元樵談九問答術』『授時今秘暦』『今和漢算法』などがあり、門人には青木包高、小林高辰、寺島陳玄、穂苅久重、山田勝昌などがいる。

山田貴旦（やまだ　たかあき）
伊丹の人。精兵衛と称し、武田真元に和算を学び、文政9（1826）年春猪名野神社に算額を奉納。

山田忠興（やまだ　ただおき）
米沢藩士。九兵衛、のち長左衛門と称し、正卯と号す。中西正則に算学を学び、米沢藩の中西流祖という。実は木村忠正の次男、寛文9年2月家督を継ぎ二人扶持五石江戸御納戸役、宝永3年3月與板組に入り、6年6月江戸御勘定頭五十石、享保5年3月致仕し、20（1735）年7月26日没す。門人に長谷川忠智、荻原三右衛門、山岸安代などがいる。

山田昌邦（やまだ　まさくに）
嘉永元（1848）年生まれ、海軍兵学校教師、のち実業家、昭和元（1926）年没す、62歳。著書には『小学暗算書』『代数学教科書』『英和数学辞書』『幾何実用』（訳本）などがある。

山田正重（やまだ　まさしげ）
大和郡山の人。彦左衛門と称し、和算に通じ、『塵劫記』などの誤りを指摘した。著書には『改算記』（明暦2年刊）などがある。

山田昌信（やまだ　まさのぶ）
京都の人。東岡と号す。著書には『袖珍算法』（寛政8年）などがある。

山田正徳（やまだ　まさのり）
東都青山百人町の人。伊三郎と称し、白石長忠に関流の算学を学び、文政9（1826）年8月下総市川の八幡宮へ算額を奉納。

山田政房（やまだ　まさふさ）
左内と称し、幽晶と号す。小川常詮に中西流の算学を学び免許。明和元年家督を継ぎ、文政2（1819）年隠居。門人には佐藤秀敏、長谷川信秀、松木清太などがいる。

山田光基（やまだ　みつもと）
安中藩士。文化元（1804）年生まれ、次助と称し、中曽根宗郁に和算を学び、文政3年9月上野国一之宮へ、天保15年4月上州玉村八幡宮へ算額を奉納、明治2（1869）年没す、65歳。

山田宗勝（やまだ　むねかつ）
　文政4（1821）年6月2日生まれ、要蔵、安右衛門、のち外記と称し、山田家の養子となって農業に従事。18歳の頃より幡谷信勝、長谷川傳治郎に和算を学ぶ。明治20（1887）年12月9日没す、67歳。門人には後藤政紀などがいる。

山中勇次郎（やまなか　ゆううじろう）
　天保15（1844）年6月25日生まれ、華林と号す。元治元年開成所調方出役、明治2年遠州横須賀奉行支配割付、7年浜松県十五等出仕、22年静岡県警察部雇、37（1904）年3月10日没す、60歳。芳春院華林紹山居士。

山中数一（やまなか　かずいち）
　熊之助と称し、馬場正督に関流の算学を学び、文化2（1805）年5月白旗神社へ算額を奉納。

山内恭彦（やまのうち　たかひこ）
　明治35（1902）年7月2日神奈川県に生まれ、東京帝国大学、のち上智大学教授。専門は物理学、理学博士。日本量子力学研究の草分けの一人、山内ダイアグラムなどの成果は世界的に知られる。昭和61（1986）年10月13日没す、84歳。著書には『代数学及幾何学』『回転群及その表現論』『数学ハンドブック定理篇』『物理数学』などがある。

山野唯五郎元命
　→　田中佳政（たなか　よしまさ）

山本一郎（やまもと　いちろう）
　大正10（1921）年2月25日生まれ、兵庫県に住み、教員の傍ら地域の和算家を調査、昭和52（1977）年12月20日没す、56歳。著書には『姫路地方和算史の調査』『兵庫の算額』などがある。

山本賀前（やまもと　がぜん）
　上州高崎の人。文化6（1809）年生まれ、高橋氏、のち小樽氏といい、安兵衛、のち安之進と称し、字を益甫といい、藤樹と号す。和算を板鼻の原左右助に学び、江戸に出て小樽氏の養子となり、下谷和泉橋に住む。長谷川寛に関流算学を学び、山本氏に改姓。晩年幕府天文方属吏、安政元年函館詰となり、蝦夷で没したという。著書には『大全塵劫記』（天保3年刊）、『算法点竄手引草初編』（天保4年刊）、『算法助術』（天保12年刊）、『算法題術集覧』などがある。

山本喜一（やまもと　きいち）
　大正13（1924）年6月30日名古屋市に生まれ、岐阜経済大学教授、平成4（1992）年8月17日没す、68歳。著書には『やさしいコンピュータ入門』『実践WORD入門』『実践一太郎入門』などがある。

山本幸一（やまもと　こういち）
　大正10（1921）年5月11日鶴岡市に生まれ、金沢高等師範学校、九州大学、アトランテック大学、東京女子大学教授、のち名誉教授、専門は整数論。平成3（1991）年4月23日没す、69歳。著書には『組合せ数

学』『順列・組合せと確率』などがある。

山本純恭（やまもと　すみやす）

大正6（1917）年4月8日奈良県に生まれ、奈良県立医科大学、広島大学教授、のち名誉教授、更に東京理科大学、岡山理科大学教授、のち名誉教授。専門は数理統計学、国際自然科学研究所所長、平成10（1998）年3月20日没す、80歳。著書には『数学分野の学術情報組織化の研究』などがある。

山本隆貞（やまもと　たかさだ）

江戸日本橋釘棚の人。柳貞、柳亭、極斎、無一、無斎と号し、恒川徳高、のち小出兼政に和算を学ぶ。阿波山城谷村の庄屋深川源兵衛に迎えられ開塾、宮城流恒川徳高八世と称し、天保8（1837）年12月4日没す。著書には『古今極数題開除伝』（天保2年）、『神壁算法起源解』（天保3年）、『階梯算法算題集起源解』などがある。

山本貴隆（やまもと　たかよし）

西條藩士。庸三郎と称し、御粥安本に算学を学び、安政6（1859）年4月渋谷全王八幡神社に算額を奉納。

山本時憲（やまもと　ときのり）

鳥取藩士。寛政11（1799）年生まれ、文之進と称し、撲辰軒、緩山憲と号す。藤田嘉言に算術、天文、暦学に通じ、寛政11年山本家の養子、文化元年勘定所数類定加役、2年幕命により暦作御用手伝として浅草天文台に奉職。弘化4（1847）年2月6日没す、48歳。著書には『天時詹言』（文政4年）、『開商算題術解』（文政10年）、『羁管詳解捷術』『筆算捷径帰除因乗開平方』などがある。

山本信実（やまもと　のぶさね）

嘉永4（1851）年生まれ、初め神田八郎といい、慶應2年開成所数学教授、のち大学南校数学助教授、退職後は著作に専念し、昭和11（1936）年没す、86歳。著書には『代数学』『代数幾何学』『小学数学書』などがある。

山本範夫（やまもと　のりお）

昭和24（1949）年9月16日鳥取県米子に生まれ、九州工業大学教授、専門は数値解析学。平成15（2003）年1月7日没す、53歳。

山本紀徳（やまもと　のりとく）

昭和15（1940）年2月5日静岡県に生まれ、桃山学院大学、のち和歌山大学教授、専門は計画数学。平成10（1998）年1月23日没す、57歳。著書には『経済数学の基礎』『決定と計画の数理分析』などがある。

山本久富（やまもと　ひさとみ）

萬右衛門と称し、真法賢に算学を学び、寛延3（1750）年4月白河の境明神へ算額を奉納。

山本正至（やまもと　まさし）

天保3（1832）年生まれ、直次郎と称す。明治2年相良奉行支配割付、4年静岡城内教勧舎教師、9年静岡県八等属租税課、21

年静岡県六等技手下、23年天城山測量など測量事業を行い、35年静岡県治水課道路係勤務し、38（1905）年8月3日没す、73歳。静岡の瑞光寺に埋葬。著書には『代数学初歩』『筆算題叢』などがある。

山本方剛（やまもと　まさよし）
　新発田藩士。金平と称し、丸田正通に最上流の算学を学び、享和3（1803）年4月新潟白山堂へ算額を奉納。

山本　稔（やまもと　みのる）
　昭和6（1931）年9月12日生まれ、大阪大学教授、専門は関数方程式。平成5（1993）年9月8日没す、61歳。著書には『解析学要論』『微分方程式とフーリェ解析』『常微分方程式の安定性』などがある。

山本　浩（やまもと　ゆたか）
　昭和19（1944）年10月18日宮崎県日向に生まれ、名古屋市立大学教授、専門は統計学。平成8（1996）年3月11日没す、51歳。著書には『シミュレーションによる確率論』などがある。

山本芳彦（やまもと　よしひこ）
　昭和16（1941）年9月25日生まれ、大阪大学教授、専門は代数的整数論。平成16（2004）年9月26日没す、63歳。著書には『数論入門』『実験数学入門』『ヤコビ多様体の整数論』などがある。

山家善房（やまや　よしふさ）
　延享4（1747）年生まれ、高橋将昌に中西流の算学を学び免許。文政6（1823）年没す、76歳。門人には小林直清、高橋盛昌などがいる。

【ゆ】

湯浅得之（ゆあさ　とくし）
　京都の人。市郎左衛門と称し、雪任子と号す。村松茂清に和算を学び、延宝4（1676）年に刊行された『新編直指算法統宗』に訓点を施した。著書には『武具訓蒙図彙』などがある。

湯田邦教（ゆだ　くにのり）
　奥州伊与戸村（南会津町）の人。運吉と称し、八島包房に和算を学び、嘉永3（1850）年8月会津の熊野神社へ算額を奉納。

湯原惣治（ゆはら　そうじ）
　信州打澤村の人。天保13（1842）年生まれ、惣吉と称し、法道寺善、須坂藩士土屋愛親に関流の算学を学び、文久2年正月信濃八幡八幡神社に算額を奉納、明治38（1905）年没す、63歳。

【よ】

横井包教（よこい　かねのり）
　幕府の数寄屋頭。松伯と号し、茶人でもある。寛政6（1794）年本多利明、斎藤正順らと関孝和碑を牛込の浄輪寺に建てた。著書には『整数術解』（安永9年）などがある。

横井時信（よこい　ときのぶ）
　幕臣。文右衛門と称し、子珍と号す。御先手与力。丸山良玄に関流算学を学ぶ。

横川玄悦（よこかわ　げんえつ）
　京都の人。心庵と号す。吉田光由に算学を学び、級聚術という算法を考案し横川流算法を称す。門人には星野実宣などがいる。

横川胤征（よこかわ　たねゆき）
　盛岡の人。文政4（1821）年生まれ、末治と称す。横川直胤の甥で和算を学ぶ。明治4（1871）年没す、51歳。著書には『綾未済算法』などがある。

横川直胤（よこかわ　なおたね）
　盛岡の人。安永3（1774）年生まれ、駒吉、良助、良介と称し、川辺気長、参縠成、魚緇、逍遥舎、釣友成と号す。和算は志賀吉倫、佐久間光豹に学び、郷土史家でもあり、釣りを好み狂歌も能くした。安政4（1857）年12月23日没す、84歳。寿算院考覚仁教鉄翁居士。盛岡の大慈寺に埋葬。著書には『神壁算法追加』（文化4年）、『算法補闕』（文化12年）、『初学算叢』『未済算法』などがある。

横山春方（よこやま　はるかた）
　大和松山藩士。承応3（1654）年生まれ、春芳ともいい、半太夫、半弥、半介と称す。貞享3年大和松山藩に計吏として仕え、元禄8年藩主の移封に伴い丹波柏原に移り、9年地方副役、15年独礼席に進み、享保4年退隠し、故郷の澤村で子弟を教授。18（1733）年7月26日没す、80歳。緑誉了元信士。著書には『算法大全』（宝永2年）などがある。

吉江琢児（よしえ　たくじ）
　明治7（1874）年4月29日山形県上山に生まれ、東京帝国大学教授。専門は微分方程式、理学博士。大正4年東宮御学問所御用掛となり、昭和22（1947）年12月26日没す、74歳。著書には『初等常微分方程式』『初等微分積分学』『微分方程式論』などがある。

吉川実夫（よしかわ　じつお）
　明治11（1878）年1月徳島に生まれ、京都帝国大学教授、理学博士。積分方程式に関する研究をし、大正4（1915）年4月若くして没す、37歳。著書には『近世綜合幾何学』『函数論』などがある。

吉川近徳（よしかわ　ちかのり）
　米沢藩士。益助と称し、嵩山と号す。天保13（1842）年家督を継ぎ、組付御扶持方、14年平御勘定役。小林和直、藤田嘉言に関流の算学を学ぶ。著書に『吉川家千題』などがあり、門人には足立重明、今井直方、遠藤好為、蓮田友明、山口徳次などがいる。

吉川長昌（よしかわ　ながまさ）
　助八郎と称し、杉山貞治に算学を学ぶ。著書には『算法発蒙集』（寛文10年刊）などがある。

吉澤恭周（よしざわ　やすちか）

勅使河原（埼玉県上里町）の人。享保11（1726）年生まれ、篤翁と号す。文化13（1816）年没す、90歳。門人には石田玄圭、小野栄重、清水周常などがいる。

吉澤義利（よしざわ　よしとし）
　作右衛門と称し、城南と号す。佐藤解記に算学を学び、『算法圓理三台』（南亮方）を訂す。

吉田勝品（よしだ　かつしな）
　文化6（1809）年10月30日生まれ、源兵衛と称し、武蔵男衾郡竹澤村の名主。福田重蔵に関流、杉田久右衛門に至誠賛化流算学を学び、門弟を教授。明治23（1890）年8月2日没す、82歳。著書には『算数秘術』などがある。

吉田玄魁堂（よしだ　げんかいどう）
　浪華に住み、宅間流算学を教授。門人には田原忠継、田原忠重などがいる。

吉田江澤（よしだ　こうたく）
　寛政11（1799）年近江に生まれ、嘉右衛門と称す。京都で榎豊後法眼に学び天文暦算を極め一家をなす。明治6（1873）年9月9日没す、75歳。

吉田好九郎（よしだ　こうくろう）
　明治3（1870）年4月石川県に生まれ、学習院高等科教授、大正10（1921）年4月22日没す、51歳。著書には『算術講義』『代数学講義』『平面三角法講義』『実用教育数学教科書』『高等代数学』などがある。

吉田耕作（よしだ　こうさく）
　明治42（1909）年2月7日廣島市に生まれ、名古屋帝国大学、大阪大学、東京大学、京都大学教授、退官後、学習院大学教授。日本における関数解析研究のパイオニア、東京大学及び京都大学名誉教授、専門は函数解析、理学博士。平成2（1990）年6月20日没す、81歳。著書には『ベクトル解析』『物理数学概論』『積分方程式論』『位相解析』『ヒルベルト空間論』『リイ環論』『応用数学便覧』などがある。

吉田重矩（よしだ　しげのり）
　柳河藩士。溝口林卿、村田光篩に溝口流規矩術を学ぶ。著書には『規矩術図解』（文政3年刊）などがある。

吉田為幸（よしだ　ためゆき）
　名古屋藩士。文政2（1819）年生まれ、万作、専五郎と称し、成美と字す。関流算家永田敏昌に、のち梅村玄甫に学ぶ。明治25（1892）年11月4日没す、74歳。著書に『奉納小倉算法』（天保8年）、『算法浅問抄起源』（天保13年）、『合ımıı算法解』『五明算法後集解』『吉田先生解義』などがあり、門人には加藤吉彰、鈴木賀猛、鈴木重喬などがいる。

吉田庸徳（よしだ　つねのり）
　忍藩士。弘化元（1844）年生まれ、静洲、回春楼主人と号す。田中算富に算学、洋学を学び、18歳で算術書を編纂、忍藩藩校培根堂教授、明治13（1880）年没す、37歳。著書には『筆算階梯』『洋算早学』『当世早

割新撰塵功記』『和算独学』『開化算法大成』『新撰早割和算通書』などがある。

吉田知国（よしだ　ともくに）
　尼崎藩士。彦三郎と称し、佐藤正乗に関流の算学を学び、天保9（1838）年仲夏尼崎の貴布禰神社へ算額を奉納。

吉田紀雄（よしだ　のりお）
　大正5（1916）年生まれ、広島文理科大学講師、関数論を担当、昭和45（1970）年没す、64歳。著書には『入試数学と現代数学のあいだ』などがある。

吉田光由（よしだ　みつよし）
　京都嵯峨角倉の人。慶長3（1598）年生まれ、與七、のち七兵衛と称し、久庵と号す。毛利重能に師事し、のち角倉素庵に算学を学ぶ。熊本藩細川家に仕えたが、寛永18年眼病のため郷里に帰り、晩年は吉田玄通の許に身を寄せた。中国の『算法統宗』を手本として、『塵劫記』を著作、寛文12（1672）年11月21日没す、75歳。悠久庵顕機圓哲居士。著書に『和漢編年合運図』（正保2年）、『古暦便覧』（慶安元年）、『塵劫記』（寛永4年）などがあり、門人には横川玄悦、久田玄哲などがいる。

吉田光好（よしだ　みつよし）
　和吉と称し、安倍保定に和算を学び、弘化2（1845）年9月一関の上黒澤権現へ算額を奉納。

吉田洋一（よしだ　よういち）
　明治31（1898）年7月11日東京に生まれ、第一高等学校、北海道帝国大学、立教大学教授、のち名誉教授。専門は解析学、随筆家でもあり、平成元（1989）年8月30日没す、91歳。著書には『函数論』『実変数函数論概要』『零の発見』『初等数学辞典』『数学辞典』『数学の影絵』『ルベーグ積分入門』などがある。

吉田嘉豊（よしだ　よしとよ）
　貫通斎と号し、浪花東江川に住み、福田嘉当に和算を学び免許。

吉永悦男（よしなが　えつお）
　昭和21（1946）年6月3日東京に生まれ、横浜国立大学教授、専門は多変数関数論。平成7（1995）年4月1日没す、48歳。著書には『初等解析学』などがある。

吉野昌覚（よしの　しょうかく）
　越後城山村の人。文化2（1805）年吉野甚平の長男に生まれ、弟に農業を譲り、江戸に出て長谷川寛に関流算学を学び奥義を極め、諸国を巡歴して上総に来て長南町の妙学寺に住む。仏道を修め徳性寺の住職、のち西光寺に移り子弟を教授。明治16（1883）年1月没す、79歳。門人には牧野吉蔵などがいる。

吉村光高（よしむら　みつたか）
　久留米藩士。松下正蔵の三男で吉村光亨の養子。明和4年家督を次ぎ三百石馬廻組、のち側物頭。和算は入江東阿に学ぶ。享和元（1801）年没す。著書には『計子秘解』

(明和7年)、『算学準縄』などがある

好本数次（よしもと　かずつぐ）

　寛政9（1797）年和気郡清水村に生まれ、和七郎と称し、皷章と号す。片山金弥に最上流の算学を学び免許。安政6年和気郡南部18ヶ村の大庄屋、明治3年藩制改革後大里正、4（1871）年4月17日没す、74歳。

米田信夫（よねだ　のぶお）

　昭和5（1930）年3月28日東京に生まれ、学習院大学、東京大学教授、のち名誉教授。専門は情報科学、平成8（1996）年4月21日没す、66歳。著書には『オリジナル基礎解析』『オリジナル代数・幾何』『オリジナル微分・積分』『離散的計算機数学の総合的研究』などがある。

米山国蔵（よねやま　くにぞう）

　明治10（1877）年1月1日神奈川県の真壁家に生まれ、第五高等学校、福岡高等学校、のち九州帝国大学教授。専門は位相幾何学、理学博士、昭和43（1968）年9月1日没す、91歳。著書には『数学之基礎』『実変数函数論』『新定平面幾何教科書』『数学の精神・思想・方法』などがある。

ら行

【ろ】

六本木利忠（ろっぽんぎ　としただ）
　宮城流算学の23代目。忠右衛門と称す。門人には石原憙正などがいる。

わ行

【わ】

若杉多十郎（わかすぎ　たじゅうろう）
　長崎の人。和算を京都の野間沴流、のち長崎の田辺成叔に学ぶ。著書に『勾股致近集』（享保4年刊）などがあり、門人には平山千里などがいる。

脇野光正（わきの　みつまさ）
　壮年になって和算を志し、公務の傍ら『塵劫記』（吉田光由）の類書を編み初心者用に作成。著書には『算法一起』（延宝3年）などがある。

脇本和昌（わきもと　かずまさ）
　昭和11（1936）年4月15日岡山市に生まれ、岡山大学教授、専門は統計学。平成5（1993）年9月4日没す、57歳。著書には『乱数の知識』『多変量統計解析法』『統計学』『標本抽出論入門』などがある。

和田耕蔵（わだ　こうぞう）
　金澤藩士。獲山と号し、三池流の算学を学び、寛政4（1792）年京都藩邸に勤務中、大橋充敷に関流算学を学び印可皆伝し、藩校明倫堂の算学師範となり、金沢関流の祖という。著書に『算学源流諸約巻帙』などがあり、門人には中野庄兵衛などがいる。

和田健雄（わだ　たけお）
　明治15（1882）年1月山形県に生まれ、京都帝国大学教授、理学博士。初め微分積分、微分方程式、のち関数論を担当、昭和19（1944）年8月没す、62歳。著書には『微分積分学』（共著）などがある。

和田富直（わだ　とみなお）

新発田藩士。富旦ともいい、栄吉、のち藤七郎と称す。会田安明に最上流の算学を学ぶ。著書には『懸諏訪社額起源』(寛政12年)などがある。

渡辺　庸（わたなべ　いさお）

明治5 (1872) 年生まれ、第三高等学校教授、明治45 (1912) 年3月28日没す、41歳。

渡辺　一（わたなべ　かず）

二本松藩士。明和4 (1767) 年7月27日信夫郡土湯の旅館の子に生まれ、三作、一積、のち治右衛門と称し、字を貫卿といい、東嶽、東岳、西河と号す。寛政8年藩士となり、文政12年65石。天明5年須永通屋に算学を学び極意を得、8年遊歴中の会田安明に出会い、門人となって江戸に赴き、最上流直伝第一の高弟となる。寛政3年8月土湯の薬師堂へ、9年6月会津の栄螺堂に算額を奉納、また多くの算書を著した。天保10 (1839) 年10月7日没す、73歳。東嶽院不朽算学居士。二本松の法輪寺に埋葬。著書に『数学大原』(寛政8年)、『東嶽二十術』(享和元年)、『救民算法』(文化9年)、『算法身之加減』(文政8年)、『算法貫通全表』(天保3年)などがあり、門人には宍戸彝政、斎藤尚清、佐々木守綱、岡之只、佐久間正清、佐藤一清などがいる。

渡辺謙堂（わたなべ　けんどう）

遠江金指町（静岡県引佐町）の人。文化6 (1809) 年生まれ、兵次と称す。浜松の原田能興に関流の和算を学び、天保12年来遊した小松鈍斎にも学び、13年見題免許を得た。安政2 (1855) 年没す、47歳。著書には『遠江小図』(嘉永7年刊)、『自御油宿至天龍川之間今切渡本坂越両道案内之図』(安政2年)などがある。

渡辺沢山（わたなべ　さわやま）

文政8 (1825) 年生まれ、和算に通じ、明治42 (1909) 年没す、85歳。

渡辺重致（わたなべ　しげむね）

勝治と称し、尾張の城南に住む。石崎美恭に和算を学び、寛政11 (1799) 年3月尾張大須観音へ算額を奉納。

渡辺　茂（わたなべ　しげる）

大正7 (1918) 年8月12日姫路市に生まれ、東京大学教授、のち名誉教授、都立科学技術大学長、日本システム工学会会長。平成4 (1992) 年3月10日没す、73歳。著書には『工業数学』『初歩・電子計算機』『数学感覚』『数学思考おもしろ読本』などがある。

渡辺　輔（わたなべ　すけ）

奥州安積郡舟津村（郡山市）の人。専補と称し、渡辺一に最上流の算学を学び、天保15 (1844) 年6月岩代の小平潟天満宮（猪苗代町）へ算額を奉納。

渡辺　直（わたなべ　ただし）

長十郎と称し、清野信興に中西流の算学を学び、明和2 (1765) 年林鐘姫路の総社伊和大明神に算額を奉納。

渡辺綱信（わたなべ　つなのぶ）
　栃木都賀郡川原田村（栃木市）の人。安永9（1780）年『地方改算記』を刊行。

渡辺哲雄（わたなべ　てつお）
　大正2（1913）年9月19日群馬県に生まれ、香川大学教授、のち名誉教授、平成11（1999）年9月11日没す、86歳。著書には『論理演習』『線形計画入門』『線形数学演習』『線形代数学概説』などがある。

渡辺統虎（わたなべ　とうこ）
　三河御馬湊の人。嘉左衛門と称し、和算を能くす。『算術問答集』（寛政9年）などがある。

渡辺東莱（わたなべ　とうらい）
　羽前大泉の人。丈吉と称し、東莱、東来、度東莱と号す。和算を阿部重道に学ぶ。著書には『数学筌』（嘉永元年）、『算法神壁論』『点竄小成』などがある。

渡部信夫（わたなべ　のぶお）
　明治40（1907）年9月1日広島市に生まれ、九州大学、佐賀大学、のち九州産業大学教授。専門は物理数学、応用数学、理学博士、九州大学名誉教授。平成元（1989）年1月27日没す、81歳。著書には『計算法』などがある。

渡辺英綱（わたなべ　ひでつな）
　備後上有地村の人。養麟軒、楽山と号す。摂津の上福島、のち大阪の堂島船大工町に住む。著書には『大数量握掌一覧』（宝暦13年）、『大数量蘇生物語』（安永8年）などがある。

渡辺孫一郎（わたなべ　まごいちろう）
　明治18（1885）年9月1日栃木県に生まれ、第八高等学校、第一高等学校、東京商科大学、東京工業大学、のち東京理科大学教授、確率論を研究し理学博士。日本数学教育会会長をつとめ、昭和30（1955）年6月12日没す、69歳。著書には『確率論』『数学諸論大要』『初等解析幾何学』『初等微分積分学』『女子数学教科書』『高等数学初歩』『代数学撰要』などがある。

渡辺　慎（わたなべ　まこと）
　慶助、啓次郎、のち国太郎と称し、字を子言という。会田安明に最上流の算学を学び、伊能忠敬の助手として測量に従事。著書には『量地伝習録』（天保2年）、『西説斥候』（安政4年訳刊）などがある。

渡辺　真（わたなべ　まこと）
　天保3（1832）年生まれ、「長崎の長算盤」を考案し、明治4（1871）年7月2日没す、40歳。

渡辺雅春（わたなべ　まさはる）
　天保3（1832）年5月1日上州東郷村に生まれ、常五郎と称す。代々農業に従事、坂本亮春に和算を学び、大正4（1915）年10月16日没す、83歳。

渡辺以親（わたなべ　ゆきちか）
　福岡藩士天野三郎兵衛の臣。寛政7

(1795)年生まれ、儀右衛門と称し、深機館と号す。村田光熈、天野定矩、奥村城山に算法測量を学ぶ。天保12年独尺万里器を作り、嘉永5年には測量器を完成。私塾深機館で藩士の測量法を教えた。著書には『量法図説附数理解』（文政12年）、『海防町見術』（嘉永2年）、『阿弧丹度用法略図説』（嘉永5年刊）、『阿弧丹度用法図説後篇』（嘉永7年）、『規矩術伝来之巻』（安政元年）などがある。

渡辺義勝（わたなべ　よしかつ）

明治17（1884）年生まれ、横濱高等工業学校教授、専門は解析学。昭和50（1975）年没す、91歳。著書には『図表及ビ図計算』『解析幾何学』『最小自乗法及統計』『有限解析緒論』『微分方程式概論』『複素函数論概論』などがある。

渡辺義治（わたなべ　よしはる）

佐倉藩士。善之助と称し、菊池長良の高弟。著書には『円類五十好』などがある。

渡部隆一（わたなべ　りゅういち）

昭和3（1928）年生まれ、慶應義塾大学教授、昭和61（1986）年3月16日没す、58歳。著書には『確率』『差分と和分』『不等式入門』『文科系の数学』『ベクトル解析の演習』などがある。

和田　寧（わだ　やすし）

天明7（1787）年生まれ、初め香山直五郎政明といい、豊之進と称し、字を子永といい、算学、円象、香山、豁通と号す。三日月藩士、のち浪人となり、江戸に出て日下誠に師事し、芝増上寺の寺侍、また土御門家の算学棟梁となり、江戸三田に塾を開く。和田の円理表として広く知られ多くの学者が習いにきた。天保11（1840）年9月18日没す、54歳。釋算明信士。白金の正蓮寺に埋葬。著書に『極数題変商題』（文化3年）、『冪和求整数解』（文化12年）、『応率八象表』（文政元年）、『較極術解』（文政4年）、『類円算法』（文政8年）、『円理算経』『円理法線表』などがあり、門人には小出修喜、細井寧雄などがいる。

〈参照〉『江戸末期の大数学者和田寧の業績』（加藤平左衛門）

和田恭寛（わだ　やすひろ）

豊次郎、のち新兵衛と称し、江戸中橋に住む。宮城流の算学を越野義恭に学び、宮城流七伝を称す。著書に『宮城流算術書』などがあり、門人には朝倉義方などがいる。

和田芳雄（わだ　よしお）

明治45（1912）年3月25日大分県に生まれ、熊本大学教授、専門は代数学、理学博士。昭和36（1961）年11月15日没す、49歳。

和田義信（わだ　よしのぶ）

明治45（1912）年1月15日富山県に生まれ、東京教育大学教授、のち名誉教授。専門は数学教育、平成8（1996）年1月21日没す、83歳。著書には『小学校算数科指導細案』『算数科指導の科学』『中学数学解法事典』『サミットの数学』などがある。

〈参照〉『和田義信著作・講演集』（同刊

行会)

渡利千波(わたり　ちなみ)
　昭和7 (1932) 年3月29日鳥取県石見に生まれ、東北大学教授、のち名誉教授、山形大学、東北学院大学教授。専門は解析学、平成12 (2000) 年4月13日没す、68歳。著書には『収束問題と積分不等式』『有界平均振動をもつ関数と関連する諸問題』などがある。

附　　録

【算博士系統図】

【和算系統図】

【算博士系統図】

○三善清行────三善文明────三善道統
　　　　　　　　　　　　└─三善連行────

　└─三善茂明────三善雅頼────三善為長

　└─三善雅仲
　└─三善為康────三善行康────三善行衡

　└─三善長衡────三善雅衡────三善為衡
　　　　　　　　　　　　　└─三善康衡

　└─三善春衡

　└─三善師衡

○阿保（小槻）今雄────┬─阿保経覧
　　　　　　　　　　├─阿保當平────┬─小槻茂助
　　　　　　　　　　　　　　　　　└─小槻茂貫
　　　　　　　　　　└─小槻糸平────┬─小槻清忠
　　　　　　　　　　　　　　　　　├─小槻惟信
　　　　　　　　　　　　　　　　　├─小槻茂隆
　　　　　　　　　　　　　　　　　└─小槻陳群

　┬─小槻統樹
　└─小槻仲節

　┬─小槻忠臣────小槻奉親────小槻貞行
　└─小槻忠信────小槻美材

　└─小槻孝信────小槻祐俊────小槻盛仲

　└─小槻政重────┬─小槻師経
　　　　　　　　├─小槻(大宮)永業────小槻廣房
　　　　　　　　└─小槻(壬生)隆職────小槻国宗

240

```
┌─小槻通時────────小槻淳方────小槻有家──────────┐
│
├─小槻顕衡────────小槻統良────小槻于宣──────────┤
│
├─小槻匡遠────────小槻兼治────小槻周枝──────────┤
│
├─小槻晨照────────小槻晴富────小槻雅久──────────┤
│
├─小槻于恒──┬─小槻登辰──────────────────────┤
│          └─小槻朝芳────小槻孝亮──────────────┤
│
├─小槻忠利──┬─小槻重房──────────────────────┤
│          └─小槻季連────小槻章弘──────────────┤
│
├─小槻盈春────────小槻知音────小槻敬義──────────┤
│
├─小槻以寧────────小槻輔世────────────────────┤
│
├─小槻公尚──┬─小槻季継──┬─小槻秀氏──────────────┤
│          │           └─小槻朝治──────────────┤
│          └─小槻為景────小槻師任(須佐)──────────┤
│
├─小槻言春────────小槻文明────小槻種右──────────┤
│
├─小槻豊藤──────────────────────────────┤
│
├─小槻益材────────小槻伊継──────────────────┤
├─小槻頼清──────────────────────────────┤
│
├─小槻冬直──────────────────────────────┤
├─小槻(大宮)清澄────小槻光夏──┬─小槻為緒──────────┤
│                           └─小槻内名──────────┤
│
├─小槻長興──┬─小槻寔包──────────────────────┤
│          └─小槻時元──┬─小槻伊治──────────────┤
│                    └─小槻嗣保──────────────┤
│
└─小槻惟右──────────────────────────────┘
```

241

└─小槻国雄

【和算系統図】

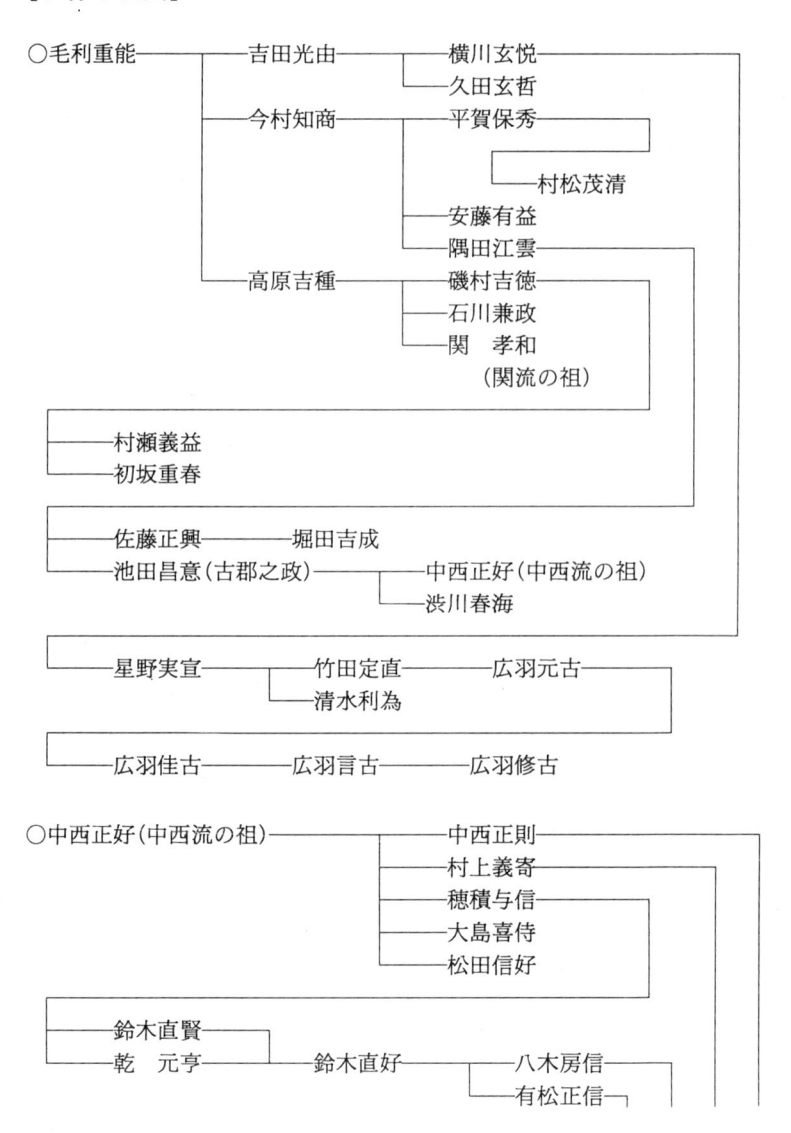

○毛利重能─┬─吉田光由─┬─横川玄悦
　　　　　│　　　　　└─久田玄哲
　　　　　├─今村知商─┬─平賀保秀
　　　　　│　　　　　│　　　└─村松茂清
　　　　　│　　　　　├─安藤有益
　　　　　│　　　　　└─隅田江雲
　　　　　└─高原吉種─┬─磯村吉徳
　　　　　　　　　　　├─石川兼政
　　　　　　　　　　　└─関　孝和
　　　　　　　　　　　　　（関流の祖）

├─村瀬義益
├─初坂重春
├─佐藤正興───堀田吉成
├─池田昌意(古郡之政)─┬─中西正好(中西流の祖)
│　　　　　　　　　　└─渋川春海
├─星野実宣─┬─竹田定直───広羽元古
│　　　　　└─清水利為
└─広羽佳古───広羽言古───広羽修古

○中西正好(中西流の祖)─┬─中西正則
　　　　　　　　　　　├─村上義寄
　　　　　　　　　　　├─穂積与信
　　　　　　　　　　　├─大島喜侍
　　　　　　　　　　　└─松田信好

┬─鈴木直賢
└─乾　元亨───鈴木直好─┬─八木房信
　　　　　　　　　　　　└─有松正信

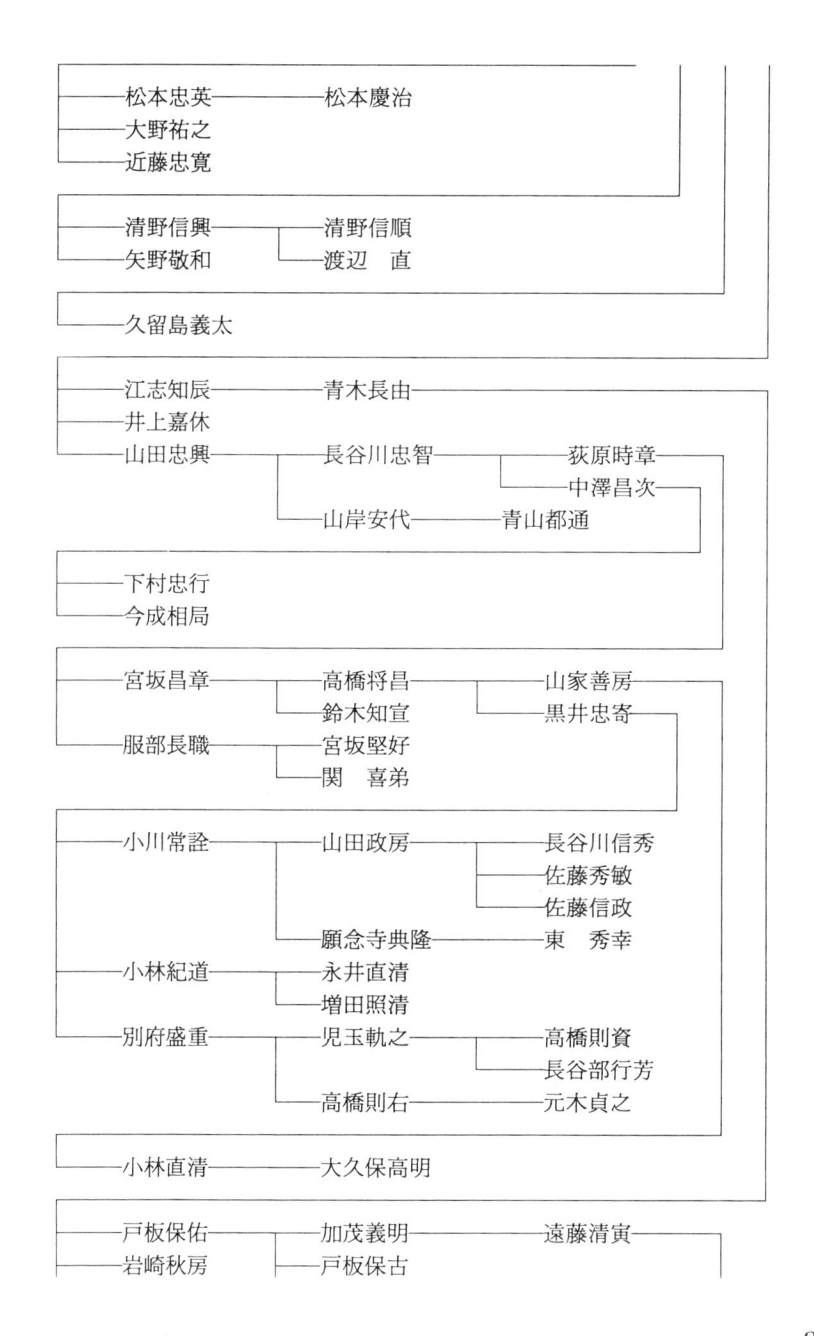

```
┌─松本忠英──────松本慶治
├─大野祐之
└─近藤忠寛

┌─清野信興──────┬─清野信順
└─矢野敬和      └─渡辺　直

└─久留島義太

┌─江志知辰──────青木長由
├─井上嘉休
└─山田忠興──────┬─長谷川忠智──────┬─荻原時章
                │                  └─中澤昌次
                └─山岸安代──────青山都通

┌─下村忠行
└─今成相局

┌─宮坂昌章──────┬─高橋将昌──────┬─山家善房
│                │                └─黒井忠寄
│                ├─鈴木知宣
└─服部長職      ├─宮坂堅好
                └─関　喜弟

┌─小川常詮──────┬─山田政房──────┬─長谷川信秀
│                │                ├─佐藤秀敏
│                │                └─佐藤信政
│                └─願念寺典隆──────東　秀幸
├─小林紀道      ┌─永井直清
│                └─増田照清
└─別府盛重──────┬─児玉軌之──────┬─高橋則資
                │                └─長谷部行芳
                └─高橋則右──────元木貞之

└─小林直清──────大久保高明

┌─戸板保佑      ┌─加茂義明──────遠藤清寅
└─岩崎秋房      └─戸板保古
```

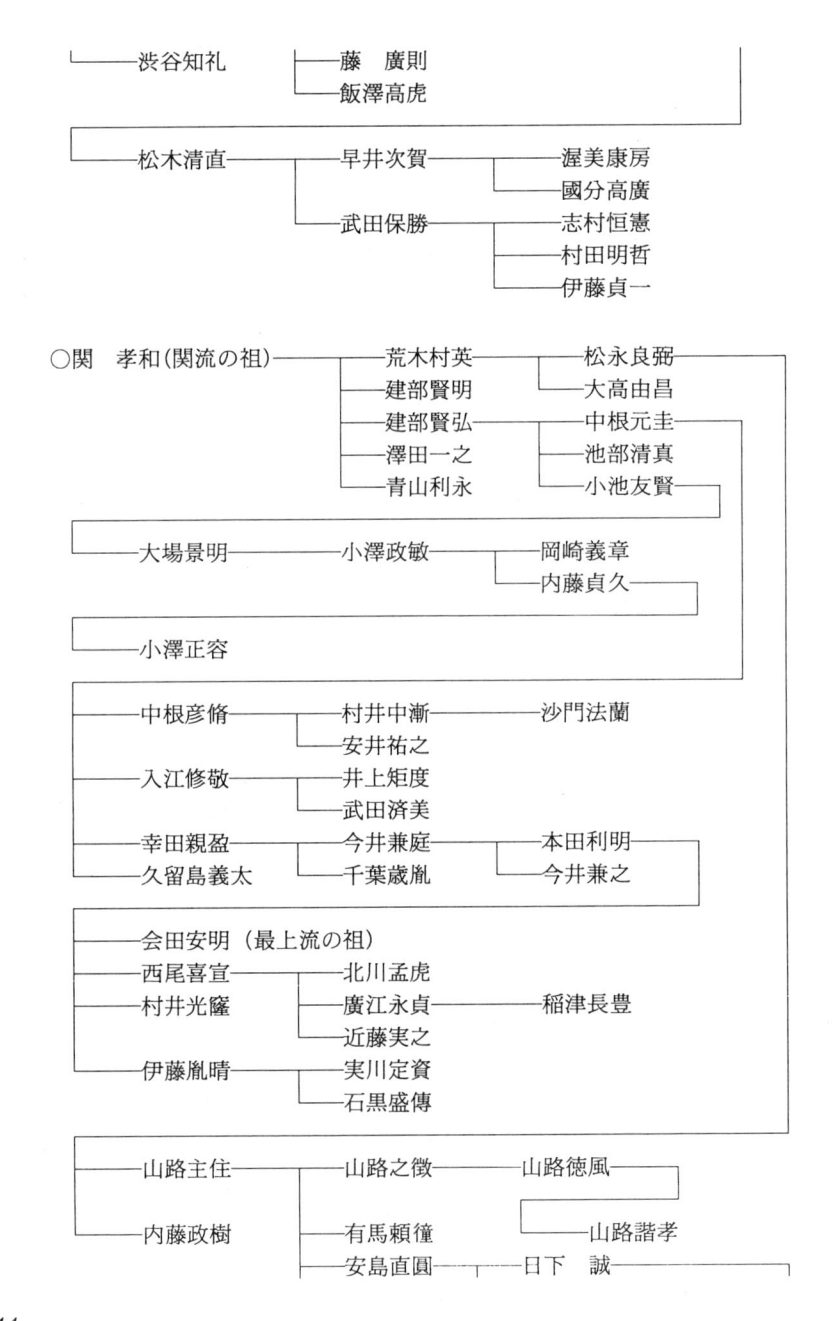

```
├─渋谷知礼          ┌─藤　廣則
                    └─飯澤高虎

├─松木清直─┬─早井次賀─┬─渥美康房
           │           └─國分高廣
           └─武田保勝─┬─志村恒憲
                      ├─村田明哲
                      └─伊藤貞一

○関　孝和(関流の祖)─┬─荒木村英─┬─松永良弼
                    ├─建部賢明   └─大高由昌
                    ├─建部賢弘───中根元圭
                    ├─澤田一之───池部清真
                    └─青山利永───小池友賢

├─大場景明───小澤政敏─┬─岡崎義章
                      └─内藤貞久

├─小澤正容

├─中根彦脩─┬─村井中漸───沙門法蘭
           └─安井祐之
├─入江修敬─┬─井上矩度
           └─武田済美
├─幸田親盈─┬─今井兼庭─┬─本田利明
├─久留島義太└─千葉歳胤 └─今井兼之

├─会田安明（最上流の祖）
├─西尾喜宣───北川孟虎
├─村井光隆─┬─廣江永貞───稲津長豊
           └─近藤実之
├─伊藤胤晴─┬─実川定資
           └─石黒盛傳

├─山路主住─┬─山路之徽───山路徳風
           │              └─山路諧孝
└─内藤政樹 ├─有馬頼徸
           └─安島直圓───日下　誠
```

244

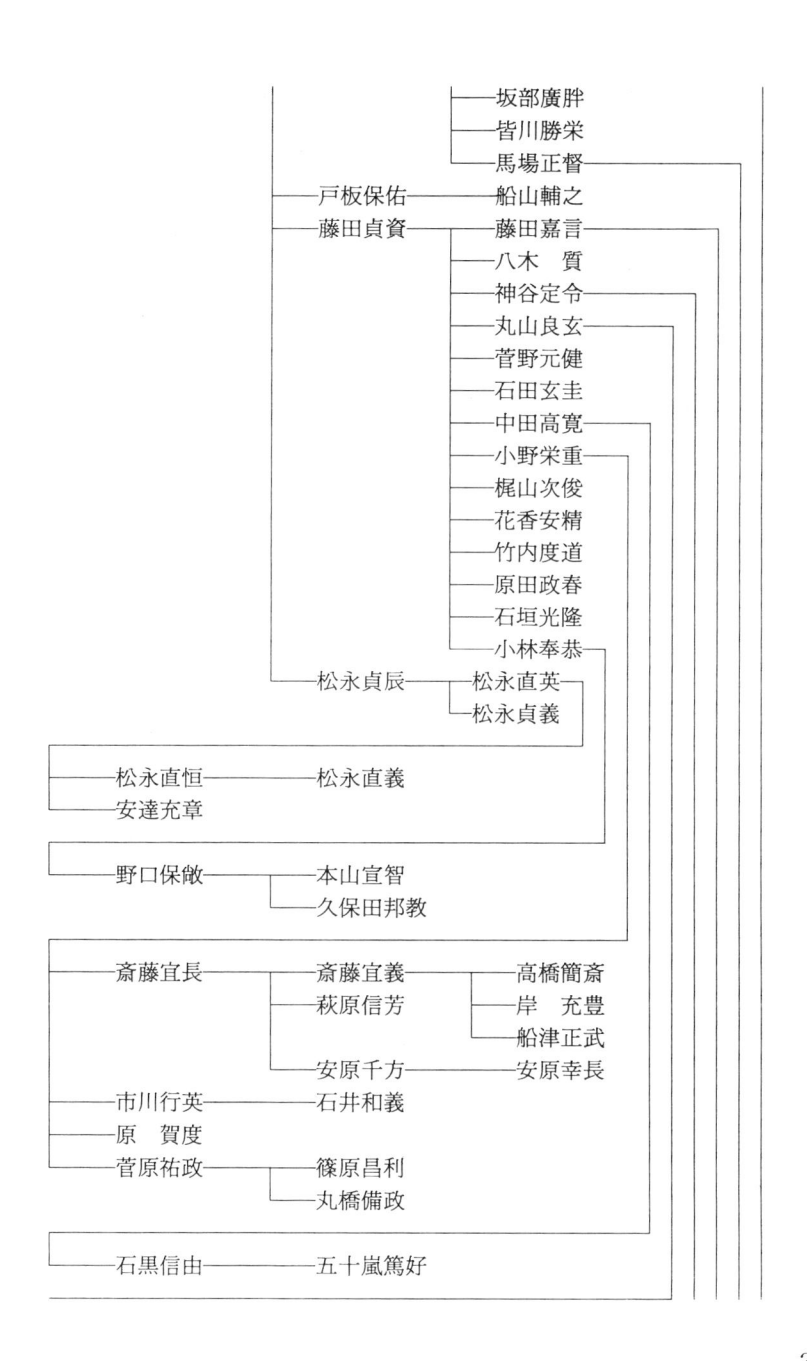

```
                    ┌─ 坂部廣胖
                    ├─ 皆川勝栄
                    └─ 馬場正督
    ┌─ 戸板保佑 ─── 船山輔之
    ├─ 藤田貞資 ─┬─ 藤田嘉言
    │           ├─ 八木　質
    │           ├─ 神谷定令
    │           ├─ 丸山良玄
    │           ├─ 菅野元健
    │           ├─ 石田玄圭
    │           ├─ 中田高寛
    │           ├─ 小野栄重
    │           ├─ 梶山次俊
    │           ├─ 花香安精
    │           ├─ 竹内度道
    │           ├─ 原田政春
    │           ├─ 石垣光隆
    │           └─ 小林奉恭
    └─ 松永貞辰 ─┬─ 松永直英
                └─ 松永貞義

┌─ 松永直恒 ─── 松永直義
└─ 安達充章

┌─ 野口保敞 ─┬─ 本山宣智
            └─ 久保田邦教

┌─ 斎藤宜長 ─┬─ 斎藤宜義 ─┬─ 高橋簡斎
            │           ├─ 岸　充豊
            │           └─ 船津正武
            ├─ 萩原信芳
            └─ 安原千方 ─── 安原幸長
├─ 市川行英 ─── 石井和義
├─ 原　賀度
└─ 菅原祐政 ─┬─ 篠原昌利
            └─ 丸橋備政

┌─ 石黒信由 ─── 五十嵐篤好
```

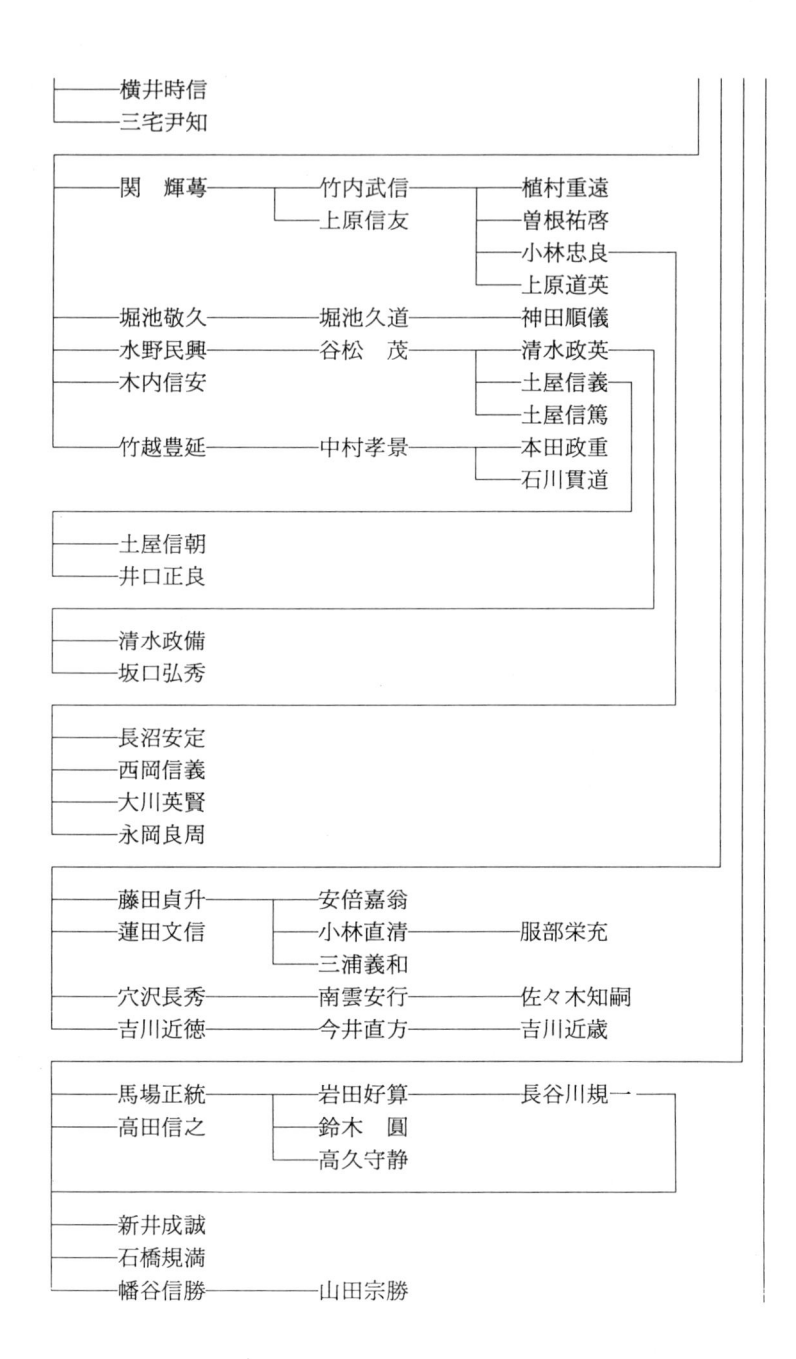

```
┌─横井時信
└─三宅尹知

    ┌─関　輝蕚──────┬─竹内武信──────┬─植村重遠
    │              └─上原信友      ├─曽根祐啓
    │                              ├─小林忠良
    │                              └─上原道英
    ├─堀池敬久──────┬─堀池久道──────┬─神田順儀
    ├─水野民興      └─谷松　茂      ├─清水政英
    ├─木内信安                      ├─土屋信義
    │                              └─土屋信篤
    └─竹越豊延──────── 中村孝景 ─────┬─本田政重
                                    └─石川貫道

┌─土屋信朝
└─井口正良

┌─清水政備
└─坂口弘秀

┌─長沼安定
├─西岡信義
├─大川英賢
└─永岡良周

    ┌─藤田貞升──────┬─安倍嘉翁
    ├─蓮田文信      ├─小林直清──────── 服部栄充
    │              └─三浦義和
    ├─穴沢長秀      ┌─南雲安行──────── 佐々木知嗣
    └─吉川近徳      └─今井直方──────── 吉川近歳

    ┌─馬場正統──────┬─岩田好算──────── 長谷川規一
    └─高田信之      ├─鈴木　圓
                   └─高久守静

┌─新井成誠
├─石橋規満
└─幡谷信勝──────── 山田宗勝
```

246

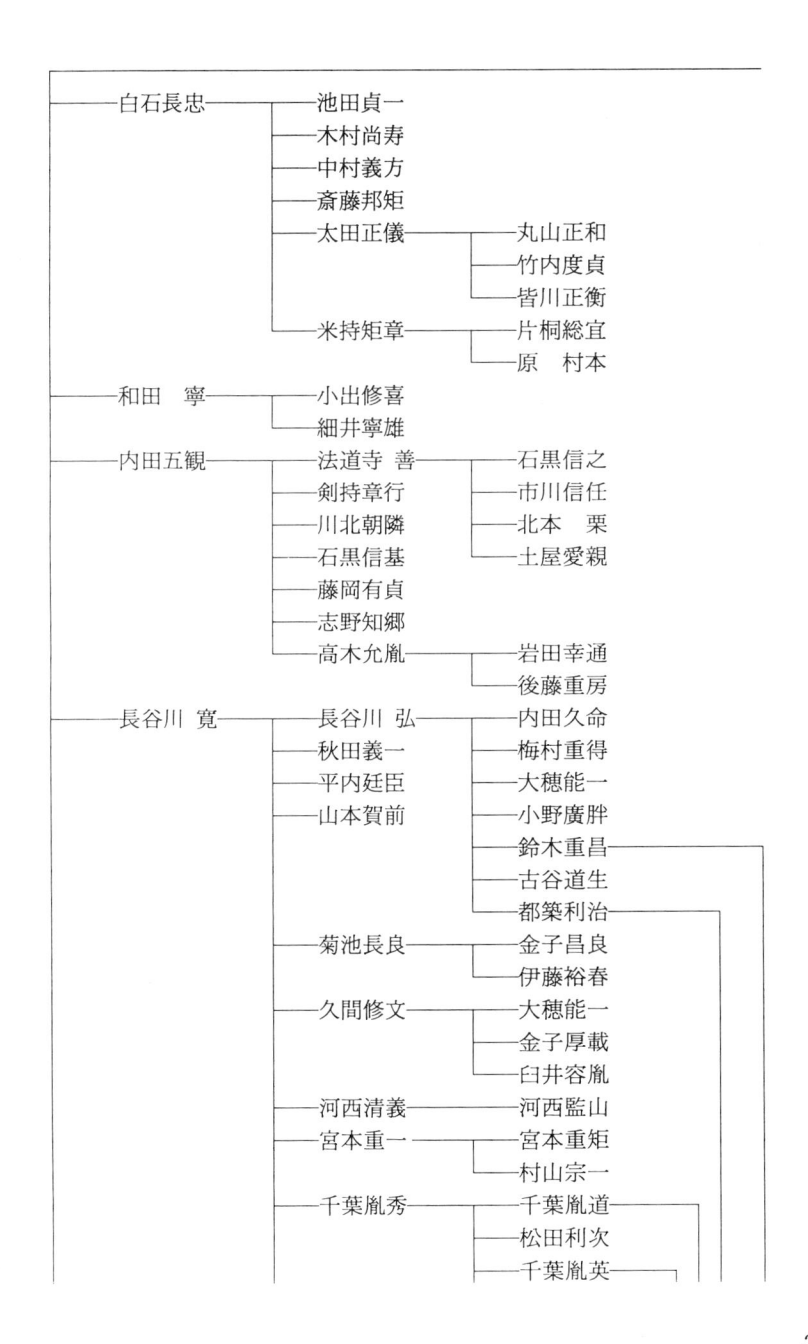

```
┌─白石長忠─┬─池田貞一
│         ├─木村尚寿
│         ├─中村義方
│         ├─斎藤邦矩
│         ├─太田正儀─┬─丸山正和
│         │         ├─竹内度貞
│         │         └─皆川正衡
│         └─米持矩章─┬─片桐総宜
│                   └─原　村本
├─和田　寧─┬─小出修喜
│         └─細井寧雄
├─内田五観─┬─法道寺 善─┬─石黒信之
│         ├─剣持章行   ├─市川信任
│         ├─川北朝隣   ├─北本　栗
│         ├─石黒信基   └─土屋愛親
│         ├─藤岡有貞
│         ├─志野知郷
│         └─高木允胤─┬─岩田幸通
│                   └─後藤重房
└─長谷川 寛─┬─長谷川 弘─┬─内田久命
           ├─秋田義一   ├─梅村重得
           ├─平内廷臣   ├─大穂能一
           ├─山本賀前   ├─小野廣胖
           │           ├─鈴木重昌──┐
           │           ├─古谷道生  │
           │           └─都築利治──┤
           ├─菊池長良─┬─金子昌良    │
           │         └─伊藤裕春    │
           ├─久間修文─┬─大穂能一    │
           │         ├─金子厚載    │
           │         └─臼井容胤    │
           ├─河西清義───河西監山    │
           ├─宮本重一─┬─宮本重矩    │
           │         └─村山宗一    │
           └─千葉胤秀─┬─千葉胤道──┤
                     ├─松田利次  │
                     └─千葉胤英──┘
```

247

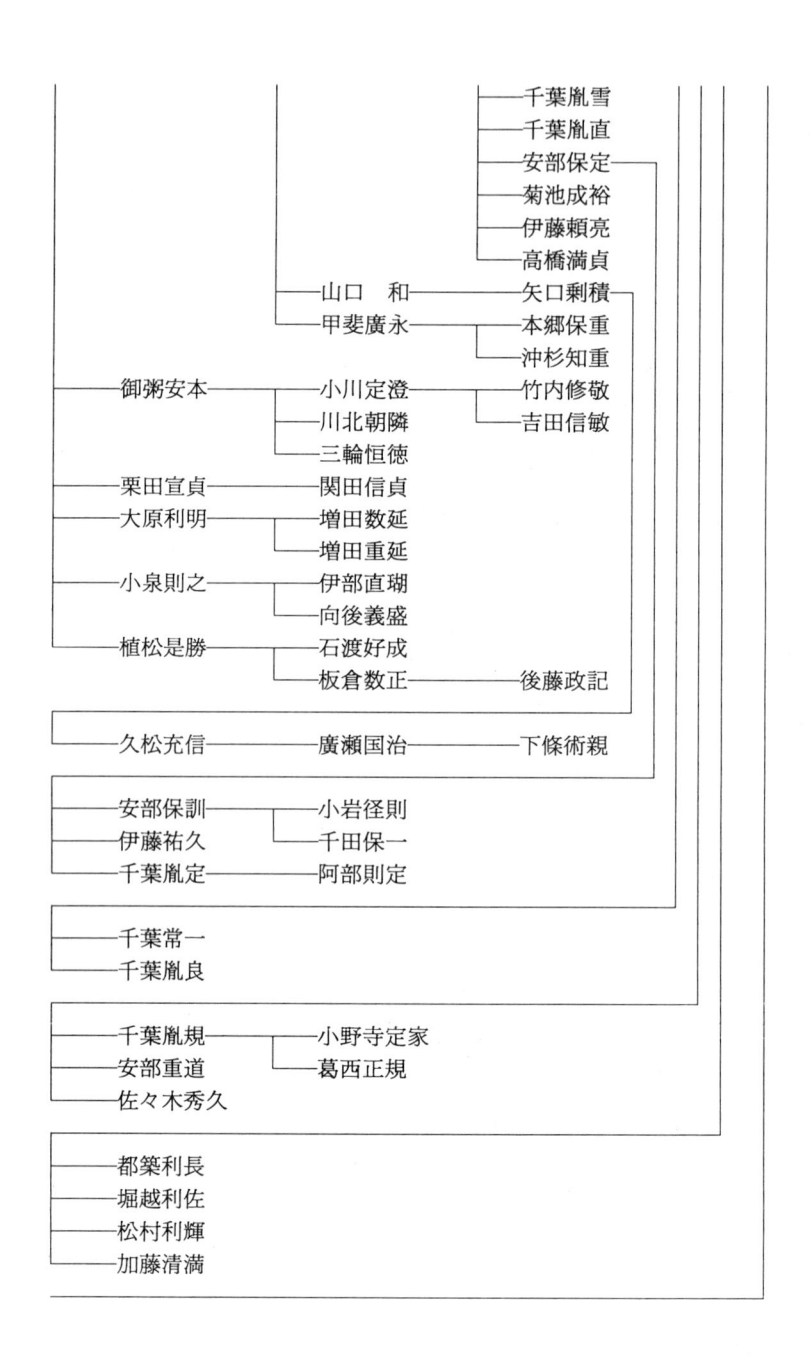

```
                                    ┌─千葉胤雪
                                    ├─千葉胤直
                                    ├─安部保定
                                    ├─菊池成裕
                                    ├─伊藤頼亮
                                    └─高橋満貞
                   ┌─山口　和────┬─矢口剰積
                   │              ├─本郷保重
                   └─甲斐廣永    └─沖杉知重
   ┌─御粥安本────┬─小川定澄────┬─竹内修敬
   │              ├─川北朝隣    └─吉田信敏
   │              └─三輪恒徳
   ├─栗田宣貞────関田信貞
   ├─大原利明────┬─増田数延
   │              └─増田重延
   ├─小泉則之────┬─伊部直瑚
   │              └─向後義盛
   └─植松是勝    ├─石渡好成
                  └─板倉数正────後藤政記

┌─久松充信────廣瀬国治────下條術親

┌─安部保訓────┬─小岩径則
├─伊藤祐久    ├─千田保一
└─千葉胤定    └─阿部則定

┌─千葉常一
└─千葉胤良

┌─千葉胤規────┬─小野寺定家
├─安部重道    └─葛西正規
└─佐々木秀久

┌─都築利長
├─堀越利佐
├─松村利輝
└─加藤清満
```

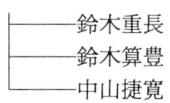

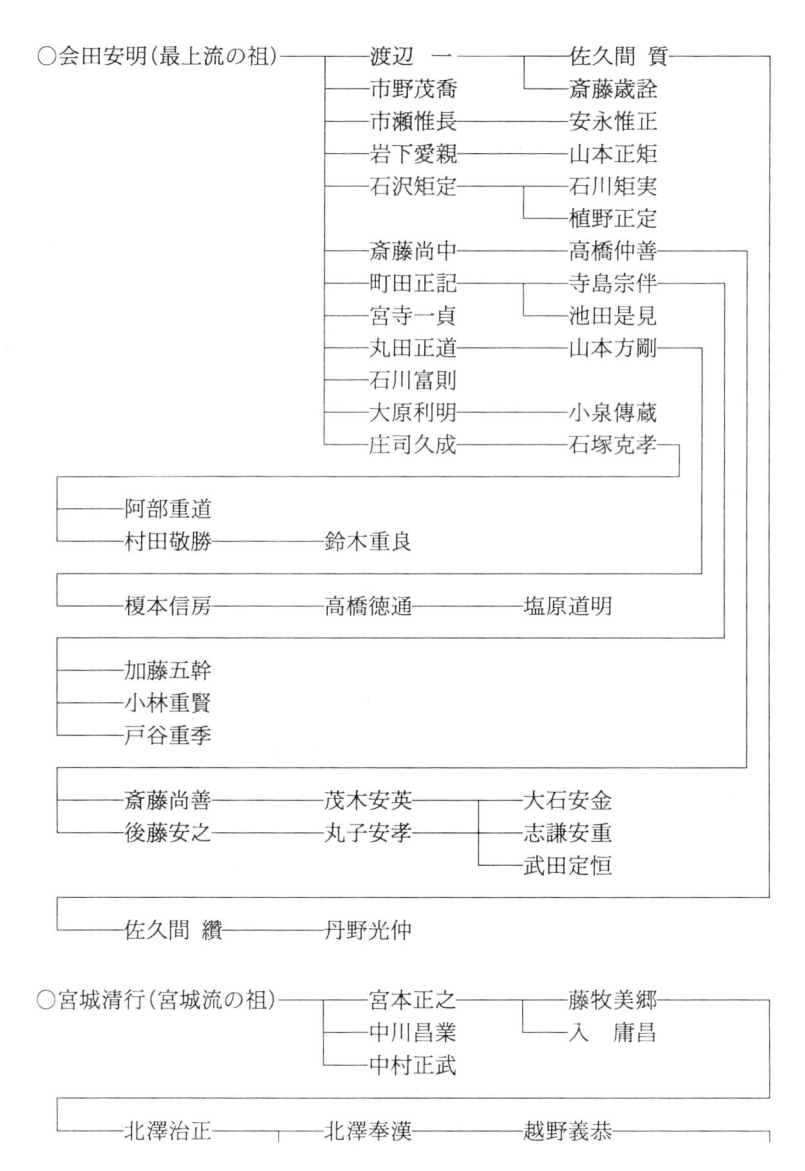

```
     ├─鈴木重長
     ├─鈴木算豊
     └─中山捷寛

○会田安明(最上流の祖)─┬─渡辺 一──────┬─佐久間 質
                      ├─市野茂喬          ├─斎藤歳詮
                      ├─市瀬惟長          ├─安永惟正
                      ├─岩下愛親          ├─山本正矩
                      ├─石沢矩定──────┬─石川矩実
                      │                  └─植野正定
                      ├─斎藤尚中          ┬─高橋仲善
                      ├─町田正記          ├─寺島宗伴
                      ├─宮寺一貞          ├─池田是見
                      ├─丸田正道          └─山本方剛
                      ├─石川富則
                      ├─大原利明          ─小泉傳蔵
                      └─庄司久成          ─石塚克孝
   ├─阿部重道
   └─村田敬勝──────鈴木重良
     ├─榎本信房──────高橋徳通──────塩原道明
   ├─加藤五幹
   ├─小林重賢
   └─戸谷重季
     ├─斎藤尚善──────茂木安英──────┬─大石安金
     └─後藤安之          丸子安孝        ├─志謙安重
                                          └─武田定恒
         ├─佐久間 纘──────丹野光仲

○宮城清行(宮城流の祖)─┬─宮本正之      ┬─藤牧美郷
                        ├─中川昌業      └─入 庸昌
                        └─中村正武
     ├─北澤治正──────北澤奉漢──────越野義恭
```

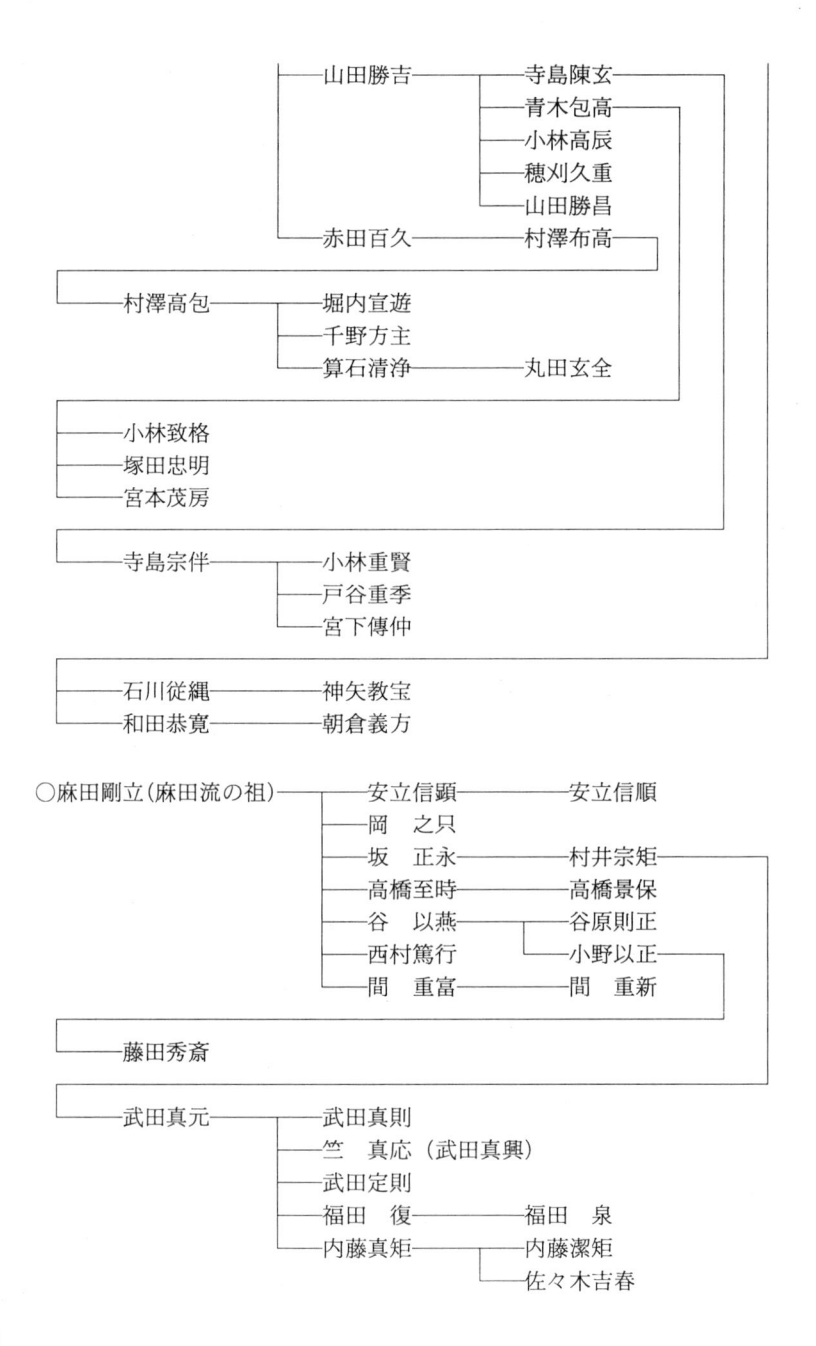

```
            ┌─山田勝吉──┬─寺島陳玄
            │          ├─青木包高
            │          ├─小林高辰
            │          ├─穂刈久重
            │          └─山田勝昌
            └─赤田百久──┬─村澤布高
┌─村澤高包──┬─堀内宣遊
│          ├─千野方主
│          └─算石清浄────丸田玄全
├─小林致格
├─塚田忠明
├─宮本茂房
├─寺島宗伴──┬─小林重賢
│          ├─戸谷重季
│          └─宮下傳仲
├─石川従縄────神矢教宝
├─和田恭寛────朝倉義方

○麻田剛立(麻田流の祖)─┬─安立信顕────安立信順
                      ├─岡　之只
                      ├─坂　正永────村井宗矩
                      ├─高橋至時────高橋景保
                      ├─谷　以燕──┬─谷原則正
                      ├─西村篤行  └─小野以正
                      └─間　重富────間　重新
├─藤田秀斎
└─武田真元──┬─武田真則
            ├─竺　真応（武田真興）
            ├─武田定則
            ├─福田　復────福田　泉
            └─内藤真矩──┬─内藤潔矩
                        └─佐々木吉春
```

250

- ○古川氏清（至誠賛化流の祖）
  - 古川氏一
    - 平井尚休
    - 坂部惟道
  - 久保寺正福
    - 山田保則
    - 久保寺正久
  - 松平忠和
  - 田中算翁
    - 吉田庸徳
  - 木村光教
  - 篠原善富
  - 高山忠直
  - 中村時萬
  - 伊藤慎平
    - 妹尾金八郎
      - 坂口直清
  - 荒井宗朝
  - 飯島秀勝

- ○宅間能清（宅間流の祖）
  - 阿座見俊次
    - 鎌田俊清
  - 内田秀富
    - 松岡長延（能一）
      - 松岡清信
      - 岡　之只
      - 四宮順実
  - 杉山安貞

- ○三池市兵衛（三池流の祖）
  - 山本彦四郎
  - 西永廣林
    - 下村幹方
      - 村松秀允
  - 宮井安泰

引用文献

上杉家御年譜　米沢温故会　昭和63年刊
寛政重修諸家譜　続群書類従完成会　昭和39〜42年刊
系図纂要　宝月圭吾・岩沢愿彦　昭和48〜52年刊
現代物故者事典　日外アソシェーツ　平成5〜18年刊
国史大辞典　吉川弘文館　昭和54〜平成5年刊
国書人名辞典　岩波書店　平成5〜11年刊
人物物故大年表　日外アソシェーツ　平成17〜18年刊
水府系纂　彰考館　写本
増補日本数学史　遠藤利貞遺書　昭和35年刊
大人名事典　平凡社　昭和28年〜30年刊行
著作権台帳　日本著作権協議会　昭和26〜平成13年刊
日本人名大辞典　講談社　平成13年刊
日本数学100年史年表　同編集委員会　昭和58〜59年刊
二本松寺院物語　平島郡三郎　昭和50年刊
幕末の偉大なる数学者　道脇義正　平成元年刊
幕末明治初期数学者群像　小松醇郎　平成2〜3年刊
明治前日本数学史　新訂版　日本科学史刊行会　昭和54年刊
和算研究集録　林鶴一　昭和18年刊
和算人名事典　第一巻（あ・い）　萩野公剛　昭和39年孔刊
和算年表　佐藤・大竹・小寺・牧野　平成14年刊
山形の和算　山形県和算研究会　平成8年刊
福島の算額　福島県和算研究保存会　平成元年刊
茨城の算額　松崎利雄　平成9年刊
栃木の算額　松崎利雄　平成12年刊
群馬の算額　群馬和算研究会　昭和45年〜52年孔刊
上毛の和算〈みやま文庫〉　丸山清康　昭和47年刊
千葉の算額　大野政治・三橋愛子　昭和45年刊

埼玉の算額　埼玉県立図書館　昭和44年刊
多摩の算額　佐藤健一　昭和54年刊
神奈川県算額集　天野宏　平成4年刊
新潟の算額・同解説　道脇義正・八田健二　昭和42年刊
長野県の算額　赤羽千鶴　平成10年刊
新・長野県の算額　赤羽千鶴　昭和60年刊
愛知県算額集　正続　深川英俊　昭和51～52年刊
岐阜県の算額の解説　高木重之　昭和61年刊
近畿の算額　近畿数学史学会　平成4年刊
兵庫の算額　山本一郎　昭和42年刊
岡山県の算額　山川芳一　平成9年刊
和算（岩手の現存算額のすべて）　安富有恒　昭和62年刊
掃苔　藤浪剛一　松寿堂　昭和7年創刊
数学史研究　日本数学史学会　昭和37年創刊
和算研究（のち数学史研究）　算友会　昭和34年創刊

あとがき

　学生時代より資料の収集などを行ってはきましたが、定年退職後、時間の余裕が出来たので資料整理を行い、日本の数学者（数学の著作を有する教育・物理学者なども含めて）の名前をピックアップすることより始めて、パソコンに向かうこと3ヶ年間、やっと完成しました。

　資料探索及び記録は、「個人情報保護法」なども含めて歴史・文化の解明に支障があり、そして人名の把握・読み方は極めて難しく、まさに四苦八苦の連続でした。間違い、不足など多々有ると思いますので、ご指摘・ご教示などを是非お願い致します。

　これを基にして（更に郷土史研究家も含めて）、訂正・増補が行われ完璧なものとなり、先人への感謝とこれから活用されることを期待します。

　最後になりましたが、資料閲覧、相互貸し出しなどご協力下さいました茨城県立図書館、茨城大学付属図書館、日本数学史学会佐藤健一会長に、出版において現代数学社の富田栄氏、竹森章氏に大変お世話になりました。改めて感謝の意を表したい。

著者紹介：
小野﨑紀男（おのざき・のりお）

　　昭和15（1940）年9月日立市に生まれ、38年3月千葉大学教育学部を卒業し、茨城県立日立第一高等学校（母校）、のち県立水戸工業高等学校教諭、平成12年3月定年退職。のち私立翔洋学園高等学校教諭、県立海洋高等学校、県立那珂湊第二高等学校講師。現在は茨城県郷土文化研究会（常任理事）、全日本弓道連盟（弓道教士6段）、日本数学史学会の会員。主な著書『弓道書誌研究』『弓道人名大事典』『日本弓道史料』など。

　　現住所：茨城県ひたちなか市馬渡2525-207

日本数学者人名事典　　（定価はカバーに表示してあります）

2009年6月17日　初版1刷発行

著　者…………小野﨑紀男
発行者…………富田　淳
発行所…………株式会社　現代数学社
　　　　　　　〒606-8425　京都市左京区鹿ヶ谷西寺之前町1
　　　　　　　TEL&FAX 075（751）0727　振替 01010-8-11144
　　　　　　　http://www.gensu.co.jp/
印刷・製本………株式会社　合同印刷

© 2009 Norio Onozaki
ISBN978-4-7687-0342-7　　　　乱丁・落丁はお取替え致します。